Christine Steinbrenner

Nitrifikation in Biofilmen des WSB®-Verfahrens

Christine Steinbrenner

Nitrifikation in Biofilmen des WSB®-Verfahrens

Eine biochemische und molekularbiologische Charakterisierung eines Biofilmverfahrens im Vergleich zum Belebungsverfahren

Südwestdeutscher Verlag für Hochschulschriften

Impressum / Imprint

Bibliografische Information der Deutschen Nationalbibliothek: Die Deutsche Nationalbibliothek verzeichnet diese Publikation in der Deutschen Nationalbibliografie; detaillierte bibliografische Daten sind im Internet über http://dnb.d-nb.de abrufbar.

Alle in diesem Buch genannten Marken und Produktnamen unterliegen warenzeichen-, marken- oder patentrechtlichem Schutz bzw. sind Warenzeichen oder eingetragene Warenzeichen der jeweiligen Inhaber. Die Wiedergabe von Marken, Produktnamen, Gebrauchsnamen, Handelsnamen, Warenbezeichnungen u.s.w. in diesem Werk berechtigt auch ohne besondere Kennzeichnung nicht zu der Annahme, dass solche Namen im Sinne der Warenzeichen- und Markenschutzgesetzgebung als frei zu betrachten wären und daher von jedermann benutzt werden dürften.

Bibliographic information published by the Deutsche Nationalbibliothek: The Deutsche Nationalbibliothek lists this publication in the Deutsche Nationalbibliografie; detailed bibliographic data are available in the Internet at http://dnb.d-nb.de.

Any brand names and product names mentioned in this book are subject to trademark, brand or patent protection and are trademarks or registered trademarks of their respective holders. The use of brand names, product names, common names, trade names, product descriptions etc. even without a particular marking in this works is in no way to be construed to mean that such names may be regarded as unrestricted in respect of trademark and brand protection legislation and could thus be used by anyone.

Coverbild / Cover image: www.ingimage.com

Verlag / Publisher:
Südwestdeutscher Verlag für Hochschulschriften
ist ein Imprint der / is a trademark of
AV Akademikerverlag GmbH & Co. KG
Heinrich-Böcking-Str. 6-8, 66121 Saarbrücken, Deutschland / Germany
Email: info@svh-verlag.de

Herstellung: siehe letzte Seite /
Printed at: see last page
ISBN: 978-3-8381-3646-2

Zugl. / Approved by: Dresden, TU Dresden, Dissertation, 2011

Copyright © 2013 AV Akademikerverlag GmbH & Co. KG
Alle Rechte vorbehalten. / All rights reserved. Saarbrücken 2013

Für Alex,

meinen besten Freund und Gefährten

Inhaltsverzeichnis

1 Einleitung 11
1.1 Abwasserbehandlung 11
1.1.1 Biologische Prozesse bei der Abwasserreinigung 12
1.1.1.1 Stickstoffelimination 13
1.1.1.1.1 Der Stickstoffkreislauf und die Abwasserbehandlung 13
1.1.1.1.2 Der Prozess der Nitrifikation 16
1.1.1.1.3 Einflussfaktoren auf die Nitrifikation 18
1.1.1.1.4 Der Prozess der Denitrifikation 20
1.1.1.1.5 Der Prozess der anaeroben Ammoniumoxidation (Anammox) 23
1.1.1.2 Phosphatelimination 26
1.2 Biofilme 26
1.2.1 Grundlagen und Zusammensetzung von Biofilmen 26
1.2.2 Entwicklung von Biofilmen 29
1.2.3 Extrazelluläre polymere Substanzen (EPS) 32
1.2.3.1 Ökologische Vorteile und biologische Funktionen der EPS 35
1.2.3.2 Funktion einzelner EPS-Komponenten 36
1.2.4 Biofilme in der Abwasserreinigung 38
1.2.4.1 Das Wirbel-Schwebebett-Biofilmverfahren (WSB®) 40
1.2.4.2 Anforderungen an Biofilmträger und der Einsatz im WSB®-Verfahren 42
1.2.4.3 Stickstoffelimination in Biofilmen 44
1.3 Detektion von Mikroorganismen in der Umwelt 46
1.3.1 Detektion mittels molekularbiologischer Methoden 46
1.3.2 Detektion von Bakterien des Stickstoffkreislaufes 47

2 Zielsetzung 50

3 Material und Methoden 54
3.1 Charakterisierung der untersuchten Anlagen 54
3.1.1 Verwendete Biofilmträger 54
3.1.2 WSB®-Versuchsanlagen 55
3.1.3 WSB®-Kleinkläranlagen 58

3.1.4 Kommunale Kläranlagen 59
3.2 Untersuchte Proben 60
3.2.1 Probenahme und Transport 60
3.2.2 Proben aus den WSB®-Versuchsanlagen und –
Kleinkläranlagen.. 60
3.2.3 Proben aus den kommunalen Kläranlagen 62
3.2.4 Bestimmung von BSB_5, CSB und N-Verbindungen im
Abwasser.. 63
3.3 Bestimmung der Biomasseparameter und enzymatischer
Aktivität.. 63
3.3.1 Bestimmung der Trockensubstanz und der organischen
Trockensubstanz 63
3.3.2 Bestimmung des Proteingehaltes 66
3.3.3 Bestimmung der Abbauaktivität unspezifischer Esterasen... 68
3.3.4 Bestimmung der potentiellen Ammoniumoxidation 69
3.3.5 Bestimmung des Denitrifikationspotentials....................... 72
3.3.6 Bestimmung des Hydrazingehalts als Beweis für
Anammoxaktivität in Biofilmen... 73
3.3.7 Sauerstoffprofile im Biofilm 74
3.4 Charakterisierung der EPS 75
3.4.1 Extraktion der EPS mit dem Ionenaustauscher DOWEX 75
3.4.2 Bestimmung der Trockensubstanz der EPS 76
3.4.3 Kombinierte Bestimmung des Protein- und Huminstoff-
gehaltes der EPS nach FRØLUND et al. (1996)....................... 76
3.4.4 Bestimmung des Kohlenhydratgehaltes der EPS nach
DUBOIS et al. (1956)... 78
3.4.5 Bestimmung des Rhamnolipidgehaltes in EPS 78
3.4.6 Bestimmung des DNA-Gehaltes in EPS 79
3.5 Quantitative Detektion von Mikroorganismen 81
3.5.1 Fluoreszenz *in situ* Hybridisierung (FISH)........................ 81
3.5.1.1 Mittels FISH untersuchte Proben 82
3.5.1.2 Fixierung der Biofilm- und Belebtschlammproben........... 83
3.5.1.3 Immobilisieren der Zellen 84
3.5.1.4 Hybridisierung der Biofilm- und Belebtschlammproben..... 85
3.5.1.5 Verwendete Oligonukleotidsonden 86

3.5.1.6 Gegenfärbung mit DAPI 87
3.5.1.7 Detektion der Bakterienzellen mittels Epifluoreszenz-
mikroskopie 87
3.5.2 Bestimmung der Gesamtzellzahl 88
3.6 Molekularbiologische Methoden **88**
3.6.1 DNA-Extraktion aus Biofilmen und Belebtschlämmen 88
3.6.2 Analyse von DNA-Fragmenten mittels Polymerase-
kettenreaktion (PCR) 89
3.6.3 Nachweis der PCR-Produkte mittels Agarosegel-
Elektrophorese 92
3.6.4 Aufreinigung der PCR-Produkte 93
3.6.5 Klonierung 93
3.6.6 Sequenzierung 93
3.6.7 Stammbaumerstellung 94
3.6.8 Denaturierende Gradienten Gelelektrophorese (DGGE) 94
3.7 Rasterelektronenmikroskopie (REM) **95**

4 Ergebnisse und Diskussion **96**
4.1 Abwassercharakteristik der untersuchten Anlagen **96**
4.1.1 WSB®-Versuchsanlagen (WSB®-VA) 97
4.1.2 WSB®-Kleinkläranlagen (WSB®-KKA) 99
4.1.3 Kommunale Kläranlagen (KA) 100
**4.2 Untersuchungen der Biomasse und der enzymatischen
Aktivität** **101**
4.2.1 Abhängigkeit der Trockensubstanz von Anlagen-
parametern 101
4.2.1.1 Gehalt der Trockensubstanz in Biofilmen und
Belebtschlämmen 101
4.2.1.2 Anteil des festen Biofilms auf den Trägern 107
4.2.1.3 Anteil der organischen Trockensubstanz 108
4.2.2 Abhängigkeit der Gesamtzellzahl von Anlagen-
parametern 110
4.2.2.1 Gesamtzellzahl in Biofilmen und Belebtschlämmen 110
4.2.2.2 Gesamtzellzahl als Biomasseparameter 113
4.2.3 Abhängigkeit des Proteingehalts von Anlagenparametern. 115

4.2.3.1 Proteingehalt in Biofilmen und Belebtschlämmen 115
4.2.3.2 Proteinanteil im festen Biofilm auf den Trägern 120
4.2.3.3 Proteingehalt als Biomasseparameter 122
4.2.4 Abhängigkeit der Esterasenaktivität von Anlagen-Parametern 123
4.2.4.1 Esterasenaktivität in Biofilmen und Belebtschlämmen 123
4.2.4.2 Esterasenaktivität im festen Biofilm auf Trägern 128
4.2.4.3 Esterasenaktivität als Biomassen- und Aktivitätsparameter 129
4.3 Untersuchungen ausgewählter Enzymaktivitäten beim Stickstoffumsatz 131
4.3.1 Anammox-Aktivität in Biofilmen der WSB®-Kleinkläranlagen 131
4.3.2 Abhängigkeit der Potentiellen Ammoniumoxidation von Anlagenparametern 132
4.3.2.1 Potentielle Ammoniumoxidation in Biofilmen und Belebtschlämmen 132
4.3.2.2 Potentielle Ammoniumoxidation in der suspendierten Biomasse 142
4.3.2.3 Potentielle Ammoniumoxidation im festen Biofilm auf Trägern 143
4.3.3 Abhängigkeit der Denitrifikationspotentiale von Anlagenparametern 144
4.3.4 Sauerstoffprofile im WSB®-Biofilm 150
4.4 Molekularbiologische Untersuchungen der Biozönosen 152
4.4.1 Quantitative Charakterisierung der Biozönosen mittels FISH 152
4.4.1.1 Anteile der Stämme *Actinobacteria* und *Proteobacteria* in Biofilmen und Belebtschlämmen 153
4.4.1.2 Ammonium oxidierende Bakterien in Biofilmen und Belebtschlämmen 159
4.4.1.2.1 Quantitative Mikroskopie von Ammonium Oxidierenden Bakterien 159
4.4.1.2.2 Anteile der AOB in Biofilmen und Belebtschlämmen 161

4.4.2 Charakterisierung der AOB-Gemeinschaft anhand des *amoA*-Gens... 171
4.4.2.1 Dendrogramm und Anteile der amoA-Sequenzen........... 171
4.4.2.2 Vergleich der amoA-Sequenzen in einer DGGE............. 184
4.5 Charakterisierung der EPS 189
4.6 Ergebnisse der Rasterelektronenmikroskopie................. 197
4.6.1 REM-Aufnahmen des WSB®-Biofilms................................. 197
4.6.2 REM-Aufnahmen der Oberflächen der Biofilmträger.......... 202
4.7 Einfluss unterschiedlicher Biofilmträger auf die Biomasse... 203

5 Zusammenfassung 207

6 Literaturverzeichnis 217

Abkürzungsverzeichnis

amoA	Gen der α-Untereinheit der Ammoniummonooxygenase
Anammox	Anoxische Ammoniumoxidation
AOB	Ammonium Oxidierende Bakterien
B_{FL}	Flächenbelastung
BS	Belebtschlamm
BSB_5	Biochemischer Sauerstoffbedarf in 5 Tagen
B_{TS}	Schlammbelastung
BW, BWCa	Bioflow Biofilmträger
C	Kohlenstoff
CSB	Chemischer Sauerstoffbedarf
DAPI	4,6-Diamino-2-phenylindolhydrochlorid
DGGE	Denaturierende Gradienten Gelelektrophorese
DNA	Desoxyribonukleinsäure
e-DNA	extrazelluläre DNA
EDTA	Ethylendiamintetracetat
EPS	Extrazelluläre Polymere Substanzen
EUB	*Eubacteria*
EW	Einwohnerwert
FDA	Fluoreszeindiacetat
FISH	Fluoreszenz *in situ* Hybridisierung
GZZ	Gesamtzellzahl
HRT	mittlere hydraulische Verweilzeit
K1, K2	AnoxKaldnes Biofilmträger
KKA	Kleinkläranlage
KA	Kläranlage
MBR	Membran Bioreaktor
N	Stickstoff
N-ges.	Stickstoff gesamt
NaCl	Natriumchlorid
NaN_3	Natriumacid
NH_4	Ammonium
NO_2	Nitrit

NO_3	Nitrat
NOB	Nitrit Oxidierende Bakterien
oTS	organische Trockensubstanz
PBS	Phosphate Buffered Salt-solution
PCR	Polymerase Chain Reaction
REM	Rasterelektronenmikroskopie
RNA	Ribonukleinsäure
rRNA	Ribosomale RNA
SBR	Sequencing Batch Reactor
SCBR	Suspended Carrier Biofilm Reactor
SDS	Natriumdodecylsulfat
TS	Trockensubstanz
VA	Versuchsanlage
WSB®	Wirbel-Schwebebett-Biofilmverfahren

1 Einleitung

1.1 Abwasserbehandlung

Wenn man das Wort „Lebenselixier" für Wasser verwendet, wird passend auf die Notwendigkeit des Wassers für alle bekannten Lebensformen in unserer Umwelt hingewiesen. Und doch nimmt die Verschmutzung des Wassers und damit auch Zerstörung von Ökosystemen stetig zu. Daraus ergibt sich das globale Problem der Bereitstellung von Trinkwasser. Diese Problematik ist auf die Globalisierung, Industrialisierung, Urbanisierung, Kriegsführung und den Bevölkerungszuwachs, verbunden mit einem gestiegenen Wohlstand und extravaganten Lebensstil, zurückzuführen (UN-WATER (2006)).

Heutzutage unterliegt die Reinigung von Abwässern verschärften Anforderungen. Neben der organischen Fracht, den eutrophierend wirkenden Phosphor- und Stickstoffverbindungen und Krankheitserregern müssen viele verschiedene Schadstoffe mit toxischer, endokriner und karzinogener Wirkung auf die Umwelt aus dem Abwasser eliminiert werden. Außerdem müssen effiziente und kostengünstige Verfahren optimiert werden, die auch in armen Entwicklungsländern Einsatz finden können (GIJZEN (2001)).

Erst in den siebziger Jahren des letzten Jahrhunderts wurde die dritte Reinigungsstufe in der Abwasserbehandlung eingeführt, die die Ablaufwerte für Phosphor und Stickstoff erheblich reduzieren konnte (SEEGER (1999)). Die Fällung von Phosphat verbunden mit der biologischen Stickstoffelimination wurde zur führenden Technik (Abb. 1.1). Eine kurze Zeit später wurde die biologische Variante der Phosphatelimination in Belebungsverfahren entdeckt (RÖSKE (1987)).

Allerdings hat die stetig wachsende Abwassermenge, die Verschärfung gesetzlicher Auflagen und der Platzmangel in urbanen Gebieten dazu geführt, dass Biofilmverfahren seit den Achtzigern intensiver untersucht wurden (ANDERSSON (2009)). Dies bewirkte die Entwicklung von innovativen Techniken wie Festbett- und Wirbelbettreaktoren (LAZAROVA und MANEM (2000)). Weiterhin bewirkte die Entdeckung von Mikroverunreinigungen mit pharmazeutischen Wirkstoffen eine verstärkte Suche nach geeigneten Abwasserbehandlungsmethoden (TERNES (2007)). Die weit verbreiteten Belebungsverfahren haben nämlich gezeigt, dass diese Stoffe nicht immer zufrieden stellend abgebaut werden (BOLONG et al. (2009)).

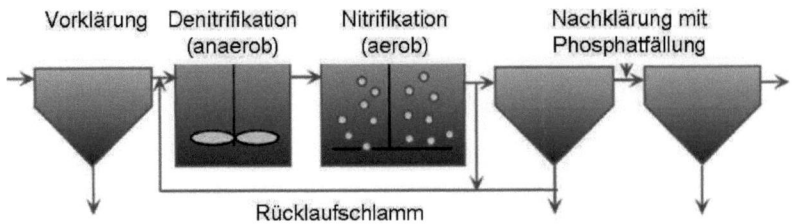

Abb. 1.1: Ein typisches Schema für eine Abwasserbehandlungsanlage mit dritter Reinigungsstufe für die biologische Stickstoffelimination (Nitrifikation, Denitrifikation) und Phosphatelimination mittels chemischer Fällung (verändert nach ANDERSSON (2009)).

1.1.1 Biologische Prozesse in der Abwasserreinigung

Mikroorganismen bauen Abwasserinhaltsstoffe mittels verschiedener metabolischer und respiratorischer Prozesse ab. Das kommunale Abwasser enthält eine große Vielfalt an organischen und anorganischen Verbindungen in gelöster und partikulärer Form (RÖSKE und UHLMANN (2005)). Hauptsächlich handelt es sich hierbei um Proteine, Kohlenhydrate, Fette, Öle und Nährstoffe wie Stickstoff und Phosphor.

Organisches Material wird durch eine biochemische Oxidation von heterotrophen Bakterien umgesetzt. Dabei wird Sauerstoff verbracht und es entstehen Kohlenstoffdioxid, Wasser, Ammonium und neu gebildete Biomasse (MADIGAN (2001)).

Laut RÖSKE und UHLMANN (2005) werden in der biologischen Abwasserbehandlung normalerweise bis zu 25 % des Stickstoffs und bis 40 % des Phosphors in der Biomasse gespeichert. Jedoch würden noch genügend Nährstoffe in die Gewässer gelangen und ihre eutrophierende Wirkung entfalten. Aus diesem Grund ist es

1 Einleitung

wichtig, so viel wie möglich an Stickstoff und Phosphor aus dem Abwasser zu entfernen. Nach der in Deutschland geltenden Abwasserverordnung über Anforderungen an das Einleiten von Abwasser in Gewässer (Stand vom 21.3.97, neu gefasst am 17.6.04, geändert am 31.7.09) müssen in Tabelle 1.1 aufgeführten Ablaufwerte je nach Größenklasse einer Abwasserbehandlungsanlage eingehalten werden.

Tab. 1.1: Anforderungen an das Abwasser für die Einleitungsstelle in das Gewässer (nach AbwV):

Proben nach Größenklassen der Abwasserbehandlungsanlagen	Chemischer Sauerstoffbedarf (CSB)	Biochemischer Sauerstoffbedarf in 5 Tagen (BSB5)	Ammoniumstickstoff (NH4-N)	Stickstoff, gesamt, als Summe von Ammonium-, Nitrit- und Nitratstickstoff (Nges)	Phosphor gesamt (Pges)
	mg/l	mg/l	mg/l	mg/l	mg/l
	Qualifizierte Stichprobe oder 2-Stunden-Mischprobe				
Größenklasse 1 kleiner als 60 kg/d BSB5 (roh)	150	40	-	-	-
Größenklasse 2 60 bis 300 kg/d BSB5 (roh)	110	25	-	-	-
Größenklasse 3 größer als 300 bis 600 kg/d BSB5 (roh)	90	20	10	-	-
Größenklasse 4 größer als 600 bis 6.000 kg/d BSB5 (roh)	90	20	10	18	2
Größenklasse 5 größer als 6.000 kg/d BSB5 (roh)	75	15	10	13	1

1.1.1.1 Stickstoffelimination

1.1.1.1.1 Der Stickstoffkreislauf und die Abwasserbehandlung

Die Abbildung 1.2 zeigt schematisch den natürlichen Stickstoffkreislauf mit den biologischen Prozessen, die daran teilhaben.
Stickstoff kommt im Abwasser hauptsächlich gebunden in organischen Substanzen wie Proteinen und Harnstoff, aber auch als anorganisches Ammonium vor. In Gewässern ist Nitrat die vorherrschende Zustandsform und daher auch die wichtigste Stickstoffquelle für das Phytoplankton (RÖSKE und UHLMANN (2005)). Die aus Abbau- und Stoffumwandlungsprozessen stammenden Formen Ammonium und Nitrit sind hier nur in geringen Konzentrationen vorhanden. Den größten gasförmigen Anteil an Stickstoff in der Atmos-

phäre und in den in Wasser gelösten Gasen hat der molekulare Stickstoff.

Ammonium wird größtenteils aus dem Abbau von organischen Verbindungen freigesetzt. Dies geschieht mit Hilfe von in Gewässern und Kläranlagen vorhandenen Bakterien im Prozess der Ammonifikation (Abb. 1.2, RHEINHEIMER et al. (1988)). Allgemein kann dieser Prozess mit der folgenden Formel beschrieben werden: organisches $N + H_2O \rightarrow NH_4^+ + OH^-$. Ammonium kann auch durch die Stickstofffixierung aus der Luft entstehen, wobei die Aufnahme vom atmosphärischen N_2 von vielen Lebewesen durchgeführt werden kann.

Wenn nun dieses Ammonium nicht vollständig für das Zellwachstum inkorporiert oder aufgrund von Sauerstoffmangel und / oder Hemmung weitergehender mikrobieller Umsetzungen nicht oxidiert wird, kann es im Gewässer in Sedimentnähe zur Auflösung der „Phosphatfalle" führen (LAMPERT und SOMMER (1999)). Dabei kann es zur Sauerstoffzehrung aufgrund von NH_4-Oxidation und zur reduzierten Sedimentoberfläche kommen, was die Freisetzung von Phosphat aus der Verbindung mit Eisen bewirkt und Phosphat als Pflanzennährstoff freisetzt. Des Weiteren wandelt sich bei höheren Temperaturen und pH-Werten immer mehr Ammonium in Ammoniak um, was schon ab einer geringen Konzentration von 0,2 mg/l toxisch auf viele Formen aquatischen Lebens wirkt.

Aus diesen Gründen ist es notwendig, Ammonium aus dem Abwasser durch Oxidation zu entfernen. Bereits ab der Klassengröße 3 mit einer BSB_5-Fracht ab 300 bis 600 kg / d müssen Abwasserbehandlungsanlagen einen NH_4-Ablaufwert von höchstens 10 mg / l einhalten (Tab. 1.1).

Eine ideale und kostengünstige Variante der Ammoniumoxidation ist die biologische Nitrifikation mit anschließender Denitrifikation, bei der das bei der Nitrifikation oxidierte Ammonium in Form von Nitrit und Nitrat bis zum molekularen Stickstoff reduziert wird (Abb. 1.2). Dies wird in vielen Abwasserbehandlungsanlagen genutzt (GEETS et al. (2007)). Die Entfernung von Nitrat aus dem Abwasser mittels der Denitrifikation ist allerdings aus ökologischer Sicht nicht unbe-

1 Einleitung

dingt nötig. Im Gewässer kann Nitrat bei O_2-Mangel als Sauerstoffquelle auftreten (dissimilatorische Nitratreduktion, Nitratatmung) und damit das Absinken des Redoxpotentials und die Freisetzung von Phosphat aus dem Sediment verhindern (LAMPERT und SOMMER (1999)). Nitrat ist jedoch die wichtigste N-Quelle für das Phytoplanktonwachstum, weswegen eine Elimination aus dem Abwasser zum gewissen Teil auch notwendig ist. Weiterhin sollte Nitrat im Trinkwasser nicht vorhanden sein, da bei Sauerstoffmangel eine Reduktion zu Nitrit stattfinden kann, das bei Säuglingen zur Methämoglobinämie führen kann (SCHLEGEL und ZABOROSCH (1992)). Ein weiterer Grund für die Elimination ist die Möglichkeit, dass in Verbindung mit Aminen und Amiden krebserregende Nitrosoverbindungen entstehen können (RÖSKE und UHLMANN (2005)).

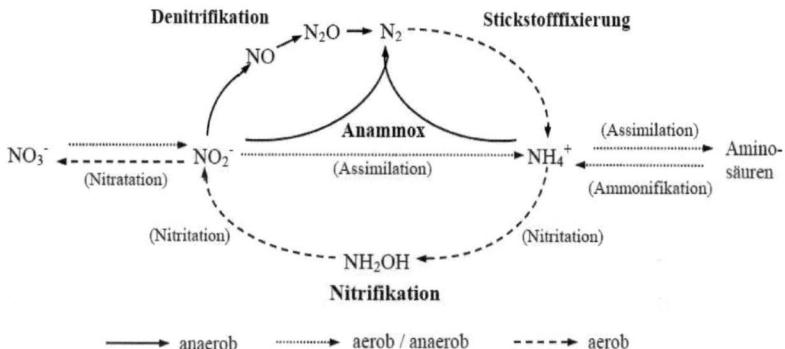

Abb. 1.2: Der Stickstoffkreislauf und seine natürlichen Prozesse (aus LENZ (2007), verändert nach VAN SPANNING et al. (2003)). NO_3^-: Nitrat; NO_2^-: Nitrit; NO: Stickstoffmonoxid; N_2O: Distickstoffmonoxid; N_2: elementarer Stickstoff; NH_4^+: Ammonium; NH_2OH: Hydroxylamin.

Im Anammox-Prozess (anoxische Ammoniumoxidation) kann die Elimination von Stickstoffverbindungen im Gegensatz zur Denitrifikation autotroph ablaufen. Dabei wird von bestimmten Bakterien bevorzugt Nitrit als Elektronenakzeptor genutzt, um Ammonium bis zum molekularen Stickstoff zu oxidieren (MULDER et al. (1995)). Dieses kann, genau wie nach der Denitrifikation, das Abwasser durch Ausgasen verlassen.

So gesehen sind Bakterien, die die Prozesse der Nitrifikation, Denitrifikation und der anoxischen Ammoniumoxidation durchführen können, entscheidend für die Stickstoffelimination im Abwasser.

1.1.1.1.2 Der Prozess der Nitrifikation

Der biologische Prozess der Nitrifikation beinhaltet die Oxidation von reduzierten Stickstoffverbindungen organischer und anorganischer Natur bis zum Nitrat. Aus diesem Grund ist die Nitrifikation ein wichtiger Schritt im globalen N-Zyklus. Sie verbindet die Dekompostierung organischen Materials, wobei Ammonium freigesetzt wird, und die Denitrifikation, für welche sie den wichtigsten Elektronenakzeptor stellt (PROSSER (2007)).

Die Nitrifikation läuft in zwei Teilschritten ab, die jeweils von anderen Bakteriengruppen durchgeführt werden. Im ersten Schritt wird Ammonium (bzw. Ammoniak) über Hydroxylamin zum Nitrit oxidiert, was durch sogenannte Ammonium oxidierende Bakterien (AOB) stattfindet. Im zweiten Schritt wird das entstandene Nitrit weiter zu Nitrat oxidiert, wofür Nitrit oxidierende Bakterien (NOB) verantwortlich sind. Bei den einzelnen Reaktionen sind verschiedene Enzyme beteiligt, die in den folgenden Gleichungen (1.1) dieser Reaktionen zu sehen sind:

$$\begin{aligned}
\text{AOB:} \quad & NH_3 + \tfrac{1}{2}O_2 \xrightarrow{\text{Ammoniummonooxygenase}} NH_2OH \\
& NH_2OH + H_2O \xrightarrow{\text{Hydroxylamin-Oxidoreduktase}} HNO_2 + 4H^+ + 4e^- \\
\text{NOB:} \quad & NO_2^- + H_2O \xrightarrow{\text{Nitritoxidase}} NO_3^- + 2H^+ + 2e^-
\end{aligned} \quad (1.1)$$

Im Stammbaum der Abbildung 1.3 sind Nitrifikanten (AOB und NOB) und ihre phylogenetische Beziehungen hervorgehoben dargestellt. Eigentlich kommen Ammo-niumoxidierer in den phylogenetischen Gruppen der Betaproteobakterien, Gammaproteobakterien, *Planctomycetes* und *Archaea* vor (PROSSER (2007)). Der Großteil der AOB gehört allerdings zu einer monophyletischen Gruppe innerhalb der Betaproteobakterien, die hauptsächlich aus zwei großen Gattungen *Nitrosomonas* und *Nitrosospira* besteht (HEAD et al. (1993)). Es gibt jedoch auch AOB in den Gattungen *Nitrosolobus* und *Nitro-*

sovibrio, die eng mit der Gattung *Nitrosospira* verwandt sind und deswegen im Stammbaum der Abbildung 1.3 in diese Gattung eingeordnet wurden. Weitere Vertreter der AOB sind *Nitrososcoccus oceani* und *Nitrosococcus halophilus*, die zu den Gammaproteobakterien gehören und eher in mariner oder saliner Umwelt vorkommen (HOLMES et al. (1995)).

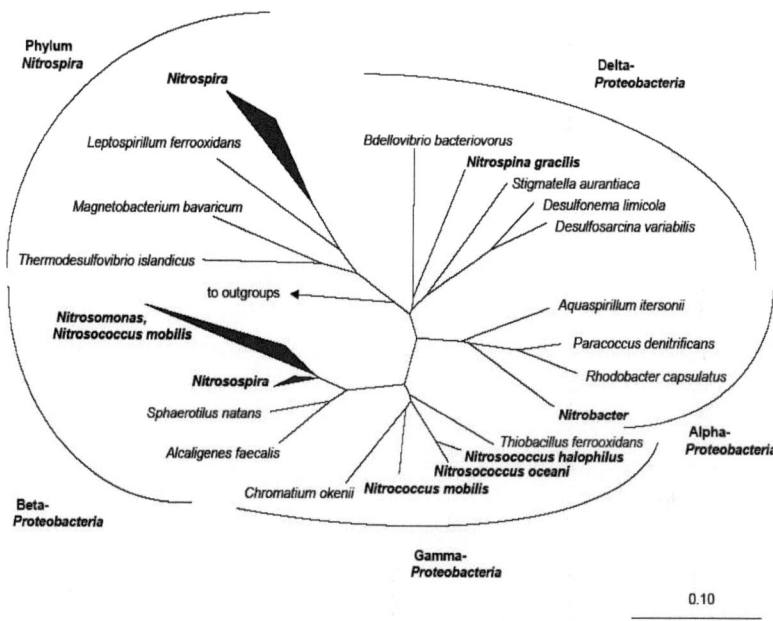

Abb. 1.3: Dendrogramm der Nitrifikanten (aus LENZ (2007), verändert nach DAIMS (2001)). *Nitrosolobus* und *Nitrosovibrio* wurden in der Gattung *Nitrosospira* zusammengefasst. Der Strich unter dem Dendrogramm gibt einen 10%igen Unterschied in der Sequenz an.

Die NOB sind phylogenetisch viel heterogener als die AOB. Die meisten Gattungen gehören zwar zu den Proteobakterien, sind jedoch in den unterschiedlichen Abteilungen der Alpha- (*Nitrobacter*), Gamma- (*Nitrococcus*) und Deltaproteobakterien (*Nitrospina gracilis*) zu finden (Abb. 1.3) (STACKEBRANDT et al. (1988), TESKE et al. (1994)). Außerdem gibt es noch die Gattung *Nitrospira*, die ein eigenes Phylum im Reich der *Bacteria* einnimmt. Mann muss wei-

terhin sagen, dass Nitrit oxidierende Bakterien bisher nicht so intensiv erforscht wurden wie die AOB, weswegen eine Unterschätzung dieser Stoffwechselgruppe nicht ausgeschlossen ist (PROSSER (2007)).
Nitrifikanten sind ubiquitär in der Umwelt verbreitet. Es handelt sich bei den meisten um chemolithoautotrophe Mikroorganismen, die ihre Energie aus der Oxidation anorganischer Verbindungen mittels Sauerstoff gewinnen und diese zur CO_2-Fixierung nutzen. Allerdings gibt es auch heterotrophe Bakterien und Pilze, die reduzierte Formen von organischem Stickstoff zu Nitrat oxidieren können (PROSSER (2007)). Es wird jedoch vermutet, dass aufgrund der energetisch nicht besonders lohnenswerten Reaktion, diese in der Natur und in technischen Anlagen keine große Rolle bei der Stickstoffelimination spielen. Allerdings wurden bereits heterotrophe *Paracoccus denitrificans*-Bakterien dabei beobachtet, wie sie beträchtliche Mengen von Ammonium durch die Verbindung von Nitrifikation und Denitrifikation in molekularen Stickstoff umwandelten (KOOPS et al. (1996)).

1.1.1.1.3 Einflussfaktoren auf die Nitrifikation

Wegen des langsamen Wachstums von Nitrifikanten und ihrer Sensibilität gegenüber externen Faktoren gibt es einige Schwierigkeiten bei der Aufrechterhaltung einer stabilen Nitrifikation in Abwasserbehandlungsanlagen (HALLIN et al. (2005)). Aus diesen Gründen ist die Erforschung der Ökologie, Physiologie und Phylogenie dieser Bakterien noch immer notwendig, um eine effiziente und stabile N-Elimination aus dem Abwasser zu erreichen.
Das langsame Wachstum resultiert aus dem geringen Energieertrag der Oxidationsreaktion (SCHLEGEL und ZABOROSCH (1992)). Normalerweise liegt die maximale Wachstumsrate von AOB zwischen 8 Stunden und mehreren Tagen (BOCK et al. (1988)). Allerdings werden die im Labor ermittelten maximalen Wachstumsraten in der Realität nicht erreicht (MADIGAN et al. (2001)). Im Vergleich dazu haben heterotrophe Bakterien eine Generationszeit von ca. 2

Stunden. An dieser Stelle wird klar, dass Nitrifikanten beim Konkurrieren mit Heterotrophen um Sauerstoff schon alleine wegen der Wachstumsrate im Nachteil sind. Dieses langsame Wachstum muss auch bei der Bemessung der Verweilzeit des Belebtschlammes im System berücksichtigt werden. Das daraus resultierende Schlammalter (Aufenthaltszeit der Biomasse im System) sollte das Dreifache der Generationszeit der Nitrifikanten nicht unterschreiten, damit sich diese in der Biomasse anreichern können (RÖSKE und UHLMANN (2005)).

Weitere Einflussfaktoren sind Temperatur, pH-Wert, Sauerstoffgehalt, hohe organische Belastung, hohe Ammoniumbelastung und eine ganze Bandbreite an chemischen Hemmstoffen (HALLIN et al. (2005)).

Der pH-Wert wirkt sich auf das Gleichgewicht zwischen Ammonium und Ammoniak bzw. zwischen Nitrit und salpetrige Säure (HNO_2) aus. Dabei kommt es zu einer Hemmung der Nitrifikation bei hohen pH-Werten durch Ammoniak und bei niedrigen durch die salpetrige Säure (ANTHONISEN et al. (1976)). Der optimale pH-Bereich liegt zwischen 7 und 8 (RÖSKE und UHLMANN (2005)). Da bei der Nitrifikation selbst Protonen produziert werden (Gleichung 1.1), ist die Pufferkapazität des Abwassers wichtig für den Prozess der Nitrifikation. Die Verbindung zwischen der Nitrifikation und Denitrifikation hilft auch den pH-Wert aufrecht zu erhalten, in dem bei der Nitratreduktion OH^--Ionen entstehen.

Der Einfluss der Temperatur kann einerseits in Bezug auf das Ammonium-Ammoniak-Verhältnis gesehen werden und andererseits auf die Wachstumsgeschwindigkeit der Nitrifikanten, die bei niedrigen Temperaturen rapide abnimmt. Die optimale Temperatur liegt zwischen 20 und 30 °C, wobei sich niedrige Werte viel stärker auf Nitrifikanten auswirken als auf Heterotrophe oder Denitrifikanten (RÖSKE und UHLMANN (2005)). Auch hier liegt der Nachteil in der Konkurrenzbeziehung zu heterotrophen Bakterien begründet. Bei niedrigen Temperaturen werden Nitrifikanten deswegen auch aus einem Belebtschlammsystem ausgewaschen. Aus diesen Gründen werden die Anforderungen der Abwasserverordnung an die Stickstoffablaufwerte (Tab. 1.1) erst ab einer Abwassertemperatur von 12 °C geltend gemacht. Es gibt allerdings auch Untersuchungen über Nitrifikantenarten, die auch bei Temperaturen von unter 5 °C wachsen können. Darüber hinaus ist jedoch wenig über die Möglichkeit, diese Bakterien bei niedrigen Temperaturen zu nutzen, bekannt.

Die Ammoniumoxidation braucht mit 4,6 g für 1 g NH_4-N sehr viel Sauerstoff, um Nitrat zu produzieren. Heterotrophe Bakterien besitzen einen niedrigeren K_m-Wert für O_2 (PROSSER (1989)), was dazu führt, dass Nitrifikanten bei Konkurrenzdruck nicht genügend Sauerstoff bekommen. Nach RÖSKE und UHLMANN (2005) sollte die Sauerstoffkonzentration nicht unter 2 mg / l sinken.

Erhöhte Konzentrationen an Ammonium im Vergleich zur vorhandenen Nitrifikantenbiomasse, die sich auch in kurzzeitigen Laststößen in einer Anlage auswirken können, hemmen die nitrifizierende Bakteriengemeinschaft. Auf der anderen Seite hemmen zu hohe Nitritwerte nur die Nitritoxidierer.

Eine hohe Belastung mit organischer Fracht wirkt sich ebenfalls negativ auf die Nitrifikanten aus, weil der Konkurrenzdruck durch heterotrophe Bakterien zunimmt. Die organische Fracht in Form von BSB_5 bezogen auf die Trockensubstanz der Biomasse wird als Schlammbelastung (B_{TS}) bezeichnet und als kg BSB_5 / kg TS * d für Belebtschlammsysteme definiert. Nach MUDRACK und KUNST (2003) und IMHOFF (1999) findet bei einer Schlammbelastung von 0,15 kg BSB_5 / kg TS * d eine biologische Reinigung mit Nitrifikation und ab einem B_{TS}-Wert von 0,3 ohne Nitrifikation statt.

1.1.1.1.4 Der Prozess der Denitrifikation

Die Denitrifikation wird sehr häufig zusammen mit der Nitrifikation in Abwasserbehandlungsanlagen zur biologischen Stickstoffelimination eingesetzt (GEETS et al. (2007)). Obwohl dieser Prozess bereits länger bekannt ist und angewendet wird, weiß man noch immer recht wenig über die Abundanz denitrifizierender Bakterien (WAGNER und LOY (2002)). Dies liegt daran, dass bisher die meisten Studien zur Identifizierung der Denitrifikanten aus Abwasseran-

lagen auf kulturabhängige Methoden beschränkt waren (GUMAELIUS et al. (2001)) und die detektierten Bakterien nicht repräsentativ für die Wirklichkeit im Abwassersystem angesehen werden können.
Bisher wurden mehr als 40 Gattungen verschiedenster Bakterien sowie einige Hefen und Pilze mit der Fähigkeit zur Denitrifikation entdeckt (VAN SPANNING et al. (2003)). Am häufigsten kommen Denitrifikanten in den Abteilungen der Alpha- und Betaproteobakterien vor. Dazu zählen zum Beispiel Vertreter der Gattungen *Pseudomonas*, *Paracoccus*, *Hyphomicrobium* und *Chromobacterium* (WARD et al. (1995)).
Der ubiquitär in der Umwelt verbreitete Prozess der Denitrifikation wird von chemoorganotrophen Mikroorganismen durchgeführt. Dabei wird Energie aus der Reduktion von Nitrat bzw. Nitrit mit Hilfe von organischen Wasserstoffdonatoren gewonnen (SCHLEGEL und ZABOROSCH (1992)). Wenn die Reduktion vollständig abläuft, liegt am Ende molekularer Stickstoff vor, der durch Ausgasen in die Atmosphäre aus dem System entfernt werden kann. Allgemein kann man diesen Vorgang mit der folgenden Gleichung ausdrücken, wobei [H] für organische Wasserstoffdonatoren steht (1.2, RÖSKE und UHLMANN (2005)):

$$10\,[H] + 2\,H_2O + 2\,NO_3^- \rightarrow N_2 + 6\,H_2O + 2\,OH^- \qquad (1.2)$$

Die bei der Denitrifikation entstehenden OH^--Ionen wirken der Säurebildung bei der Nitrifikation entgegen und unterstützen somit diesen Prozess, der durch den sinkenden pH sonst gehemmt wäre.
Die an der Denitrifikation beteiligten Enzyme sind in der nächsten Abbildung (Abb. 1.4) schematisch dargestellt. Die Reduktion beginnt mit der Nitratreduktase (NAR). Der nächste Schritt der Nitritreduktion wird von der Nitritreduktase (NIR) vermittelt, gefolgt von der Stickstoffoxidreduktase (NOR), die NO zu Distickstoffoxid umsetzt. Bei der letzten Reduktionsreaktion wird N_2O zu molekularem Stickstoff mittels der Distickstoffoxidreduktase (N_2OR) umgewandelt. All diese Enzyme befinden sich in oder auf der Oberfläche der inneren Membran.

1 Einleitung

Die meisten denitrifizierenden Bakterien sind heterotroph und fakultative Aerobier (MADIGAN et al. (2001)). Dies bedeutet, dass bei Anwesenheit von Sauerstoff, auch wenn genügend Nitrat vorhanden ist, die aerobe Atmung durchgeführt wird. Für die anaerobe Atmung werden zwar anorganische oxidierte Stickstoffverbindungen wie Nitrat und Nitrit am häufigsten als Elektronenakzeptoren genutzt, jedoch können viele Denitrifikanten auch andere Verbindungen wie Fe^{3+} und bestimmte organische Substanzen reduzieren. Neben heterotrophen Denitrifikanten, die organische Elektronendonatoren nutzen, gibt es auch autotrophe Bakterien, die anorganische Elektronendonatoren wie Ammonium, Wasserstoff oder Sulfide verwenden (AOI et al. (2005)). Darunter fallen zum Beispiel die so genannten Anammox-Bakterien, die bevorzugt Nitrit als Elektronenakzeptor nutzen, um Ammonium bis zum molekularen Stickstoff zu oxidieren (MULDER et al. (1995)). Weiterhin wurde bei den autotrophen Ammonium oxidierenden Bakterien (AOB) *Nitrosomonas europaea* und *Nitrosomonas eutropha* die Fähigkeit zur Denitrifikation bei niedrigen Sauerstoffkonzentrationen nachgewiesen (BOCK et al. (1995)). Außerdem wurde die Denitrifikation auch bei Phosphat akkumulierenden Organismen (PAO), *Rhodocyclus*-related PAO, entdeckt (ZENG et al. (2003)). An dieser Fülle verschiedenster Organismen und Mechanismen kann man erkennen, dass der Prozess der Denitrifikation recht unterschiedlich ablaufen kann.

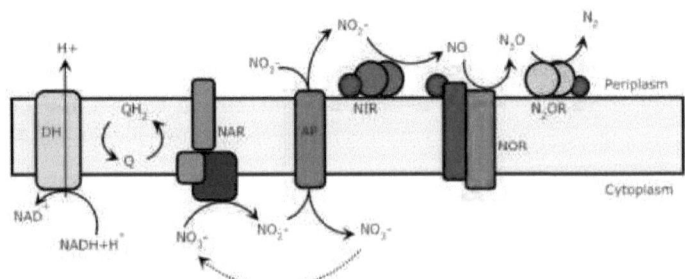

Abb. 1.4: Die in die Denitrifikation eingebundenen Enzyme (aus ANDERSSON (2009)). NAR: Nitratreduktase; NIR: Nitritreduktase; NOR: Stickstoffoxidreduktase; N_2OR: Distickstoffoxidreduktase.

1 Einleitung

Für den Erfolg der Denitrifikation sind anaerobe Bedingungen erforderlich. Weiterhin nehmen Faktoren wie der pH-Wert, die Temperatur, der Nitratgehalt und die Kohlenstoffverfügbarkeit einen großen Einfluss auf diesen Prozess. Der pH-Bereich ist relativ weit und liegt zwischen 5,8 und 9,2 (RÖSKE und UHLMANN (2005)). Die Temperaturabhängigkeit ist auch nicht so groß wie bei den Nitrifikanten. Das Optimum liegt zwischen 25 und 30 °C, wobei auch schon bei 5 °C denitrifiziert werden kann (RHEINHEIMER (1988)). Die Verfügbarkeit von oxidierten Stickstoffverbindungen und Kohlenstoff wirkt sich natürlich auf die Denitrifikation aus. Um diese zu beurteilen, wird das Verhältnis beider Parameter zueinander betrachtet. Dabei kommt es auch auf die Art der Kohlenstoffquelle an. Je leichter diese abbaubar ist, desto kleiner kann das Verhältnis für eine erfolgreiche Denitrifikation werden. Im kommunalen Abwasser werden meist einfach nur die Summenparameter BSB_5 und gesamt-N im Zulauf betrachtet. Laut PÖPEL (1995) und AMEND et al. (2000) liegt ab einem Wert BSB_5 / gesamt-N von 4 in Belebtschlämmen ein günstiges Verhältnis vor, darunter steht nicht genug Kohlenstoff für die Denitrifikation zur Verfügung.

1.1.1.1.5 Der Prozess der anaeroben Ammoniumoxidation (Anammox)

Der Prozess der anaeroben Ammoniumoxidation wurde von verschiedenen Forschungsgruppen beobachtet und hat neben Anammox weitere unterschiedliche Namen erhalten (PAREDES et al. (2007)). „Aerobic / Anoxic Deammonification" wurde der Anammox-Prozess von einer Arbeitsgruppe an der Universität in Hannover genannt, während an der Ghent Universität in Belgien die Namen „Onland" und an der Delft Universität in den Niederlanden „Canon" entstanden sind. Als erste wiesen jedoch MULDER et al. (1995) die anaerobe Ammoniumoxidation experimentell nach.

Bestimmte Bakterien nutzen bevorzugt Nitrit als Elektronenakzeptor, um Ammonium bis zum molekularen Stickstoff zu oxidieren. Dieser

1 Einleitung

Vorgang kann vereinfacht mit der folgenden Gleichung beschrieben werden (VAN DONGEN et al. (2001):

$$NH_4^+ + NO_2^- \rightarrow N_2 + 2\,H_2O \qquad (1.3)$$

Als Zwischenprodukte entstehen bei dieser Reaktion Hydrazin und Hydroxylamin (SCHALK et al. (1998)). Die Entstehung von Hydrazin ist ausschließlich auf die anaerobe Ammoiumoxidation beschränkt, weshalb sein Nachweis für die Anwesenheit von Anammox-Bakterien spricht (VAN DONGEN et al. (2001)). Es wurden Bakterien mit dieser Fähigkeit identifiziert, die zu den chemolithoautotrophen Mitgliedern der Ordnung *Planctomycetes* zählen und dort ein Monophylum bilden (STROUS et al. (1999)). SCHMID et al. (2003) nannten diese Planctomyceten *Candidatus* „*Brocadia anammoxidans*", „*Kuenenia stuttgartiensis*" und *Candidatus* „*Scalindua*", während KARTAL et al. (2007) eine weitere Gattung namens *Candidatus* „Anammoxoglobus" hinzufügte. Der Stammbaum in der Abbildung 1.5 zeigt die bisher bekannten Anammox-Bakterien.

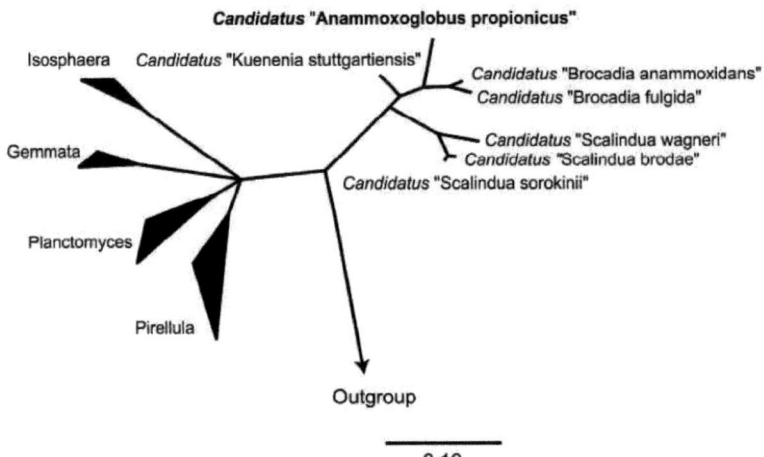

Abb. 1.5: Stammbaum bekannter Anammox-Bakterien basierend auf 16S rDNA-Sequenzen (nach KARTAL et al. (2007)). Der Strich unter dem Dendrogramm gibt einen 10%igen Unterschied in der Sequenz an.

1 Einleitung

Die autotrophe Ammoniumoxidation bringt in der Abwasserreinigung den Vorteil, dass sie, im Vergleich zur Denitrifikation, keinen organischen Kohlenstoff zur Stickstoffelimination benötigt (VAN DONGEN et al. (2001)). Auf diese Weise können ca. 40 % weniger an organischen Protonendonatoren verbraucht werden (BEIER et al. (1998)). Da die Oxidation von Ammonium bei der Nitrifikation nur bis zum Nitrit ablaufen muss, um für den Anammox-Prozess den notwendigen Elektronenakzeptor zur Verfügung zu stellen, können auch etwa 25 % Sauerstoff eingespart werden. Aus diesen Gründen ist die Anammox besonders für Ammonium reiche Abwässer geeignet, die ein kleines C/N-Verhältnis und somit einen geringeren Konkurrenzdruck seitens der Denitrifikanten aufweisen.

Allerdings besitzen Anammox-Bakterien eine relativ geringe Wachstumsrate mit einer Verdopplungszeit von mehr als 11 Tagen (STROUS et al. (1999)). Deshalb muss die Biomasse in einer Abwasserbehandlungsanlage eine ausreichend lange Verweilzeit besitzen, da ansonsten diese Bakterien durch schneller wachsende Denitrifikanten auskonkurriert werden. Die Einfahrphase und Etablierung des Anammox-Prozesses in einer Anlage dauert auch dementsprechend länger. Es wurde bereits auch eine erfolgreiche Koexistenz von Anammox-Bakterien und Denitrifikanten in Anwesenheit von Propionat beobachtet (GÜVEN et al. (2005)). Dabei konnten Anammox-Bakterien gleichzeitig anaerob Propionat und Ammonium mittels Nitrat oder Nitrit oxidieren und damit neben Denitrifikanten existieren.

Anammox-Bakterien sind sehr empfindlich gegenüber Sauerstoff und Nitrit. Konzentrationen höher als 0,06 mg / l an O_2 und ab 230 mg / l Nitrit hemmen diese Bakterien reversibel (JETTEN et al. (2001)). Weiterhin reagieren sie sehr sensibel auf Methanol, das in Abwasserbehandlungsanlagen oft als C-Quelle für die Denitrifikation oder zur pH-Erhöhung aufgrund der Nitrifikation zugegeben wird.

Weiterhin sind diese Bakterien dadurch gekennzeichnet, dass sie auf Interaktionen mit anderen Bakterien angewiesen sind (PAREDES et al. (2007)). Sie müssen sich räumlich in der Biomasse dort aufhalten, wo auf der einen Seite aerob Nitrit durch AOB produziert wird und noch Ammonium zur Verfügung steht und auf der anderen Seite anaerobe Verhältnisse herrschen (JETTEN et al. (2001)). Der Sauerstoffverbrauch durch die AOB schafft die notwendigen Bedingungen für Anammox-Bakterien.

1.1.1.2 Phosphatelimination

Um die geforderten Ablaufwerte für Phosphat einzuhalten, werden in Abwasserbehandlungsanlagen Fällungsmittel eingesetzt, um das gelöste ortho-Phosphat durch Fällung in eine unlösliche Form zu überführen und mit dem Überschussschlamm aus dem System zu entfernen. Dabei können $Ca(OH)_2$ bzw. Fe^{2+}-, Fe^{3+}- oder Al^{3+}-Salze zur chemischen P-Fällung eingesetzt werden (UHLMANN (1988), SCHÖNBORN (1998)).

Mit der Fällung sind jedoch auch einige Nachteile verbunden. Der Einsatz von Fällungsmitteln führt zu einer größeren Menge an Überschussschlamm und zu höheren Betriebskosten. Zudem kommt es durch die Fällungsmittel zur Aufsalzung des Abwassers und damit auch des Vorfluters.

Aufgrund dieser Nachteile stieg das Interesse an der erhöhten biologischen P-Elimination (EBPR). Als eine Vorraussetzung für eine stabile EBPR muss das Belebungsverfahren so gestaltet werden, dass ein Wechsel zwischen anaeroben und aeroben Bedingungen möglich ist. Nur unter solchen Bedingungen kann das gelöste Phosphat in großen Mengen als Polyphosphat im Belebtschlamm gespeichert und mit dem Überschussschlamm aus dem System entfernt werden.

1.2 Biofilme

1.2.1 Grundlagen und Zusammensetzung von Biofilmen

Antonie van Leeuwenhock (1632 - 1723) erforschte als erster Biofilme in Form von Zahnbelägen des Menschen. Danach schenkte man den Biofilmen in der Mikrobiologie wenig Beachtung, während eher Mikroorganismen als planktonische Reinkulturen untersucht

1 Einleitung

wurden. Es wurde lange nicht erkannt, dass Biofilme laut FLEMMING und WINGENDER (2001a) „die bevorzugte Lebensform der Bakterien" sind. Es wird vermutet, dass 99 % aller Mikroorganismen auf der Erde in Biofilmen leben, da diese Lebensweise ihnen Schutz und eine bessere Nährstoffversorgung bietet (COSTERTON et al. (1987)). Biofilme werden sogar als die älteste bislang entdeckte Lebensgemeinschaft bezeichnet, da 3,5 Milliarden Jahre alte fossile Biofilme in Form von Stromatolithen gefunden wurden (FLEMMING (1994)).

Biofilme kommen überall auf der Erde vor und erfüllen zum Beispiel bei der Selbstreinigung von Gewässern und Böden eine wichtige Rolle. An den Grenzflächen mit Wasser bilden sich mit Vorliebe Biofilme aus, aber auch zwischen Wasser und Luft sowie Atmosphäre und Feststoff können sich Mikroorganismen zu Biofilmen akkumulieren (FLEMMING und WINGENDER (2001a)). Daher ist die Erforschung ihrer Zusammensetzung und Funktion enorm wichtig für das Verständnis der Vorgänge in der Umwelt. Hinzu kommt, dass Mikroorganismen und Biofilme eine immer größer werdende Rolle in der Medizin, Biotechnologie und in technischen Systemen spielen.

Der Begriff Biofilm bezeichnet mikrobielle Aggregate einschließlich Flocken und Schlämme („schwimmende Biofilme", WINGENDER et al. (1999)). Alle Arten von Biofilmen haben gemeinsam, dass sie von extrazellulären polymeren Substanzen zusammengehalten werden. Normalerweise bestehen Biofilme hauptsächlich aus Bakterien, allerdings können je nach Habitat auch Algen, Pilze, Protozoen und sogar mehrzellige Organismen wie Nematoden enthalten sein (FLEMMING und WINGENDER (2001a)). Die Abbildung 1.6 zeigt solche Organismen, die in einem Biofilm des WSB®-Verfahrens im Rahmen dieser Arbeit gefunden wurden. Manche ernähren sich dort von Bakterien, wobei es zur Ausbildung von Nahrungsketten kommt. Dieser als „Grazing" bezeichnete Vorgang führt neben Scherkräften zum begrenzten Wachstum des Biofilms. Laut CARON (1987) kann das Weiden der Protozoen und Metazoen den Stoffwechsel und das Wachstum der Biofilmbakterien beschleunigen.

1 Einleitung

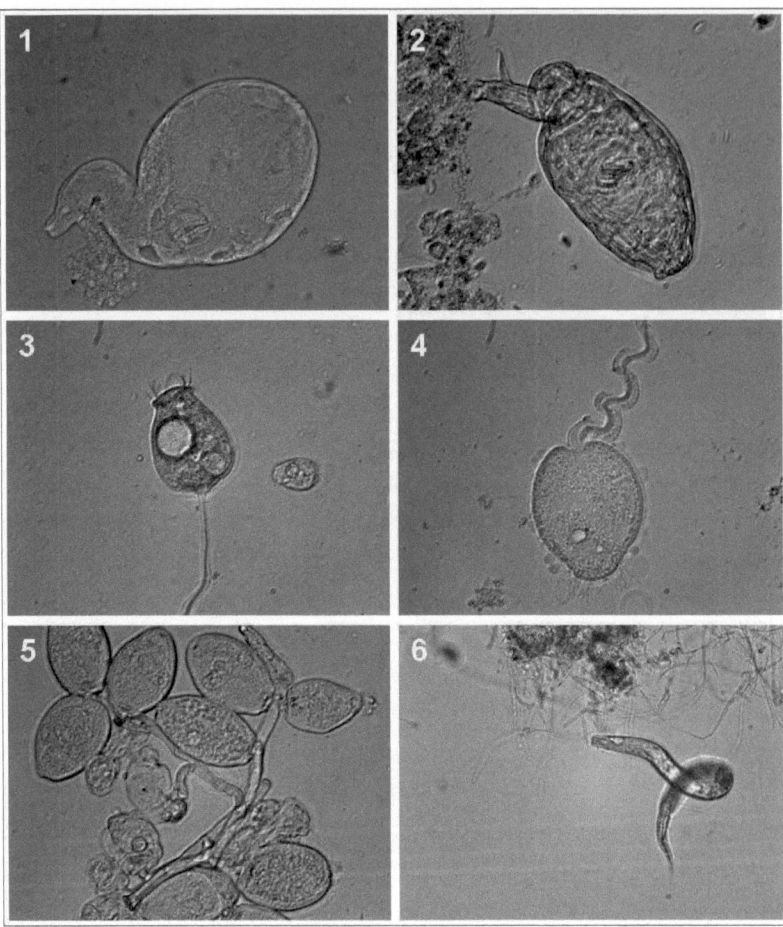

Abb. 1.6: Lichtmikroskopische Aufnahmen verschiedener Protozoen und Metazoen im WSB®-Biofilm. 1) + 2) Rotator; 3) + 4) *Vorticella microstoma*; 5) *Opercularia spp.*; 6) Fadenwurm (*Nematoda*); (Aufnahmen: C. Steinbrenner).

Abgesehen von den Mikroorganismen und den von ihnen gebildeten EPS können Biofilme auch anorganische und organische gelöste Stoffe, Partikel biogener (Detritus) und abiotischer Natur (Ton, Sand) sowie freies und gebundenes Wasser enthalten. Die Kompartimente im Biofilm, die diese Komponenten sorbieren können, sind die EPS, Zellwand, Zellmembran und das Zytoplasma (FLEMMING (1995)). Die Abbildung 1.7 zeigt schematisch diese Kompartimente in einem Biofilm. Diese haben unterschiedliche Sorptionseigenschaften, -kapazitäten und -präferenzen. Außerdem kann der Biofilm physiologisch auf die sorbierten Substanzen reagieren.

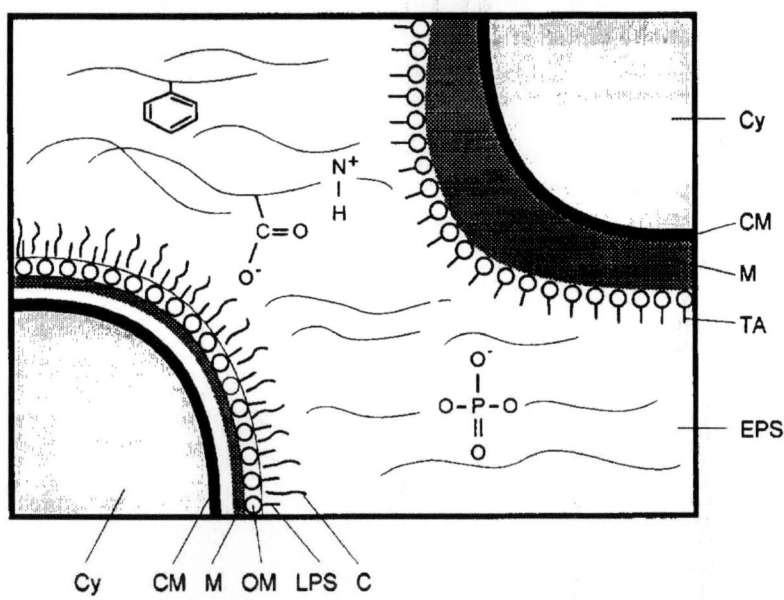

Abb. 1.7: Verschiedene Kompartimente in einem Biofilm, die an der Sorption von verschiedenen Biofilmbestandteilen beteiligt sind. Links: Gram-negative Zelle; Rechts: Gram-positive Zelle; CY: Zytoplasma; CM: Zytoplasmamembran; M: Mureinschicht; OM: Äußere Membran; LPS: Lipopolysaccharide; C: Kapsel; TA: Lipoteichonsäure (nach FLEMMING (1995)).

1.2.2 Entwicklung von Biofilmen

In der folgenden Abbildung 1.8 ist ein schematischer Ablauf der Biofilmentwicklung in vier Phasen nach van LOOSDRECHT et al. (1990) dargestellt. Obwohl die Biofilmbildung ein komplexer Prozess ist und sich Biofilme aufgrund ihrer Heterogenität stark unterscheiden können, kann der Vorgang der Biofilmbildung in einigen allgemeingültigen Schritten beschrieben werden.

Man kann die anfänglichen Bedingungen für die Biofilmentwicklung in drei Phasen unterteilen (FLEMMING und WINGENDER (2001a). Zunächst ist das Medium, also die flüssige Phase, mit seinen physi-

kalischen, chemischen und hydrodynamische Bedingungen entscheidend. Dann spielen die chemische Zusammensetzung, physikalische Eigenschaften und die „biologische Affinität", das heißt Besiedelbarkeit, Rauhigkeit und Porosität, des Substratum (feste Phase) eine wichtige Rolle. Die Mikroorganismen stellen die zunächst partikuläre, dann gelartige Phase dar. Die anfängliche Entwicklung hängt von der Spezies und ihren Fähigkeiten ab.
Der erste Schritt beginnt mit dem Transport der Zellen zur Oberfläche. Dieser kann auf dreierlei Arten geschehen: diffusiver Transport als Folge der Brownschen Molekularbewegung, konvektiver Transport infolge von Strömungen oder durch aktive Bewegung mancher Bakterien mittels Pili oder Flagellen (van LOOSDRECHT et al. (1990)). Zunächst erfolgt der Transport der Mikroorganismen bis zur Diffusionsgrenzschicht, bekannt als laminare Grenzschicht, in der die Fließgeschwindigkeit bis zur Oberfläche gegen Null geht und die sich auch in stark durchströmten Systemen in Oberflächennähe ausbildet. Die Dicke der Grenzschicht ist deutlich größer (10 - 100 µm) als eine Bakterienzelle. Das bedeutet, dass diese Schicht erst durchbrochen werden muss, bevor die Zellen auf die Oberfläche stoßen. Dort treffen sie normalerweise auf eine Oberfläche, die von einen „conditioning film" überzogen ist (FLEMMING und WINGENDER (2001a)). Dieser entsteht durch eine irreversible Anheftung von organischen Molekülen wie zum Beispiel Proteinen, Polysacchariden und Huminstoffen in Sekundenschnelle in nahezu allen Umgebungen an Oberflächen.
Der zweite Schritt der Biofilmentwicklung in Abbildung 1.8 ist die initiale Adhäsion der Mikroorganismen an der Oberfläche. Diese ist zunächst entweder reversibel oder irreversibel. Nach dem Model von van LOOSDRECHT et al. (1990) schließt sich an die anfängliche Anheftung eine irreversible Adhäsion an, bei der Strukturen der Zelloberfläche eine wichtige Rolle spielen (Abb. 1.8, Bild 3). FLEMMING und WINGENDER (2001a) stellten fest, dass nur am Anfang die Anheftung reversibel ist. Nach wenigen Minuten wird diese bei den meisten Mikroorganismen aufgrund von Wechselwirkungen der Zelle mit der Oberfläche irreversibel. Gram-negative

1 Einleitung

Bakterien haben allerdings die Möglichkeit, sich mittels Flagellen oder Pili an der Oberfläche entlang zu bewegen und sich erst später mit anderen beweglichen Zellen zu einer Mikrokolonie zusammen zu lagern.

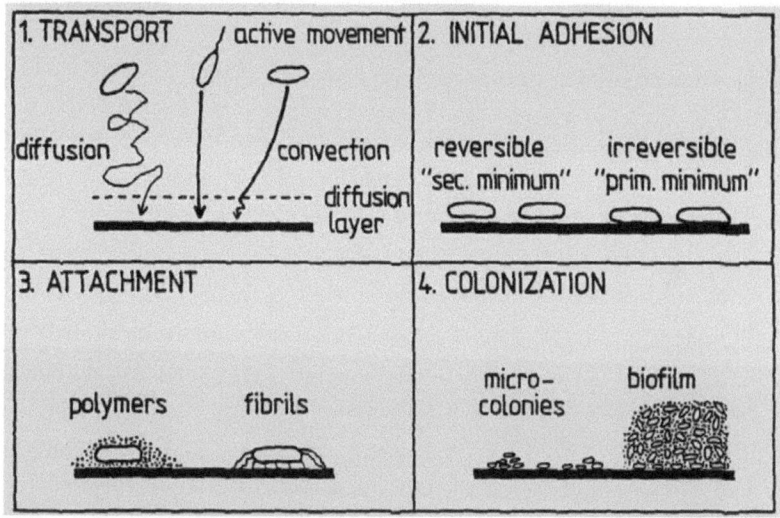

Abb. 1.8: Verlauf der Biofilmbildung in vier Phasen (nach van LOOSDRECHT et al. (1990)).

Im vierten Bild der Abbildung 1.8 ist die letzte Phase der Biofilmentwicklung, die Kolonisation, dargestellt. Dabei kommt es einerseits zur Coadhäsion von sekundären Besiedlern an die Primärbesiedler und andererseits zur Vermehrung der Biofilmorganismen. Die immobilisierten Bakterien beginnen auch mit vermehrter Bildung an EPS, wobei sich ihre Genaktivität und somit Zellstruktur und Stoffwechselaktivität verändern. Der Übergang von planktonischer zur sessilen Lebensweise ist ein genetisch hoch regulierter Prozess, der dazu führt, dass sich Bakterien phänotypisch und physiologisch deutlich verändern (O'TOOLE et al. (2000)).

Laut FLEMMING und WINGENDER (2001a) können Biofilme nicht unbegrenzt an Dicke zunehmen. Irgendwann wird nämlich ein Gleichgewicht zwischen Neubildung und Ablösung des Biofilms erreicht (Plateau-Phase). Beim Ablösen können aufgrund von Scherkräften entweder einzelne Zellen (Erosion) oder ganze Biofilmstücke

1 Einleitung

(Sloughing) abgetrennt werden. FLEMMING und WINGENDER (2001a) berichteten aber auch darüber, dass einzelne Zellen aktiv den Biofilm verlassen und andere Oberflächen besiedeln können. Allerdings müssen dazu solche Bakterien erst Matrixpolymere abbauen, um den Biofilm verlassen zu können.

1.2.3 Extrazelluläre polymere Substanzen (EPS)

Laut FLEMMING und WINGENDER (2002) sind EPS das, was Biofilme zusammenhält. Die Gesamtheit der EPS ist eine hoch hydratisierte, schleimige und gelartige Matrix, in die die Mikroorganismen eingebettet sind. Auf diese Weise werden Biofilme, einschließlich Flocken und Schlämme, zusammengehalten, wobei die EPS ihnen Form und ihre physikalischen Eigenschaften verleiht (FLEMMING und WINGENDER (2001a)). CHARACKLIS und WILDERER (1990) bezeichneten die EPS als organische Polymere mikrobiellen Ursprungs, die im Biofilm für die Bindung der Zellen und Partikel aneinander durch Kohäsion und zum Substratum durch Adhäsion verantwortlich sind.

Extrazelluläre polymere Substanzen sind biologische Makromoleküle, deren Eigenschaften für den Biofilm und seine Struktur immens wichtig sind. In Laborkulturen wurde festgestellt, dass die EPS nicht überlebensnotwendig ist (GEHR und HENRY (1982)). In Umweltbiofilmen jedoch scheint die EPS ganz maßgebend zur Überlebensstrategie dazu zugehören, wobei die Zusammensetzung, Struktur und Funktion der Biofilme stark von diesen extrazellulären Substanzen abhängt (FLEMMING und WINGENDER (2001a)). Aus diesem Grund ist die Erforschung der EPS wichtig und trägt zum Verständnis der Bedeutung mikrobieller Biofilme in der Umwelt, im medizinischen Bereich sowie in technischen Anlagen bei.

Die EPS-Matrix ist ein sehr heterogenes und variables Gebilde, das je nach Art der Mikroorganismen, dem vorliegenden Nahrungsangebot und den hydrodynamischen Bedingungen stark variieren kann. Mikroorganismen scheinen auf Stress mit der EPS-Produktion zu antworten (FLEMMING und WINGENDER (2002)). Weiterhin wer-

den die EPS stark vom C:N:P-Verhältnis und von verschiedenen organischen Substraten beeinflusst.
NIELSEN et al. (1997) fanden heraus, dass der Anteil der EPS in Biofilmen aus technischen Anlagen zwischen 50 und 80 % an der organischen Substanz variieren kann. ZHANG und FANG (2001) stellten allerdings fest, dass die EPS-Produktion mit dem Zellwachstum steigt, so dass erst ein reifer Biofilm hauptsächlich aus EPS besteht.
EPS-Bestandteile gehören hauptsächlich zu den Klassen der Polysaccharide, Proteine, Nukleinsäuren, Lipide und Huminstoffe (WINGENDER et al. (1999)). Früher wurde die Abkürzung EPS unter anderem für Extrazelluläre Polysaccharide benutzt. Diese Bezeichnung geht darauf zurück, als Exopolysaccharide als Hauptbestandteile von EPS vermutet wurden (COSTERTON et al. (1981)). Allerdings wurde bereits oft herausgefunden, dass auch andere Komponenten, vor allem Proteine, mengenmäßig den größten Teil ausmachen können (NIELSEN et al. (1997), RODE (2004)).
Die Bildung der EPS geht von den Mikroorganismen selbst aus. Es werden aber auch Substanzen wie Huminstoffe aus dem Wasser sorbiert. Weiterhin werden auch Partikel wie Detritus, Ton und Gips aus dem Wasser aufgrund der „klebrigen" Oberfläche der Biofilme in den EPS akkumuliert (FLEMMING und WINGENDER (2001a)).
Bei der Entstehung der EPS-Matrix sind zwei- und dreiwertige Kationen wie Ca^{2+} und Fe^{3+} von Bedeutung, weil sie die Carboxylgruppen der Zuckersäuren in Polysacchariden verknüpfen können. Neben diesen elektrostatischen Wechselwirkungen sind zwei weitere nicht-kovalente Bindungstypen für die Stabilität des Biofilms verantwortlich: Wasserstoffbrücken und van-der-Waals-Kräfte (MAYER et al. (1999)). Es handelt sich um schwache, reversible Wechselwirkungen der EPS-Bestandteile, die ein Netzwerk fluktuierender Haftpunkte bilden. Diese lösen und verbinden sich ständig und bewirken somit eine einerseits flexible und durch die große Anzahl an Bindungsstellen andererseits auch stabile Matrix.
Der Stofftransport in der EPS-Matrix findet nicht nur auf dem Wege der Diffusion statt, sondern auch mittels konvektiven Stofftransports

1 Einleitung

durch Poren und Kanäle im Biofilm (FLEMMING und WINGENDER (2002)). Die Diffusion kann zwar in der Matrix gestört sein, jedoch nicht in so starkem Maße. FLEMMING und WINGENDER (2001a) zeigten, dass die Diffusionskoeffizienten von verschiedenen, vor allem kleineren Molekülen im Biofilm kaum anders sind als im freien Wasser. Wenn allerdings die diffundierenden Stoffe mit der Matrix reagieren oder von Mikroorganismen umgesetzt werden, entstehen im Biofilm Gradienten (Abb. 1.9) (FLEMMING und WINGENDER (2002)). Trotz Diffusionsprozessen wurde auch eine starke Abhängigkeit der Penetrationstiefe von der Konzentration an diffundierenden Substanzen in Biofilmen festgestellt (RUSTEN et al. (2005)). Aufgrund von Sauerstoff-, Nitrat- und Sulfatgradienten infolge mikrobieller Prozesse können Biofilme allgemein in drei Zonen eingeteilt werden (CHARACKLIS (1990)). Die Abbildung 1.9 zeigt die Einteilung in die aerobe Zone, die dem vorbeiströmenden Medium am nächsten liegt und an die sich die anoxische Zone anschließt, die nur noch Sauerstoff in Form von Nitrit und Nitrat enthält und den Prozess der Denitrifikation ermöglicht. Die am Substratum liegende Zone ist anaerob und enthält nur noch Sulfat, das reduziert werden kann.

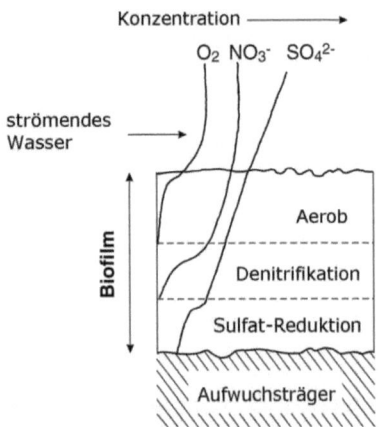

Abb. 1.9: Vertikale Zonierung mikrobieller Prozesse und dadurch entstehender Gradienten (aus RÖSKE und UHLMANN (2005) nach CHARACKLIS (1990)).

1 Einleitung

1.2.3.1 Ökologische Vorteile und biologische Funktionen der EPS

Die EPS-Matrix bietet den Mikroorganismen einen Lebensraum, in dem sie lange immobilisiert verweilen können im Vergleich zur planktonischen Lebensweise. Auf diese Weise wird im Biofilm eine hohe Zelldichte ermöglicht. Dies führt wiederum dazu, dass durch den engen Kontakt der Zellen ein guter genetischer Austausch im Biofilm stattfindet und die Zell-Zell-Kommunikation ermöglicht wird (LORENZ und WACKERNAGEL (1994), FLEMMING und WINGENDER (2002)).

Als Strukturelemente dienen die EPS nicht nur der mechanischen Stabilität von Biofilmen, sondern helfen auch bei der Ausbildung von Mikrokonsortien, die durch ihre räumliche Nähe effizient Substrate verwerten können (FLEMMING und WINGENDER (2002)). Ein Beispiel hierfür ist die Nitrifikation, die durch ein Zusammenspiel aus zwei Prozessen verschiedener Bakterien eine Oxidation von Ammonium zum Nitrat ermöglicht (STEHR et al. (1995)). Aufgrund der Gradientenbildung von Nährstoffen, Stoffwechselprodukten, Protonen und Sauerstoff entstehen die verschiedensten Habitate, in denen eine große Vielfalt an Mikroorganismen Platz finden kann.

Weiterhin werden in der EPS-Matrix extrazelluläre Enzyme und lysierte Zellbestandteile zurückgehalten (FLEMMING und WINGENDER (2002)). Zusammen mit der Tatsache, dass mikrobielle Aggregate eine um 60 % höhere Aufnahmefähigkeit von gelösten organischen Nährstoffen aufweisen als suspendierte Bakterien, kann man sich vorstellen, dass diese Lebensgemeinschaft viel effizienter beim Abbau verschiedenster Substanzen arbeiten kann. Aufgrund der sorptiven Eigenschaften der EPS können gelöste und partikuläre Stoffe im Biofilm akkumuliert werden, was vor allem in einer oligotrophen Umgebung von Vorteil ist (DECHO (1990)).

EPS können ihren „Bewohnern" auch als Schutzbarriere dienen. So sind Biofilmorganismen zum Beispiel resistenter gegenüber Bioziden (GROBE et al. (2001)) oder Antibiotika (COSTERTON et al. (1999)). Des Weiteren verhindert die Rückhaltung von Wasser in der hoch hydratisierten EPS-Matrix das Austrocknen von Biofilmen bei Wassermangel (FLEMMING und WINGENDER (2002)).

1.2.3.2 Funktion einzelner EPS-Komponenten

Wie bereits in Kapitel 1.2.3 erwähnt wurde, bestehen die EPS hauptsächlich aus Polysacchariden, Proteinen, Nukleinsäuren, Lipiden und Huminstoffen (WINGENDER et al. (1999)).
Wie alle Biopolymere der EPS sind vor allem Polysaccharide dazu da, um ein Hydrogel zu bilden (FLEMMING und WINGENDER (2002)). Zu den unspezifischen Arten der EPS-Polysaccharide, die von allen möglichen Mikroorganismen gebildet werden können, gehören Zellulose, Dextran und Alginat. Das Bakterienalginat ist im Gegensatz zum Algenalginat acetyliert und sorgt mit zweiwertigen Ionen wie Ca^{2+} für eine Festigkeit, die weit geringer ist als beim Algenalginat. Damit haben extrazelluläre Polysaccharide hauptsächlich strukturbildende Funktionen bei der Bildung und Stabilität von Biofilmen.
Im Gegensatz zu Polysacchariden wurden extrazelluläre Proteine bisher wenig analysiert und identifiziert (FRØLUND et al. (1995), CHRISTENSEN et al. (2001)). Ein Teil dieser Proteine besteht aus Enzymen, die unter anderem dazu da sind, großmolekulare organische Substanzen, die zum Beispiel im Abwasser vorhanden sind, zu spalten, damit diese in die Bakterienzelle aufgenommen werden können (HOPPE (1983)). FRØLUND at al. (1995) berichteten, dass der Ursprung von Exoenzymen allerdings nicht eindeutig bestimmt werden kann. Diese können aus dem ankommenden Abwasser oder der Biozönose selbst stammen, wobei sie durch Zelllyse oder aktive Exkretion von Zellen entstanden sein können.
Exoproteine sind auch Bestandteile von bakteriellen Anhängseln wie Pili und Fibrillen, die bei der Anheftung der Zellen an Oberflächen behilflich sind. Weiterhin fungieren extrazelluläre Proteine, zum Beispiel Lektine, auch als stabilisierende Gebilde, die die Struktur der Biofilme maßgebend beeinflussen (HIGGENS und NOVAK (1997)).
Ein weiterer Bestandteil der EPS sind Nukleinsäuren. Früher wurde angenommen, dass extrazelluläre DNA (e-DNA) nur aus der Zelllyse

1 Einleitung

stammen kann (VALLOM und McLOUGHLIN (1984)). Heute weiß man, dass e-DNA von Bakterien gezielt freigesetzt wird. LORENZ und WACKERNAGEL (1994) berichteten über einen regelrechten extrazellulären Genpool, wobei die e-DNA trotz überall präsenter DNasen für den Genaustausch in den EPS vorhanden war. Diese DNA kann in der EPS-Matrix akkumuliert werden, weswegen sie nicht mit der Zellzahl korreliert (PALMGREN und NIELSEN (1996)). Weiterhin wurde der e-DNA von BÖCKELMANN et al. (2006) eine stabilisierende Rolle zugesprochen, wobei sie ein filamentöses Netzwerk im Biofilm bilden konnte. ALLESEN-HOLM et al. (2006) und YANG et al. (2007) fanden heraus, dass die Freisetzung von e-DNA in *Pseudomonas aeruginosa*-Biofilmen unter der Kontrolle vom Quorum sensing-System und der Eisenregulation stand. Des Weiteren fanden WHITCHURCH et al. (2002) in solchen Biofilmen vor allem in der Anfangsphase eine deutliche e-DNA-Menge.

Lipide können ebenfalls in einer beträchtlichen Menge in den EPS enthalten sein. In der Literatur wurde berichtet, dass Lipide als dominante Bestandteile der EPS auftreten können (FLEMMING und WINGENDER (2001), GEHRKE et al. (1998)).

Rhamnolipide gehören zu der Gruppe der Glycolipide. Diese wiederum zählen zu den Biotensiden, die aufgrund ihrer amphiphilen Eigenschaften (Rhamnolipide: 1-2 hydrophile Rhamnosemoleküle und 1 hydrophober Fettsäurerest) in technischen Systemen eingesetzt werden, um Oberflächenspannungen oder Grenzflächenspannungen herabzusetzen (MAIER und SOBERON-CHAVES (2000)). Für Mikroorganismen erfüllen diese Substanzen nicht nur die Aufgabe, hydrophobe Substrate verfügbar zu machen (ZHANG und MILLER (1992)), sondern auch bei der Biofilmarchitektur mitzuwirken (DAVEY et al. (2003)).

Huminstoffe sind hochmolekulare Substanzen, die bei der Umwandlung vom toten organischen Material entstehen. Ihre Struktur lässt sich nicht einheitlich definieren, obwohl ein Grundgerüst erkennbar ist (STEVENSON (1982)). Da an den Abbauprozessen organischen Materials Mikroorganismen entscheidend beteiligt sind, finden sich Huminstoffe auch in den EPS der Umweltbiofilme wieder (NIELSEN et al. (1997)). In solchen Biofilmen können Huminstoffe sehr beständige Komplexe mit Enzymen bilden, was zur Steigerung der gesamten Enzymaktivität einer Umweltprobe führen kann (BURNS (1990)). Huminstoffe können aber auch durch Komplexbildung Exoenzyme inaktivieren (FRØLUND at al. (1995)). Zusätzlich erfüllen Huminstoffe wahrscheinlich als strukturbildende Bestandteile ihre Aufgabe in Umweltbiofilmen (RODE (2004)).

1.2.4 Biofilme in der Abwasserreinigung

Biofilme haben in der Abwasserreinigung im Vergleich zu suspendierter Biomasse einige Vorteile (ANDERSSON (2009)). Zum einen kann die Prozessführung flexibler gestaltet werden, wobei verschiedene Reinigungsprozesse in einem Reaktor ablaufen können (HELMER-MADHOC et al. (2002)) und man unter anderem dadurch weniger Platz als bei Belebungsverfahren braucht. Zum anderen sind Biofilmorganismen viel resistenter gegenüber Umweltveränderungen, da sie im Biofilm Schutz finden und eine längere Verweilzeit in der Biozönose besitzen (COSTERTON et al. (1987), LAZAROVA und MANEM (2000)). Des Weiteren haben Biofilmverfahren einen hohen Anteil aktiver Biomasse, die besser dazu geeignet ist, schwer abbaubare Substanzen umzusetzen. Die Biomasseproduktion in der suspendierten Wasserphase ist geringer, wodurch viel weniger Überschussschlamm entsorgt werden muss als beim Belebungsverfahren.

In der Abwasserbehandlung werden verschiedene Konfigurationen der Biofilmreaktoren angewendet. Die Abbildung 1.10 zeigt die wichtigsten Möglichkeiten der Abwasserreinigung mittels Biofilmverfahren, wobei es bei jedem Typ unterschiedliche Variationen der Gestaltung und Verfahrensführung gibt. Dabei kann zunächst zwischen Reaktoren mit einem festen und einem beweglichen Bett unterschieden werden, wobei sich auf dem „Bett" die Biofilmmasse befindet (LAZAROVA und MANEM (2000)). In Festbettverfahren wie Tropfkörpern, Rotationstauchkörpern und Biofiltern befinden sich die Biofilmorganismen auf festem Substratum und werden vom vorbei fließenden Wasser mit Abwasserinhaltsstoffen und Sauerstoff ver-

1 Einleitung

sorgt. Biofilmverfahren mit einem mobilen Bett sind dadurch ausgezeichnet, dass sich die Biofilmaufwuchsfläche bewegt, was mit einem hohen Sauerstoffeintrag, einer hohen Wassergeschwindigkeit oder mechanischen Verteilung bewirkt wird (RODGERS und ZHAN (2003)). Dabei gibt es die Möglichkeiten der Fließ- und Wirbelbettverfahren mit Biofilmträgern, die eine größere Dichte besitzen als Wasser (> 1 g / cm^3) und Schwebeverfahren mit Trägern, die aufgrund einer Dichte kleiner oder gleich 1 g / cm^3 in der Wasserphase schweben können.

Es müssen allerdings auch einige Nachteile von Biofilmanlagen erwähnt werden. Zum Beispiel haben Tropfkörper eine nicht ganz so effektive Volumenausnutzung wie andere Anlagen und Rotationstauchkörper sind oft mechanischen Ausfällen ausgesetzt (RUSTEN et al. (2005)). Festbettbiofilter haben oft das Problem, dass die Fracht nicht auf die gesamte Biofilmoberfläche verteilt wird oder des Öfteren eine Rückspülung erforderlich ist. Viele Fließbettreaktoren zeigen Probleme der hydraulischen Stabilität. Anlagen mit einem Wirbel- oder Schwebebett bzw. Wirbel- und Schwebebett wie das WSB®-Verfahren (Wirbel-Schwebebett-Biofilmverfahren, Fa. Bergmann clean Abwassertechnik GmbH) oder MBBR™- (Moving Bed Biofilm Reactor, Fa. AnoxKaldnes) müssen nicht mit derartigen Nachteilen umgehen. Das bewegte Bett hat vor allem den Vorteil der effektiven Raum-, Nährstoff- und Sauerstoffausnutzung aufgrund dünner Biofilme und somit kurzer Diffusionswege.

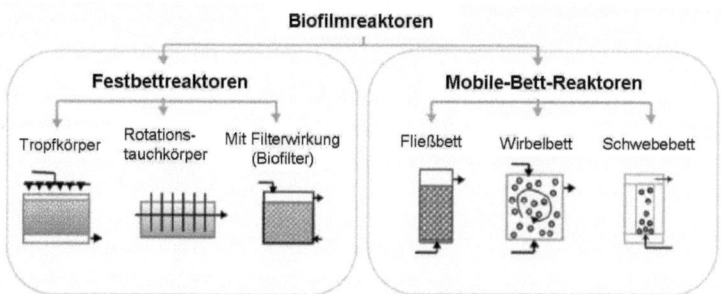

Abb. 1.10: Die gebräuchlichsten Möglichkeiten zur Abwasserreinigung mittels Biofilmverfahren (verändert nach ANDERSSON (2009)).

Es gibt jedoch auch kombinierte Verfahren, die Biofilme und suspendierten Belebtschlamm vereinen.

1.2.4.1 Das Wirbel-Schwebebett-Biofilmverfahren (WSB®)

Das WSB®-Verfahren wurde von der Firma Bergmann clean Abwassertechnik GmbH entwickelt, wobei dieses als Wirbel-Schwebebett-Biofilmverfahren eine eingetragene Marke darstellt (http://www.wsb-clean.com). Diese Technologie wird bereits seit längerem in Bereich der Abwasserreinigung erfolgreich eingesetzt.
Es handelt sich um ein reines Biofilmverfahren in einem Durchflussbetrieb ohne die Rückführung von Schlamm in die biologische Reinigungsstufe. WSB®-Anlagen können für 4 bis 500 EW eingesetzt werden, wobei ein Einsatz bis 30 EW in einem Behälter möglich ist. Es handelt sich also um Kleinkläranlagen. Des Weiteren wird das Verfahren auch für eine Ertüchtigung oder Erweiterung von größeren Abwasserbehandlungsanlagen verwendet.
Mit diesem Verfahren sind die C-Elimination sowie die biologische Nitrifikation und Denitrifikation (simultan 30-50%) möglich. Die Phosphatelimination wird mittels chemischer Fällung erreicht, während die Keimelimination durch Mikrofiltration mit Keramikmembranen bewerkstelligt wird. Je nach dem, in welche Größenklasse eine WSB®-Kleinkläranlage eingeordnet wird (Tab. 1.1), darf diese neben organischer Belastung Grenzwerte für Stickstoff, Phosphor und hygienisch relevante Keime nicht überschreiten.
Dieses Verfahren vereint ein Wirbelbett mit einem Schwebebett, wobei Biofilmträger eingesetzt werden, die eine geringere Dichte als Wasser haben und somit an der Wasseroberfläche schwimmen können. Ein Model solch einer Anlage mit Bildern der einzelnen Teile ist in der Abbildung 1.11 zu sehen. Während der „Wirbelphase" wird Sauerstoff in den Biologiereaktor eingetragen, was eine Verteilung der Biofilmträger in der gesamten Wassersäule und somit einen optimalen Kontakt mit dem Abwasser und seinen Inhaltsstoffen bewirkt. In der Belüftungspause schweben die Träger nahe der Wasseroberfläche, was ein erneutes Verteilen im Reaktor beim Einsetzten der Belüftung erleichtert und somit Energie einspart. Dabei wird

1 Einleitung

eine intermittierende Druckbelüftung eingesetzt, die feinblasig in den Biologiereaktor eingetragen wird, was zu einer effektiveren Sauerstoffversorgung der Biomasse und zum Verzicht auf eine dauerhafte Belüftung führt. Dies stellt einen der entscheidenden Unterschiede zu ähnlichen Biofilmverfahren wie dem MBBR™ (Moving Bed Biofilm Reactor, Fa. AnoxKaldnes), das eine grobblasige Druckbelüftung verwendet, dar.

Der Vorteil der bewegten Biofilmträger liegt darin, dass sich ein aufgrund von Scherkräften und Belüftungsintensität begrenzt dicker Biofilm entwickeln kann, der eine hohe Zelldichte beinhaltet. Davon ist die Diffusion von Abwasserinhaltsstoffen und Sauerstoff und somit die Reinigungsleistung einer Anlage stark abhängig. Im Belebungsverfahren wären dazu ganz kleine Flocken notwendig. Diese können allerdings nur schwer vom gereinigten Abwasser abgetrennt werden (RÖSKE und UHLMANN (2005)). Der dünne Biofilm auf den Trägern kann im Gegensatz dazu ganz einfach durch ein grobes Sieb in der Anlage zurückgehalten werden.

Ein weiterer Vorteil des WSB®-Verfahrens ist die gut funktionierende Nitrifikation, die selbst bei Temperaturen von unter 12°C stattfindet. Aufgrund der Verfahrensführung verfügen WSB®-Biofilme über eine stabile Schichtdicke, die den Nitrifikanten eventuell eine optimale Retentionszeit verschafft. Weiterhin können die Prozesse der Nitrifikation und Denitrifikation simultan in einem Reaktor erfolgen (SND), ohne dass es der Zudosierung einer C-Quelle bedarf. Hinzu kommt die gute Reinigungsleistung dieses Verfahrens. Aufgrund der Turbulenz im Biologiereaktor wird ein erhöhter Fraß des Biofilms durch Protozoen, Metazoen und höhere Organismen wie Schnecken verhindert.

Allgemeine Vorteile von Biofilmanlagen in der Abwasserreinigung wie die geringe Schlammproduktion, bessere Resistenz der Mikroorganismen gegenüber Schadstoffen und keine Probleme bei schwacher Belastung treffen auch auf das WSB®-Verfahren zu.

1 Einleitung

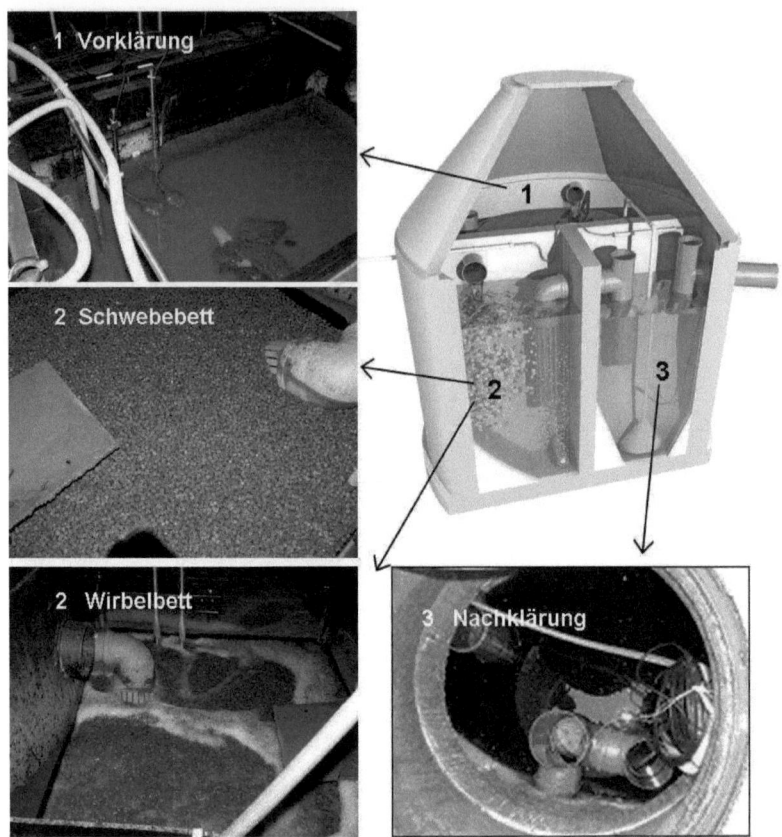

Abb. 1.11: Modell einer WSB®-Kleinkläranlage der Firma Bergmann clean Abwassertechnik GmbH und Bilder der einzelnen drei Teile: 1) Vorklärung, 2) Biologie mit Biofilmträgern, 3) Nachklärung, (Aufnahmen: Firma Bergmann clean Abwassertechnik GmbH, N. Fichtner).

1.2.4.2 Anforderungen an Biofilmträger und der Einsatz im WSB®-Verfahren

Die wichtigsten Anforderungen an Biofilmträger sind die Größe, vor allem die der spezifischen Oberfläche (m^2 / m^3), Dichte, Porosität und Resistenz gegenüber Korrosion (ØDEGAARD et al. (2000)).
Wenn man Träger mit einer großen spezifischen Oberfläche verwendet, kann man aufgrund großer Biofilmmenge und damit verbundener Aktivität auf kleinem Raum eine gute Reinigungsleistung

erzielen. Die Biofilmdicke wird dabei auch von Scherkräften, die aufgrund der Fließgeschwindigkeit, der Intensität der Belüftung oder der mechanischen Durchmischung entstehen, maßgeblich beeinflusst (RODGERS und ZHAN (2003)). Die Größe der Oberfläche wird auch stark von ihrer Porosität oder Rauhigkeit bestimmt. Die „Täler" einer rauen Oberfläche können Schutz vor Scherkräften und eine vergrößerte Oberfläche bieten, was der Besiedlung mit Bakterien zugute kommt (DONLAN (2002)).

Es stellte sich als günstig heraus, Biofilmträger mit einer Dichte zu verwenden, die im Bereich des Wassers (1 g / cm^3) liegt (PASCIK (2008)). Dies bewirkt eine gute Fluidisierbarkeit der Träger mit Wasser, eine schnellere Homogenisierung dieser im Reaktor und somit einen verbesserten Stofftransport in den Biofilm.

Abb. 1.12: Im WSB®-Verfahren verwendete Biofilmträger K1 und K2 (Moving Bed™ Biofilm carrier der Firma AnoxKaldnes) mit dünnen Biofilmen im inneren Bereich (Aufnahmen: C. Steinbrenner).

Die im WSB®-Verfahren verwendeten Biofilmträger K1 und K2 (Moving Bed™ Biofilm carrier der Firma AnoxKaldnes) bestehen aus

Polyethylen und besitzen eine Dichte von 0,96 g / cm³. Aufnahmen der Träger mit einem dünnen, jungen Biofilm sind in der Abbildung 1.12 zu sehen. Daran ist erkennbar, dass sich der Biofilm bevorzugt in den, vor Scherkräften besser geschützten, inneren Bereichen der Zylinder entwickelt. Die innere Form der Träger bewirkt eine stark vergrößerte Oberfläche. Die langjährige Erfahrung im WSB®- und MBBR™-Verfahren hat gezeigt, dass ein dauerhafter Betrieb mit diesen Biofilmträgern gut funktioniert und diese keine gravierenden Abnutzungserscheinungen zeigen.

1.2.4.3 Stickstoffelimination in Biofilmen

Biofilmprozesse haben in der Abwasserreinigung gezeigt, dass ihre Effizienz und Stabilität größer sein kann als bei Verfahren mit suspendierter Biomasse (LEVSTEK und PLAZL (2009)). Vor allem bei niedrigen Temperaturen, aber auch in Anwesenheit von Inhibitoren und starker oder schwankender Belastung, hat sich diese Lebensform als günstig erwiesen. Gerade für Bakterien wie Nitrifikanten, die aufgrund ihres langsamen Wachstums und ihrer Sensibilität, besonders bei niedrigen Temperaturen, schnell aus dem System ausgewaschen werden können, ist das Leben im Biofilm von großem Vorteil. Sie können, in der Biofilmmatrix verankert, ungünstige Zeiten überdauern und haben vor allem in dünnen Biofilmen die Chance, in tieferen Bereichen an Sauerstoff zu kommen. In Biofilmen hat die Biomasse eine viel längere Verweilzeit als in Belebtschlämmen, weswegen Nitrifikanten nicht so einfach ausgespült werden können. Allerdings können sie im Biofilm genauso heterotrophen Bakterien auskonkurriert werden, indem sie von diesen überwuchert werden und dadurch nicht genügend Sauerstoff bekommen (RÖSKE und UHLMANN (2005)). Dies hängt maßgebend von der Biofilmdicke und der organischen Belastung der Biomasse ab.

In Biofilmverfahren haben selbst in Systemen, die aus einem Reaktor bestehen, die biologischen Prozesse der Denitrifikanten und der Anammox-Bakterien zur N-Elimination eine Chance (HELMER-MADHOK et al. (2002)). Aufgrund mikrobieller Sauerstoffzehrung entstehen Gradienten (Abb. 1.9), die anoxische Zonen in Biofilmen

1 Einleitung

schaffen und somit diese Prozesse ermöglichen. Weiterhin kann es auch chemische Mikrogradienten und Mikronischen in oberen Bereichen geben, weswegen die Denitrifikation auch in oberen, O_2-reichen Zonen denkbar ist, vor allem da in diesen Schichten die Versorgung mit organischem Kohlenstoff besser funktioniert (SCHRAMM et al. (2000)). Hier ist auch der Anammox-Prozess möglich, da diese Bakterien auf die Nähe der AOB und ihre Nitritproduktion angewiesen sind, welche wiederum Sauerstoff benötigen.

Anoxische Bereiche entstehen in einem Biofilm, der fest auf einem Substratum sitzt, auch in der Belüftungsphase (siehe diese Arbeit, Kapitel 4.3.4). Aus diesem Grund ist eine separate anoxische Denitrifikationsstufe, wie sie in den meisten Belebungsverfahren angewendet wird, zumindest was den Sauerstoffgehalt angeht, nicht notwendig. Im Gegensatz dazu hat der Sauerstoff bei einer Belebtschlammflocke die Möglichkeit, diese von allen Seiten zu passieren, was eine bessere Versorgung der Biozönose mit O_2 bewirkt (RÖSKE und UHLMANN (2005)) und somit die Denitrifikation und / oder den Anammox-Prozess verhindert. SCHRAMM et al. (1999) haben auch festgestellt, dass es bei einer normalen Sauerstoffkonzentration von 2 mg / l in der aeroben Belebung verschiedener Kläranlagen keine anoxischen Zonen und keine Nitratreduktion in Belebtschlammflocken zu finden war.

Die Abbildung 1.13 zeigt mögliche Prozesse zur Stickstoffelimination in einem Biofilm. Die Nitrifikation muss für die nachfolgenden Reaktionen der Denitrifikation und anoxischen Ammoniumoxidation nicht vollständig bis zum Nitrat erfolgen, da diese meist bevorzugt von Nitrit ausgehen. In der Abbildung ist der Weg der anoxischen Ammoniumoxidation hervorgehoben dargestellt, da dieser normalerweise nicht gleichzeitig mit der Denitrifikation stattfindet. Anammox-Bakterien sind aufgrund ihres langsamen Wachstums den heterotrophen Denitrifikanten unterlegen. Allerdings können sich Anammox-Bakterien zum einen in Systemen mit viel Ammonium und wenig organischen Substanzen erfolgreich durchsetzen und zum anderen können sie in Biofilmen auch neben Denitrifikanten existieren

(GÜVEN et al. (2005), LIANG et al. (2010)). Abhängig von der Biofilmdicke können sich auch unter Konkurrenzdruck Anammox-Bakterien in Ein-Reaktor-Biofilmen etablieren, was allerdings 5 - 10 Jahre dauern kann bis die volle Leistung einsetzt (VAN LOOSDRECHT et al. (2004)).

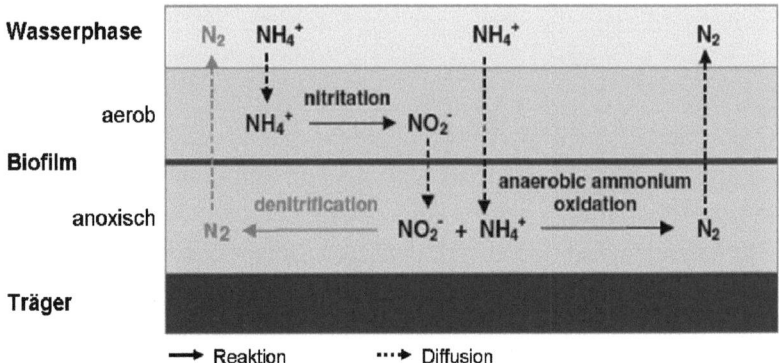

Abb. 1.13: Mögliche Prozesse der Stickstoffelimination in einem Biofilm (verändert nach HELMER-MADHOK et al. (2002)).

1.3 Detektion von Mikroorganismen in der Umwelt

1.3.1 Detektion mittels molekularbiologischer Methoden

Mikrobiologische Biozönosen wurden bis in die 80er-Jahre mit kulturabhängigen Methoden untersucht, wobei z.B. die Isolierung von Bakterien durch spezifische Kultivierung, der Ermittlung von Kolonie bildenden Einheiten (KbE), MPN-Bestimmung (Most Probable Number) sowie die Gesamtzellzahlermittlung (GZZ) eingesetzt wurden. Damit konnten nur beschränkt Aussagen über die Zusammensetzung der Bakterienzönosen gemacht werden. Mit diesen Methoden ist es nicht möglich, die Häufigkeit einzelner Vertreter zu bestimmen, da die Kultivierungsbedingungen für die meisten Bakterien nicht bekannt sind oder diese sich nicht immer in einem kultivierungsfähigen Zustand befinden (DAIMS (2001)). So können z.B. aus Belebtschlämmen bisher weniger als 15 % aller beteiligten Bakterien kultiviert werden (WAGNER et al. 1993).

1 Einleitung

Heutzutage können einige molekularbiologische Techniken viel effektiver dazu genutzt werden, Mikroorganismen in einer Mischpopulation zu identifizieren und zu quantifizieren. Dazu zählen zum Beispiel die Methoden der PCR (Polymerase Chain Reaction, SAIKI et al. (1988)), DGGE (Denaturierende Gradienten Gelelektrophorese, EGERT und FRIEDRICH (2003)), FISH (Fluoreszenz in situ Hybridisierung, DELONG et al. (1989)) und FCM (Flow Cytometry, CHAU et al. (2001)). Auf diese Weise können Verwandschaftsbeziehungen bisher nicht kultivierbarer Mikroorganismen studiert, die Zusammensetzung einer Umweltprobe qualitativ und quantitativ ermittelt und somit auch die Ökologie von Bakterien untersucht werden.

Als Grundlage für die meisten dieser Techniken dient die rRNA. 1987 erkannte WOESE die ribosomale RNA als Zielmolekül für molekularbiologische Methoden. Sie liegt in hoher Kopienzahl in jeder Zelle vor und bietet mit einer Länge von ~1500 (16S rRNA) bzw. ~3000 (23S rRNA) Nukleotiden einen hohen Informationsgehalt. Zudem besitzt sie hoch konservierte und sehr variable Regionen. Bei der Verwendung von DNA als molekularen Marker, vor allem bei Genen, die nur eine bis wenige Kopien pro Zelle besitzen, ist die Anwendung der FISH nicht möglich. Dabei reicht die Intensität der Fluoreszenzsignale nicht aus, um eine einzelne Zelle zu detektieren (DELONG et al. (1989), HOSHINO et al. (2003)).

1.3.2 Detektion von Bakterien des Stickstoffkreislaufes

Da **Nitrifikanten** bis auf wenige Ausnahmen ein Monophylum bilden, sind sie im Gegensatz zu Denitrifikanten relativ einfach zu detektieren. Vor allem die AOB, die den ersten Schritt der Nitrifikation, die Ammoniumoxidation, bewerkstelligen, lassen sich zum Beispiel mittels der FISH mit einer Fülle an Sonden nachweisen (Anhang 1, MOBARRY et al. (1996), WAGNER et al. (1995), BURRELL et al. (2001), GIESEKE et al. (2001), JURETSCHKO et al. (1998)). Dabei werden allerdings nur die Hauptgattungen *Nitrosomonas* und *Nitrosospira* der AOB aus der Abteilung der Betaproteobakterien erfasst. Allerdings gehört auch der Großteil der AOB zu diesen beiden Gattungen (HEAD et al. (1993)).

1 Einleitung

Eine weitere Möglichkeit, um die Diversität der AOB in Umweltproben zu studieren, ist die PCR verbunden mit Klonierung, Sequenzierung und DGGE. Mittels dieser Methoden untersucht man am besten das Strukturgen *amoA*, das für das aktive Zentrum des Enzyms Ammoniummonooxigenase codiert und in allen AOB der Betaproteobakterien vorhanden ist. Dieses Gen wurde bereits in vielen natürlichen Systemen und technischen Anlagen als molekularer Marker erfolgreich angewendet und etabliert (ROTTHAUWE et al. (1997), GIESEKE et al. (2001), HOSHINO et al. (2003)). ROTTHAUWE et al. (1997) entwickelten Primer (amoA-1F und amoA-2R) für die PCR, welche ein 491 Basenpaare langes Fragment des *amoA*-Gens amplifizieren können. Das *amoA*-Gen liegt in den AOB der Gattungen *Nitrosomonas* und *Nitrosospira* in zwei bis drei Kopien vor (NORTON et al. (1996), McTAVISH et al. (1993)). All diese Methoden sind auf die autotrophen AOB der Betaproteobakterien beschränkt. Auch wenn die meisten Ammoniumoxidierer zu dieser Gruppe gehören, kann dies in bestimmten Fällen schon dazu führen, dass die funktionale Diversität dieser Bakterien unterschätzt wird (ROTTHAUWE et al. (1997), NICOLAISEN und RAMSING (2002)). Die AOB der Gammaproteobakterien oder die heterotrophen Ammoniumoxidierer werden nämlich mit den amoA-Primern nicht erfasst.

Denitrifikanten sind in vielen verschiedenen Gattungen mit hoher taxonomischer Diversität zu finden, was ihre molekularbiologische Detektierung schwierig macht. Die Verwendung der rRNA als Marker liefert nur unzureichende Informationen. Bei der Untersuchung ihrer Diversität oder Quantität hat man nur eine Chance, in dem man ihre gemeinsame physiologische Eigenschaft, die Fähigkeit zur Nitratatmung, betrachtet. Das wichtigste Enzym dafür ist die Nitritreduktase (NIR), die je nach Denitrifikant von zwei verschiedenen Nitritreduktasegenen kodiert werden kann (ZUMFT (1997)). Diese *nirK* und *nirS* genannten Nitritreduktasegene können mittels PCR nachgewiesen werden.

Die bisher detektierten **Anammox-Bakterien** hingegen wurden in ein Monophylum der Ordnung *Planctomycetes* eingeordnet

1 Einleitung

(STROUS et al. (1999)) und können auf molekularbiologischer Ebene mit 16S rRNA als Zielmolekül mittels FISH und PCR untersucht werden (NEEF et al. (1998)).

2 Zielsetzung

In Anlagen, die mit dem WSB®-Verfahren betrieben werden, wurde festgestellt, dass die Nitrifikation auch bei niedrigen Temperaturen von unter 12°C zufrieden stellend funktioniert. Auch wenn viele WSB®-Kleinkläranlagen aufgrund ihrer zugelassenen Klasse nach der Abwasserverordnung (Tab. 1.1) keine Ablaufgrenzwerte für Stickstoffverbindungen einhalten müssen, kommt es zur beachtlichen N-Elimination. Bisher wurde vermutet, dass aufgrund der Verfahrensführung WSB®-Biofilme eine stabile Schichtdicke besitzen, die den Nitrifikanten wahrscheinlich eine optimale Retentionszeit verschafft.

Bekannter Weise bereitet der sensible Prozess der Nitrifikation in der Abwasserreinigung oft Schwierigkeiten (HALLIN et al. (2005)), weswegen sogar größere Kläranlagen bei Temperaturen von unter 12°C keine Ablaufwerte für Stickstoffverbindungen einhalten müssen (Tab. 1.1). Aus diesen Gründen sollte der WSB®-Prozess, insbesondere sein Biofilm, in Abhängigkeit von der Verfahrensführung genauer untersucht werden. Dabei sollte die Frage geklärt werden, warum in solch einem Verfahren die Nitrifikation stabiler abläuft, um daraus Schlüsse für eine Optimierung und für eine effiziente und konstante N-Elimination für andere Verfahren ziehen zu können.

Dazu ist eine ausführliche Charakterisierung der Biomasse in Abhängigkeit von den äußeren Rahmenbedingungen äußerst wichtig. Deswegen sollten im Rahmen dieser Arbeit WSB®-Biofilme in ihrer Zusammensetzung und Struktur biologisch, biochemisch und physikalisch untersucht werden, wobei aufgrund der guten Nitrifikationsleistung in den WSB®-Kleinkläranlagen der Schwerpunkt auf der Untersuchung des Prozesses der Nitrifikation liegen sollte. Dafür wurden drei verschiedene WSB®-Kleinkläranlagen ausgesucht, die in privaten Haushalten betrieben werden. Zusätzlich wurden drei verschiedene technische Versuchsanlagen aufgebaut, die nach dem WSB®-Verfahren laufen sollten, um eine gute Übertragbarkeit der gewonnenen Ergebnisse zu bekommen. In diesen Anlagen sollte der Biofilm und seine Reinigungsleistung unter besonderer Berücksichtigung der Nitrifikation bei verschiedenen Verfahrensparametern

2 Zielsetzung

wie Belastung, Temperatur und Trägertyp untersucht werden. Zur Vergleichsuntersuchung wurden auch drei verschiedene kommunale Kläranlagen ausgesucht, deren Belebtschlämme mit denselben Methoden analysiert werden sollten.
In den untersuchten WSB®-Kleinkläranlagen, WSB®-Versuchsanlagen und den kommunalen Kläranlagen sollten folgende Zielsetzungen realisiert werden:

- Innerhalb des biologischen Prozesses der Nitrifikation sollte der erste Schritt, die Ammoniumoxidation, und die dazu befähigten Bakterien (AOB) betrachtet werden. Bestandteil dieser Untersuchung waren molekularbiologische Methoden wie FISH, spezifische PCR (*amoA*-Gen) verbunden mit Klonierung, Sequenzierung, Abgleichen in Genbibliotheken und die Fingerprintmethode DGGE, die dazu genutzt wurden, in den verschiedenen Anlagen AOB zu detektieren und zu quantifizieren und mit den jeweiligen Anlagenparametern zu vergleichen. Dabei sollte eine mögliche Sukzession dieser Bakterien in der Biomasse beobachtet und womöglich spezielle AOB bei bestimmten Bedingungen gefunden werden. Es kann eventuell ausgesagt werden, inwieweit AOB im Biofilmsystem aktiv sind und wie lange sie bei ungünstigen Bedingungen im Biofilm verweilen.

- Die WSB®-Kleinkläranlagen sind meist schwach belastet. Da die Nitrifikation jedoch unter anderem stark von der organischen Belastung aufgrund von Konkurrenzbeziehungen zu heterotrophen Bakterien abhängt, sollte die Nitrifikationsleistung bei niedrigen und hohen organischen Frachten in Abhängigkeit von der Temperatur betrachtet werden. Dabei kann geklärt werden, ob die schwache Belastung der entscheidende Faktor für eine gute Nitrifikation auch bei niedrigen Temperaturen im WSB®-Verfahren ist. Diese sollte zusammen mit den Stickstoffumsetzungen in den Anlagen anhand der ermittelten Zulauf- und Ablaufwerte betrachtet werden. Diese Zielsetzung beinhaltete auch die Bestimmung des Ammoniumoxidationspotentials, d.h. der maximalen Umsatzrate, in den Biofilmen, um mögliche Limitationsprozesse in den Anlagen ermitteln zu können.

- Neben der Ammoniumoxidation wurde auch die Untersuchung der Prozesse der Denitrifikation und der anaeroben Ammoniumoxidation (Anammox), die entscheidend für die Stickstoffelimination aus dem Abwasser sind, in den Biofilmen und Belebtschlämmen angestrebt. Die Denitrifikation sollte anhand einer Potentialmessung und der Stickstoffelimination in den Anlagen bewertet werden. Bei der anaeroben Ammoniumoxidation war das Ziel, die Existenz dieses Prozesses in ausgewählten Biofilmen nachzuweisen. Dabei sollte auch der Bezug zu den Anlagenparametern hergestellt werden.

- In einer Versuchsanlage wurde beabsichtigt, die Biofilmbildung abhängig von der Zeit, Belastung und dem Trägertyp zu untersuchen. Dabei sollten verschiedene Biofilmträger zum einen auf ihre Tauglichkeit für das WSB®-Verfahren getestet werden. Zum anderen sollte beobachtet werden, ob sich die Geometrie, Oberflächenbeschaffenheit und chemische Zusammensetzung der Träger, insbesondere der Zusatz von Ca^{2+}-Ionen zum Trägerrohmaterial, auf die Biofilmbildung auswirken. Zusätzlich wurde auch hier angestrebt, die Nitrifikationsleistung und die daran beteiligten AOB in Abhängigkeit von den Anlagenparametern und dem Biofilmalter zu untersuchen. Mit den hier gewonnen Ergebnissen könnte das Biofilmwachstum durch eine optimale Steuerung des Verfahrens der Kleinkläranlagen gezielt reguliert werden.

- Neben den speziellen Untersuchungen der Ammoniumoxidierer sollten alle Biofilme und Belebtschlämme biologisch, biochemisch und physikalisch charakterisiert werden. Dazu sollte unter anderem die bakterielle Zusammensetzung der Biozönosen mittels Gruppen spezifischer FISH-Sonden in Betracht gezogen und verglichen werden. Zusammen mit Aktivitätsmessungen und quantitativen Bestimmungen der Biomasse kann die bakterielle

2 Zielsetzung

Gemeinschaft mit den jeweiligen Bedingungen verglichen werden und die dabei gefundenen Abhängigkeiten zum Verständnis von Biofilmen in der Abwasserreinigung beitragen.

- Die chemische Zusammensetzung und Struktur der Biofilmmatrix ist neben den Mikroorganismen entscheidend für biochemische Abläufe und somit für die Reinigungsleistung einer Abwasserbehandlungsanlage. Außerdem hat sie einen großen Einfluss auf die Stabilität eines Biofilms und auf die Retention der darin lebenden Mikroorganismen. Deshalb sollte der Einfluss der Anlagenbedingungen auf die Matrix untersucht werden. Da diese aus den EPS besteht, sollten ihr Anteil an der Biomasse und ihre chemische Zusammensetzung in den Biofilmen und Belebtschlämmen bestimmt werden. Weiterhin wurde als Ziel gesetzt, die Gradientenbildung der Sauerstoffkonzentration im Biofilm nachzuweisen, um zu sehen, ob es zur Ausbildung von anoxischen Zonen kommt, die wichtig für eine vielschichtige Abbauleistung sind und im speziellen die Denitrifikation und die anaerobe Ammoniumoxidation ermöglichen. Zusätzlich sollte die Biofilmstruktur mittels Rasterelektronenmikroskopie betrachtet werden.

Mit Hilfe der gewonnen Ergebnisse sollte erstmals eine ausführliche Charakterisierung der Biofilme im WSB®-Verfahren erfolgen. Die Daten über die bakterielle Zusammensetzung, im Speziellen der AOB, die Reinigungsleistung, die Biofilmentwicklung und -struktur sollten dabei helfen, dieses Verfahren zu optimieren und es besser modellieren zu können. Außerdem könnten Verbesserungsvorschläge für andere Verfahren, die über eine problematische Nitrifikation verfügen, in Betracht gezogen werden.

3 Material und Methoden

3.1 Charakterisierung der untersuchten Anlagen

3.1.1 Verwendete Biofilmträger

Die Biofilmträger, die in den WSB®-Versuchsanlagen und -Kleinkläranlagen eingesetzt wurden, sind in der Abbildung 3.1 dargestellt.

Dabei handelt es sich bei den Trägern K1 und K2 um Moving Bed™ Biofilm carrier der Firma AnoxKaldnes, die aus Polyethylen hergestellt wurden. Diese Trägertypen werden im WSB®-Prozess erfolgreich eingesetzt.

Die Träger BW (Bioflow 9) und BWCa (Bioflow Omyalene) von der Firma Bioflow wurden speziell zu Testzwecken für die Firma Bergmann clean Abwassertechnik GmbH hergestellt. In Zusammenarbeit mit Nicole Fichtner (Firma Bergmann clean Abwassertechnik GmbH) sollte untersucht werden, ob sich ihre Form und Zusammensetzung für das WSB®-Verfahren genauso eignen wie die bewährten K1 und K2 Träger. Weiterhin wurden zum Trägerrohmaterial der BWCa Ca^{2+}-Ionen zugesetzt. In der Versuchsanlage VA Kaditz wurde getestet, ob sich dieser Ca^{2+}-Zusatz günstig auf die Biofilmbildung auswirkt.

Abb. 3.1: Untersuchte Biofilm-Träger: 1) BW (Bioflow 9), 2) BWCa (Bioflow Omyalene), 3) K1 (AnoxKaldnes), 4) K2 (AnoxKaldnes); (Aufnahmen: C. Steinbrenner).

Alle vier Trägertypen besitzen mit ca. 0,96 g / cm^3 eine geringere Dichte als Wasser. Aufgrund dessen können sie in der Schwebe-

3 Material und Methoden

bettphase des Wirbel Schwebebett Verfahrens an der Oberfläche der Wassersäule schwimmen und durch Sauerstoffeintrag schnell zum Wirbeln im gesamten Biologiereaktor gebracht werden.

3.1.2 WSB®-Versuchsanlagen

Die untersuchten Versuchsanlagen (WSB®-VA) wurden von Nicole Fichtner (Firma Bergmann clean Abwassertechnik GmbH, Penig) geplant, um bestimmte Bedingungen gezielt einstellen zu können (Tab. 3.1). Die Versuchsanlagen VA Kaditz und VA SEII bestanden jeweils nur aus einem Biologiereaktor, der mit Biofilmträgern gefüllt wurde (Abb. 3.2). Das Zulaufabwasser wurde nach einer mechanischen Vorreinigung in die Biologie geleitet. Der Aufbau der Versuchsanlage Lunzenau besaß eine für das WSB®-Verfahren typische Reaktorfolge: eine Vorklärung, gefolgt von einem Biologiereaktor und anschließende Nachklärung (Abb. 1.11). Die Versuchsanlagen und die unten beschriebenen WSB®-Kleinkläranlagen wurden so mit Biofilmträgern befüllt, dass überall eine vergleichbar große Oberfläche in Bezug zum Gesamtvolumen der Biologie für das Biofilmwachstum vorhanden war.

In die Berechnung des gesamten Wasservolumens einer Anlage (Tab. 3.1, Füllvolumen gesamt) wurde die Verdrängung des Wassers durch die Träger einbezogen. Der Verdrängungsgrad beträgt bei den Trägern K1 20 %, K2 12 % und BW / BWCa 21 % (1 Liter Träger pro 1 Liter Wasser).

Das zu reinigende Abwasser in diesen Versuchsanlagen stammte aus den in der folgenden Tabelle 3.1 unter Standort genannten Kläranlagen. Der Abwassertyp dieser Kläranlagen ist kommunal, wobei das Abwasser der KA Lunzenau einen industriellen Anteil aus einer Papierfabrik aufweist.

In der **VA Lunzenau** wurde der Biofilm bei unterschiedlichen Temperaturen und Belastungen untersucht, da sich diese zwei Parameter stark auf die Nitrifikationsleistung auswirken. Hier wurden bereits mit Biofilm bewachsene K1-Träger von Anox Kaldnes eingesetzt, wobei der vorhandene Biofilm Zeit hatte, sich an die bestehenden Bedingungen zu gewöhnen.

3 Material und Methoden

Tab. 3.1: Anlagenparameter und Beprobungsbedingungen der WSB®-VA:

Name	VA1: VA Lunzenau	VA2: VA Kaditz	VA3: VA SEII
Standort	Kläranlage Lunzenau (KA Lunzenau)	Kläranlage Kaditz (KA Kaditz)	Seminargebäude TU Dresden, Zulauf aus KA Kaditz
Trägertyp / Füllvolumen [l]	K1 / 530	K1,BW,BWCa/ 51 K2 / 73	K1 / 0,7
Füllvolumen gesamt im Biologieteil [l]	1160	150	2
Beprobungsphasen	1) 6.11.07-18.12.07 2) 4.3.08-6.5.08 3) 8.7.08-12.8.08	1) 14.2.08-3.4.08 2) 30.4.08-25.6.08	1) 25.6.08-1.9.08 2) 17.9.08-11.11.08
B_{FL}: Flächenbelastung [$gBSB_5/m^2 \cdot d$]	1) 0,7 2) 1,4 3) 4,3	1) 2,6 2) 4,0	1) 4,0 2) 4,0
HRT: Hydraulische Verweilzeit [h]	1) 7,4 2) 3,8 3) 3,8	1) 7,9 2) 5,4	1) 5,4 2) 5,4
Erwartete Temperatur in der Biologie	1) <12 °C 2) <12 °C 3) >12 °C	1) >12 °C 2) >12 °C	1) <12 °C 2) >12 °C

Der Anstieg der Flächenbelastung von der ersten zur zweiten Versuchsphase (von 0,7 auf 1,4 g BSB_5 / $m^2 \cdot d$) wurde durch die Verdopplung des Zuflussvolumens erreicht, was sich in der Halbierung der mittleren Verweilzeit des Abwassers widerspiegelte. Die Steigerung der Belastung in der dritten Probenahmephase kommt von einer zusätzlichen Zudosierung von Kohlenstoff. Damit wurde die Erhöhung der Flächenbelastung von 1,4 auf 4,3 g BSB_5 / $m^2 \cdot d$ erreicht. Die drei Versuche wurden mit denselben Biofilmträgern K1 hintereinander durchgeführt.

Die **VA Kaditz** (Abb. 3.2) hatte den Zweck die Biofilmentwicklung in Abhängigkeit vom Trägertyp (Abb. 3.1) und von der Belastung zu beobachten. Im ersten Versuch wurde eine Flächenbelastung von 2,6 g BSB_5 / $m^2 \cdot d$ eingestellt. Im zweiten Versuch wurde durch Erhöhung der Zulaufmenge die Flächenbelastung auf 4 g BSB_5 / $m^2 \cdot d$

3 Material und Methoden

gesteigert. Dabei sollte ermittelt werden, ob die Form und chemische Zusammensetzung der verschiedenen Träger (Tab. 3.1) sich auf das Biofilmwachstum und somit auf die Reinigungsleistung auswirken. Des Weiteren sollte untersucht werden, ob sich die BW- und BWCa-Träger für das WSB®-Verfahren eignen. In dieser Versuchsanlage wurden saubere und bis dahin unbenutzte Träger für jeden Versuch verwendet, wobei von jeder Trägerart die gleiche Wachstumsfläche eingesetzt wurde. Die Versuche wurden solange beobachtet bis sich die untersuchten Parameter nicht mehr veränderten.

Abb. 3.2: VA Kaditz mit den vier Biologiereaktoren für die vier Träger K1, K2, BW und BWCa (Aufnahme: N. Fichtner).

Die Versuchsanlage **VA SEII** wurde mit bewachsenen K1 aus der letzten Probenahmephase der VA Kaditz und mit dem Zulaufwasser der Kläranlage Kaditz betrieben. Dabei sollte bei Temperaturen von unter und über 12°C und einer hohen Belastung von 4 g BSB_5/ m^2 * d die Zusammensetzung der Ammoniumoxidierer und das Nitrifikationspotential beobachtet werden. Die Versuchsdurchführung in der ersten Phase der VA SEII bei 6°C wurde so gestaltet, dass die Bio-

3 Material und Methoden

filme über die gesamte Versuchslaufzeit mit 6°C kaltem Abwasser versorgt wurden.

3.1.3 WSB®-Kleinkläranlagen

Die privaten WSB®-Kleinkläranlagen (WSB®-KKA) A1, A2 und A4 (Tab. 3.2) wurden untersucht, um einen reellen Vergleich zu den Versuchsanlagen zu bekommen. Hierbei fanden die Probenahmen bei Temperaturen niedriger und höher als 12°C statt, um vor allem das Nitrifikationspotential in WSB®-Biofilmen unterhalb und oberhalb dieser Grenze zu ermitteln.

Das zu reinigende Abwasser in diesen Kleinkläranlagen stammt aus privaten Haushalten der Anlagenbesitzer. Die untersuchten Biofilme waren an die vorherrschenden Bedingungen in den Anlagen adaptiert. In Tabelle 3.2 sind die wichtigsten Anlagenparameter und Bedingungen bei den Probenahmezeiträumen aufgelistet.

Tab. 3.2: Anlagenparameter und Beprobungsbedingungen der WSB®-KKA:

Name	A1: Schumann	A2: Fischer	A4: Schröder
Standort	Penig, Elsdorf	Penig, Elsdorf	Penig, Elsdorf
Angeschlossene Einwohner (EW)	4	4	6
Trägertyp / Füllvolumen [l]	K1 / 470	K2 / 470	K1 / 650
Füllvolumen gesamt im Biologieteil [l]	1020	1010	1370
Beprobungs-phasen	1) 3.3.09-31.3.09 2) 14.9.09-20.10.09 3) 23.3.10-13.4.10	1) 3.3.09-31.3.09 2) 14.9.09-20.10.09 3) 23.3.10-13.4.10	1) 3.3.09-31.3.09 2) 14.9.09-20.10.09 3) 23.3.10-13.4.10
B_{FL}: Flächen-belastung [gBSB$_5$/m^{2*}d]	1) 0,2 2) 0,3 3) 0,3	1) 1,3 2) 1,0 3) 1,0	1) 0,3 2) 0,5 3) 0,7

3 Material und Methoden

HRT: Hydraulische Verweilzeit [h]	10-20	10-20	10-20
Erwartete Temperatur in der Biologie	1) <12 °C 2) >12 °C 3) <12 °C	1) <12 °C 2) >12 °C 3) <12 °C	1) <12 °C 2) >12 °C 3) <12 °C

3.1.4 Kommunale Kläranlagen

Die kommunalen Kläranlagen (KA) Kaditz, Hainichen und Augustusburg wurden als Vergleich zu den Biofilmen untersucht. Ihre Zugehörigkeit und die verfahrenstechnischen Parameter sind in Tabelle 3.3 aufgeführt.

Tab. 3.3: Zugehörigkeit und verfahrenstechnische Parameter der Kläranlagen:

Name	KA1: KA Kaditz	KA2: KA Hainichen	KA3: KA Augustusburg[1]
Standort, Verband	Dresden, Gelsenwasser AG	Hainichen, ZV Mittleres Erzgebirge	Augustusburg, ZV Mittleres Erzgebirge
Ausbau (EW)	740.000	28.000	4.000
Auslastung [%]	80	70	60
Verfahren	BS, N, D, P (Fällung)	BS, N, D, P (Fällung)	BS, N
Schlammalter [d]	12	20	10-12
B_{TS}: BSB_5-Schlammbelastung [$kgBSB_5/kgTS \cdot d$]	0,13	0,02	0,18
HRT: Hydraulische Verweilzeit [h]	12,7	31,2	24,0
Erwartete Temperatur in der Biologie	1) >12 °C 2) <12 °C	>12 °C	>12 °C

[1]Oxidationsgraben; BS: Belebung mit gemeinsamer Schlammstabilisierung, N: Nitrifikation, D: Denitrifikation, P: Phosphatelimination.

3 Material und Methoden

Die KA Kaditz wurde ausgewählt, da man mit ihrem Zulauf die Versuchsanlagen VA2 und VA3 betrieben hat. Ansonsten unterscheiden sich die Kläranlagen vor allem in ihrer Größe und im Falle der KA Augustusburg auch in Verfahren. Die Kläranlagen KA Kaditz und KA Hainichen verfügen über eine Nitrifikations- und Denitrifikationsstufe, während Phosphat chemisch durch Fällung eliminiert wird. Bei der Kläranlage Augustusburg handelt es sich um einen Oxidationsgraben, der neben dem Kohlen-stoffabbau nur für die Nitrifikation ausgelegt ist. Alle Kläranlagen sind schwach belastet, wobei die KA Kaditz und KA Augustusburg mit 0,13 und 0,18 kg BSB_5 / kg TS * d über eine für die Nitrifikation günstige Schlammbelastung verfügen (MUDRACK und KUNST (2003), IMHOFF (1999)).

3.2 Untersuchte Proben

3.2.1 Probenahme und Transport

Die Probenahmen erfolgten in der Regel einmal wöchentlich. Neben Biofilm- und Belebtschlammproben wurden auch Zulauf- und Ablaufproben der untersuchten Anlagen genommen. Diese wurden für die Ermittlung chemischer Parameter wie BSB_5, CSB und Stickstoffverbindungen genutzt.

Die Biofilmträger wurden aus dem Biologiebecken der Anlagen entnommen und in eine Plastikflasche randvoll gefüllt. Auf diese Weise blieb der Biofilm feucht und ein Ablösen des Biofilms während des gekühlten Transports konnte vermieden werden, da die Träger eng aneinander lagen.

Die Belebtschlammproben wurden aus dem Belebungsbecken entnommen und in einer Plastikflasche gekühlt transportiert.

3.2.2 Proben aus den WSB®-Versuchsanlagen und – Kleinkläranlagen

Hier sollen die untersuchten Probenarten, die für die durchgeführten Analysen eingesetzt wurden, genauer vorgestellt werden, um eine Nomenklatur festzulegen. Bei welchen Methoden die einzelnen Pro-

3 Material und Methoden

ben zum Einsatz kamen, wird in den jeweiligen Kapiteln genauer beschrieben.

1) Abgeschüttelter Biofilm:
Um den Biofilm von den Trägern abzulösen, wurde eine repräsentative Anzahl an Trägern in eine gewisse Menge 0,14 M NaCl gegeben (siehe auch Kapitel 3.3.1, meist 50 Träger in 100 ml 0,14 M NaCl) und einige Minuten kräftig geschüttelt. Das Resultat war eine Belebtschlamm ähnliche Suspension, die für die meisten Analysen eingesetzt wurde.

Für einige Untersuchungen war dies die einzige Möglichkeit Biofilmproben einzusetzen, was bedeutete, dass man die festen unteren Biofilmschichten nicht analysieren konnte.

2) Unbehandelte Biofilm-Träger:
Einige Untersuchungen ließen es zu die Träger mit intaktem, nicht abgelöstem Biofilm zu untersuchen.

Bei den meisten Methoden war dies allerdings nicht möglich, da einerseits die Form und Größe der Träger die Durchführung nicht zuließen. Anderseits konnten möglicherweise die eingesetzten Reagenzien nicht in alle Biofilmschichten durchdringen ohne dabei verbraucht oder umgewandelt zu werden.

3) Biofilm-Träger nach dem Abschütteln:
Bei manchen Untersuchungen war es möglich die obere lockere Biofilmschicht getrennt von der unteren festen zu analysieren. Dieser festsitzende Biofilm blieb nach dem Schütteln in der Natriumchloridlösung auf den Trägern hängen. Bevor diese Träger für Analysen eingesetzt wurden, wurden sie in eine frische 0,14 M NaCl-Lösung getaucht, um mögliche lockere Biofilmreste zu entfernen.

4) Suspendierte Biomasse aus dem Biologiereaktor:
Neben dem Biofilm wurde für einige Methoden auch die suspendierte Biomasse aus dem Biologieteil der Anlage eingesetzt. Die Biomasse der Suspension kann von abgelöstem Biofilm oder aus dem Zulaufwasser stammen.

3 Material und Methoden

5) Zu- und Ablaufproben der Biofilmanlagen:
In den WSB®-Kleinkläranlagen und in der VA Lunzenau wurden die Zulaufproben nach dem Absetzen in der Vorklärung und Ablaufproben nach dem Absetzen in der Nachklärung entnommen.
Die Versuchsanlagen VA Kaditz und VA SEII verfügten über keine eigene Vorklärung und Nachklärung. Diese wurden mit dem Abwasser der Kläranlage Kaditz betrieben, das nach der Vorklärung dieser Kläranlage entnommen wurde. Dieses Wasser wurde als Zulauf analysiert. Die Ablaufproben wurden während der nicht belüfteten Phase in der Biologie entnommen und für die meisten Analysen vorher filtriert.

6) Wasserproben aus allen Bereichen der WSB®-Anlagen:
Es wurde aus allen Bereichen der WSB®-Anlagen Wasser entnommen und davon die Trockensubstanz bestimmt. Dabei wurden folgende Proben untersucht: homogenisiertes Abwasser der Vorklärung, Zulaufwasser der Biologie, homogenisiertes Abwasser der Biologie, homogenisiertes Abwasser der Nachklärung, Abwasser nach dem Absetzen der Partikel der Nachklärung, Ablaufwasser.
Diese TS-Werte wurden dazu genutzt, nachzuvollziehen, in welchem Maße sich der Biofilm von den Trägern ablöst und dadurch Sekundärschlamm entsteht.

3.2.3 Proben aus den kommunalen Kläranlagen

1) Belebtschlamm:
Der Belebtschlamm der untersuchten Kläranlagen wurde nach kräftigem Schütteln in seiner natürlichen Form für alle Analysen eingesetzt.

2) Zu- und Ablaufproben der Kläranlagen:
Die Abwasserproben wurden nach dem Absetzen in der Vorklärung und aus dem Ablauf der Kläranlagen entnommen.

3 Material und Methoden

3.2.4 Bestimmung von BSB_5, CSB und N-Verbindungen im Abwasser

Die Bestimmung der chemischen Parameter BSB_5, CSB und N-Verbindungen in den Zu- und Abläufen der Kleinkläranlagen und Versuchsanlagen wurde zum Teil von der Firma Bergmann clean Abwassertechnik GmbH (Penig, N. Fichtner) durchgeführt. Somit konnte auch die Eliminationsleistung dieser Verbindungen ermittelt werden, wobei meistens 24h-Mischproben getestet wurden.

Der BSB_5 ist der biologische Sauerstoffbedarf für den Abbau der im Wasser vorhandenen organischen Stoffe unter standardisierten Bedingungen in fünf Tagen. Er spiegelt die organische Belastung eines Wassers wieder. Für seine Messung wurde das OxiTop® - Messsystem von WTW benutzt.

Der Chemische Sauerstoffbedarf (CSB) ist ein Summenparameter für alle im Wasser oxidierbaren Substanzen und somit auch ein Richtwert für die Belastung des Wassers. Er wurde mit einem Rundküvettentest von Nanocolor® (Art.-Nr.:985026, 985019) ermittelt.

Bei den Stickstoffverbindungen wurde die Konzentration von Ammonium (NH_4), Nitrit (NO_2), Nitrat (NO_3) und Gesamtstickstoff mit folgenden Rundküvettentests von Nanocolor® gemessen:

NH_4:	Art.-Nr.: 985004, 985005, 985006
NO_2:	Art.-Nr.: 985068, 985069
NO_3:	Art.-Nr.: 985064, 985066
N-ges.:	Art.-Nr.: 985088.

3.3 Bestimmung der Biomasseparameter und enzymatischer Aktivität

3.3.1 Bestimmung der Trockensubstanz und der organischen Trockensubstanz

Für die Ermittlung der Trockensubstanz (TS) im Belebtschlamm wurde ein bestimmtes Volumen (10-15 ml, je nach geschätzter TS) über einen Rundfilter filtriert (Macherey-Nagel, 5,5 cm Durchmesser), der vorher gewaschen, getrocknet und gewogen wurde, und

3 Material und Methoden

anschließend bei 105°C im Trockenschrank über Nacht getrocknet. Nach Erkalten in einem Exsikkator wurden die Filter erneut gewogen.
Auf die gleiche Weise wurde die TS des Abwassers aus den einzelnen Bereichen der WSB®-Anlage untersucht. Das filtrierte Volumen musste je nach Probe angepasst werden.
Zur Bestimmung der organischen Trockensubstanz (oTS) wurden die bereits gewogenen TS-Filter in Porzellantiegel mit bekanntem Gewicht überführt und in einem Muffelofen (Nabertherm) bei 550°C verglüht. Die Tiegel wurden danach wiederum gewogen und der Glühverlust, der den organischen Anteil der Probe wiedergibt, berechnet. Die oTS konnte nur von den oberen, in Natriumchloridlösung abschüttel-baren Biofilmschichten bestimmt werden.

Die Ermittlung der Trockensubstanz in den verschiedenen Biofilmen stellte ein Problem dar. Die Geometrie der Biofilmträger (Abb. 3.1) ließ ein einfaches Ablösen oder Abschaben der Biomasse nicht zu. Einerseits musste der Biofilm schonend abgelöst werden, um weiteren Analysen möglichst unverändert zur Verfügung zu stehen, andererseits musste eine realistische Aussage über den Gehalt der Trockensubstanz möglich sein.
Um diese Problematik zu lösen, wurden zwei Verfahren zur Bestimmung der Trockensubstanz angewendet:

1) Diese Vorgehensweise wurde nach der Methode zur Proteinbestimmung (Kapitel 3.3.2) angepasst. Bei der Hydrolyse der Proteine in 1 M NaOH / 1%iger SDS-Lösung bei 80°C wurde nämlich festgestellt, dass sich der Biofilm von den Trägern vollständig löste.
Eine bestimmte Anzahl Biofilmträger (meist 10 Stück) wurde direkt nach der Probenahme entnommen und bei 105°C über Nacht getrocknet und anschließend gewogen. Danach wurden die Träger in eine Lösung, die aus 1 M NaOH und 1%iger SDS zu gleichen Teilen bestand, gegeben und bei 80°C im Wasserbad geschüttelt. Dieser Vorgang dauerte solange bis kein Biofilm mehr auf den Trägern zu sehen war. Anschließend wurden die blanken Träger mit Wasser gespült und nochmals bei 105°C im Trockenschrank getrocknet und

3 Material und Methoden

gewogen. Die Differenz zum ersten Wiegen der Träger mit Biofilm ergab die TS pro Träger.

Diese Methode wurde nur zur TS-Bestimmung eingesetzt, da sich der Biofilm bei diesen extremen Bedingungen stark verändert, wobei Bakterienzellen platzen.

2) Um möglichst viel Biofilm von den Trägern für weitergehende Analysen, für die der jeweilige TS-Gehalt als Bezugswert zur Verfügung stehen musste, abzulösen, wurden drei Methoden getestet:
- Ablösen des Biofilms durch kräftiges Schütteln in 0,14 M NaCl-Lösung,
- Ablösen des Biofilms durch Ultraschall in 0,14 M NaCl-Lösung,
- Ablösen des Biofilms durch Rühren mittels Ultra-Turrax in 0,14 M NaCl-Lösung.

Diese drei Methoden wurden auch in Kombination miteinander eingesetzt. Um die Effizienz des Ablösevorganges zu testen, wurde der suspendierte Biofilm nach dem Ablösen auf den TS-Gehalt, die Aktivität von Esterasen und den Proteingehalt untersucht. Dabei stellte sich heraus, dass das bloße Abschütteln in einer NaCl-Lösung die effektivste Methode darstellt.

Die Biofilmträger wurden nach der Probenahme in eine 0,14 M NaCl-Lösung gegeben. Durch Schütteln wurde der Biofilm in Suspension gebracht. Dabei wurden so viele Träger in einem bestimmten Volumen Natriumchloridlösung eingesetzt, dass in dieser Lösung ungefähr eine TS von 3 g / l bestand (meist 50 Träger in 100 ml NaCl). Anschließend wurde die Suspension über einen Rundfilter filtriert und wie die bereits oben beschriebenen Belebtschlammproben behandelt. Dabei wurde ebenfalls die organische TS von dem abgeschüttelten Teil des Biofilms analysiert.

Die beiden Methoden zur TS-Bestimmung im gesamten (1) und im oberen Biofilm (2), der sich in einer 0,14 M NaCl-Lösung abschütteln ließ, wurden in dieser Arbeit entwickelt.

3 Material und Methoden

3.3.2 Bestimmung des Proteingehaltes

Proteine haben einen sehr hohen Anteil (ca. 55%, MADIGAN et al. (2001)) an der Trockenmasse der Mikroorganismen. Aus diesem Grund ist der Proteingehalt ein guter Parameter für die Biomasse. Allerdings muss der Proteingehalt nicht zwingend mit der Biomasse korrelieren, da er stark vom physiologischen Zustand der Zelle abhängt. Weiterhin kann der Gehalt der Proteine in Bezug zu Enzymaktivitäten gesetzt werden.

Proteine können sowohl in Biofilmen und Belebtschlämmen als auch in ihren EPS photometrisch quantifiziert werden. Eine grundlegende Möglichkeit zur Proteinbestimmung bieten LOWRY et al. (1951). Sie haben ein einfaches Verfahren zur Bestimmung der Proteinkonzentration entwickelt. Dieses beruht darauf, dass Proteine mit Kupfer einen Komplex eingehen und die nachfolgenden Reaktionen eine Reduktion des Folin Ciocalteus Phenolreagenzes und damit einen Farbumschlag von gelb nach blau bewirken. Diese Blaufärbung wird zur quantitativen Proteinbestimmung genutzt.

Jedoch ist nicht auszuschließen, dass auch andere reduzierte Substanzen mit dem Folin Ciocalteus Phenolreagenz zu einem blauen Komplex reagieren. Dazu gehören zum Beispiel Huminstoffe, Harnstoff und verschiedene Zucker (BOX (1983), PETERSON (1979), LO und STELSON (1972)). Diese und viele andere Störfaktoren sind häufig im kommunalen Abwasser vorhanden. Um dieses Problem zu lösen, gab es bereits viele Untersuchungen (SPERANDIO und PÜCHNER (1993), BENSADOUN und WEINSTEIN (1976)). Jedoch kann davon ausgegangen werden, dass trotz aller Berücksichtigungen keine fehlerfreie Proteinbestimmung in komplexen Umweltproben möglich ist.

In dieser Arbeit wurde der Proteingehalt im Biofilm und Belebtschlamm nach LOWRY et al. (1951), modifiziert nach FRØLUND et al. (1996), durchgeführt.
Von den Biofilmen wurden zweierlei Proben analysiert: unbehandelte Träger mit dem gesamten intakten Biofilm und die durch Schütteln abgelöste Biofilmsuspension (siehe auch TS-Bestimmung Kapi-

3 Material und Methoden

tel 3.3.1). Auf diese Weise konnte der Anteil der Proteine in beiden Zonen, in der unteren festen und der oberen lockeren Schicht, der Biofilme ermittelt werden.

Alle Biofilm- und Belebtschlammproben wurden vor der Proteinbestimmung einer Vorbehandlung unterzogen. Eine 1:2-Mischung aus 1M NaOH und 1%iger SDS bei 80°C führte zum Herauslösen und zur Hydrolyse der Proteine aus den Zellen.

Die Hydrolyse und hohe Temperatur bewirkten, dass sich der Biofilm von den Trägern vollständig löste. Die gleiche Prozedur wurde angewendet, um den Biofilm komplett von den Trägern zu lösen und damit die TS des Biofilms zu bestimmen (Kapitel 3.3.1). Dementsprechend konnte der gesamte Proteingehalt problemlos nachgewiesen werden.

Reagenzien:

Lösung A: 0,143 M NaOH und 0,270 M Na_2CO_3 in A. dest.
Lösung B: 0,057 M $CuSO_4$ x 5 H_2O in A. dest.
Lösung C: 0,124 M $Na_2C_4H_4O_6$ x 2 H_2O (di-Natriumtartrat-Dihydrat) in A. dest.
Lösung D: Lösung A, B, C im Verhältnis 100:1:1 vor Gebrauch gemischt.
Lösung E: Folin Ciocalteus Phenolreagenz (Fa. Merck) im Verhälnis 5:6 gemischt (im Dunkeln aufbewahrt).

Kalibrierung:

100 µg / ml BSA (Bovine-Serum-Albumin, Fa. Sigma), in Konzentrationen 10 – 75 µg / ml.

Durchführung:

Für die Hydrolyse wurden 1-2 Biofilmträger, 0,5 ml Biofilmsuspension oder Belebtschlamm in 5 ml NaOH / SDS -Lösung gegeben und im Wasserbad bei 80°C 30 min geschüttelt. Nach einer kurzen Abkühlzeit und einer zehnminütigen Zentrifugation bei 5000xg wurden 0,5 ml des Überstandes für die Proteinbestimmung eingesetzt. Dazu wurden 2,5 ml Lösung D zugegeben, alles gemischt und 10 min inkubiert. Dann kamen 0,25 ml Lösung E dazu, der Ansatz wur-

3 Material und Methoden

de sofort gemischt und 60 min im Dunkeln inkubiert. Nach dieser Zeit wurde die Absorption bei 750 nm photometrisch gemessen (Hitachi U-2000 Spectrophotometer). Die Proteinbestimmung aller Proben erfolgte in einem dreifachen Ansatz.

3.3.3 Bestimmung der Abbauaktivität unspezifischer Esterasen

Esterasen sind unspezifische Enzyme heterotropher Organismen, die an vielen Umsatzprozessen im Stoffwechsel beteiligt sind. Aus diesem Grund kann ihre Aktivität als ein Maß für die Abbauaktivität einer Biozönose angesehen werden.

Zur Bestimmung der Enzymaktivität extrazellulärer Esterasen können fluorigene Substrate wie Fluoreszeindiacetat (FDA) angewendet werden. Dieses Substrat wird durch enzymatische Hydrolyse zum Fluoreszenzfarbstoff Fluoreszein gespalten (STUBBERFIELD und SHAW (1990)), das photometrisch gemessen werden kann, weswegen auch die Synonyme FDA-Umsatz- oder Fluoreszeinbildungsrate verwendet werden. Das erste standardisierte Protokoll wurde dazu von SWISHER und CARROL (1980) erstellt. Dieses wurde von SCHNÜRER und ROSSWALL (1982) für die Anwendung auf Bodenproben erweitert und optimiert, wobei es von OBST und HOLZAPFEL-PSCHORN (1995) für Wasserproben beschrieben wurde. Hier wurde diese FDA-Methode auf wässrige Biofilm- und Belebtschlammproben angepasst.

In dieser Arbeit wurden Biofilm- und Belebtschlammproben mittels FDA-Umsatz auf ihre Esterasenaktivität getestet und diese wurde als Maß für ihre allgemeine, heterotrophe Abbauaktivität betrachtet.

Reagenzien:
Natriumphosphatpuffer:
    0,06 M; pH 7,6; aus $NaH_2PO_4 x H_2O$ und $Na_2HPO_4 x 2 H_2O$
FDA-Reagenz:
    20 mg FDA / 10 ml Aceton, bei -18°C aufbewahrt.

Kalibrierung: Fluoreszein-Standardlösung: 0,2 mM in A. dest., bei 4°C aufbewahrt; in Konzentrationen 1 – 16 µmol / l.

3 Material und Methoden

Durchführung:

Je nach geschätzter TS-Menge wurden 0,1 – 0,5 ml Biofilm- oder Belebtschlammsuspension in Plastikröhrchen gegeben und bis zu einem Volumen von insgesamt 9,9 ml mit Natriumphasphatpuffer aufgefüllt. Nach der Zugabe von 100 µl FDA-Reagenz wurden die Röhrchen auf einem Reagenzglasschüttler für 30 bzw. 60 min bei Raumtemperatur inkubiert. Danach wurde eine Zentrifugation für 10 min bei 4°C und 10000xg durchgeführt und die Absorption der Überstände sofort bei 490 nm photometrisch gemessen (Hitachi U-2000 Spectrophotometer).

Zusätzlich zu der abgeschüttelten, suspendierten Biofilmmasse wurde auch der FDA-Umsatz von dem nach dem Schütteln auf den Trägern verbleibenden Biofilm-Rest untersucht (siehe Kapitel 3.2.2, 3) Biofilm-Träger nach dem Abschütteln). Dazu wurden die Träger in 25 oder 50 ml Erlenmeier-Kolben mit Natriumphosphatpuffer und FDA-Reagenz wie oben beschrieben inkubiert. Dabei wurden je nach Trägerart 1-3 Stück in 20-30 ml Natriumphosphatpuffer und FDA angesetzt. Der weitergehende Reaktionsnachweis erfolgte wie oben bereits beschrieben.

Die Abbauaktivität unspezifischer Esterasen in allen Proben erfolgte in einem dreifachen Ansatz.

3.3.4 Bestimmung der potentiellen Ammoniumoxidation

Bei dieser Methode kann das Ammoniumoxidationspotential (Nitrifikationspotential) einer Biozönose ermittelt werden. Dabei wird die Fähigkeit von Nitrifikanten in einer Lebensgemeinschaft Ammonium unter optimalen Bedingungen zu oxidieren getestet. Den Ammonium oxidierenden Bakterien wird eine anorganische Ammoniumquelle als Substrat angeboten, die sie bei genügend Sauerstoff und einer optimalen Temperatur von 28°C oxidieren können.

Diese Methode beruht auf der Chlorat-Blockierungstechnik von BELSER und MAYS (1982), die für Bodenproben entwickelt wurde. Dabei wird der zweite Schritt der Nitrifikation, die Nitritoxidation, durch Chlorat gehemmt und das verbleibende Nitrit kann photometrisch bestimmt werden.

3 Material und Methoden

Das von REMDE und TIPPMANN (1998) beschriebene Protokoll dieser Chlorat-Blockierungstechnik wurde hier auf Abwasserproben angepasst. Belebtschlämme, Biofilme und Biologiewasserproben wurden mit dieser Methode auf ihr Ammoniumoxidationspotential getestet.
Die Biofilmproben wurden als abgeschüttelte Biofilmsuspension in 0.14 M NaCl und als Träger mit dem Restbiofilm, der nach dem Abschütteln in 0,14 M NaCl auf den Trägern übrig blieb, eingesetzt (siehe Kapitel 3.2.2, 3) Biofilm-Träger nach dem Abschütteln). Dadurch konnte die horizontale Verbreitung der Ammoniumoxidierer im Biofilm näher untersucht werden. Des Weiteren wurde in der suspendierten Biomasse im Biologiereaktor und in Belebtschlammproben das Nitrifikationspotential bestimmt.

Reagenzien:
Lösungen: Ammoniumoxidation
Lösung 1: Nährlösung für die NH_4^+-Oxidierer; bis 3 Monate im Kühlschrank haltbar
 0,04 g $MgSO_4$ * $7H_2O$
 0,02 g $CaCl_2$ * $2H_2O$
 0,5 g $NaCl_2$
 10 ml 1x PBS
 980 ml A. dest.
Lösung 2: hemmt die Nitritoxidation; frisch anzusetzen
 36,76 g / l $KClO_3$ in Lösung 1
Lösung 3: NH_4^+-Quelle
 20 g / l NH_4Cl in Lösung 1
Lösung 4: zum Abstoppen der NH_4^+-Oxidation; frisch anzusetzen
 300 g / l KCl in A. dest.

Lösungen: Nitritnachweis
Lösung A: Nachweisreagenz; bis 3 Monate im Kühlschrank (lichtgeschützt) haltbar, Sulfanilsäure löst sich erst spät
 3,33 g Sulfanilsäure
 50 ml A. dest.
 50 ml konzentrierte Essigsäure (Eisessig)

3 Material und Methoden

Lösung erwärmen
900 ml heißes A. dest. zugeben.
Lösung B: Nachweisreagenz; bis 3 Monate im Kühlschrank (lichtgeschützt) haltbar
1,67 g Naphtylamin
133,33 ml A. dest.
33,33 ml konz. Essigsäure (Eisessig)
Bestandteile lösen
833,33 ml A. dest. zugeben.

Kalibrierung:
Kalibrierungslösung frisch anzusetzen
492,61 mg / l Natriumnitrit in A. dest. (= 100 µg Nitrit-N / ml)
In Konzentrationen 0,1-2 µg Nitrit-N / ml.

Durchführung:
Die suspendierten Biofilm-, Biologiewasser- (suspendierte Biomasse im Biologiereaktor) und Belebtschlammproben wurden je nach Biomassekonzentration (0,5-3ml) mit A. dest. auf 9 ml aufgefüllt und die Träger mit dem Restbiofilm wurden in 9 ml A. dest gegeben. Alle Proben wurden in 50 ml-Erlenmeierkolben angesetzt. Nach der Zugabe von 12 ml Lösung 1 und 0,6 ml Lösung 2 wurden die Proben homogenisiert und bei Raumtemperatur 10 min inkubiert. Anschließend wurden 0,6 ml Lösung 3 zugegeben und sofort eine t_0-Probe entnommen. Die Proben wurden danach für 1,5 Stunden bei 28°C auf einem Schüttler (75x Edmund Bühler KL-2 bzw. Infors HT Minitron bei 120 upm) inkubiert. Während dessen wurde jede halbe Stunde 1 ml aus dem Überstand entnommen und mit 1 ml Lösung 4, 2 ml A. dest und jeweils 0,4 ml der Lösungen A und B versetzt. Durch die Nachweisreagenzien Lösung A und B entsteht in Anwesenheit von Nitrit ein roter Azofarbstoff, der nach einer Inkubationszeit von mindestens 10 min (höchstens 60 min) bei 543 nm photometrisch gegen A. dest. gemessen werden kann. Die photometrische Bestimmung von Nitrit erfolgte nach der Methode von BENDSCHNEIDER und ROBINSON (1952).

3 Material und Methoden

3.3.5 Bestimmung des Denitrifikationspotentials

Das Denitrifikationspotential bezeichnet die Fähigkeit von Mikroorganismen oxidierte Stickstoffverbindungen wie Nitrat und Nitrit unter optimalen Bedingungen bis zum molekularen, gasförmigen Stickstoff (N_2) zu reduzieren. Jedoch wird zur Messung dieses Potentials der letzte Reduktionsschritt durch Acetylen unterbunden, was der Methode den Namen Acetylenblockierungstechnik (ABT) einbrachte (DAHLKE und REMDE (1998)). Das Enzym N_2O-Reduktase wird in diesem Fall durch Acetylen gehemmt, so dass das bei der Denitrifikation entstehende Distickstoffoxid (N_2O) im Gaschromatographen gemessen werden kann.

Als ein Schwachpunkt wurde seit der Einführung dieser Methode für aquatische Sedimente eine mögliche Unterbestimmung der Denitrifikation durch schlechte Verteilung des Acetylens diskutiert (SØRENSEN (1978)). Jedoch konnte MÜNCH (2003) zeigen, dass durch eine kleine Probenmenge und ein stetiges Homogenisieren während der Inkubation dieses Problem zu lösen ist. Aus diesem Grund wurde auch in dieser Arbeit das passende Volumen der suspendierten Biofilm- und Belebtschlammproben ermittelt.

Mehrere Untersuchungen haben gezeigt, dass die benötigte Substratlösung für die Denitrifikanten neben einer Nitratquelle auch eine Kohlenstoffquelle enthalten sollte. Als vorteilhaft erwies sich dabei Acetat, da es vollständig umgesetzt werden kann (AKUNNA et al. (1993), MÜNCH (2003)). Wenn das C/N-Verhältnis dabei 4 beträgt, kann nach NARKIS et al. (1979) eine Nitratanreicherung unterbunden werden.

Reagenzien:

Substratlösung: 200 mg / l Natriumacetat, 100 mg / l Kaliumnitrat in 0,14 M NaCl-Lösung.

Kalibrierung:

Es wurden 62,4 µmol, 104 µmol und 208 µmol N_2O in Helium gaschromatographisch gemessen.

3 Material und Methoden

Durchführung:

Es wurden 4 ml Belebtschlamm oder Biofilmsuspension (in 0,14 M NaCl abgeschüttelter Biofilm) mit 2 ml Substratlösung in einem Druckreagenzglas gemischt. Der Austausch der Gasatmosphäre im Druckreagenzglas erfolgte mit Stickstoff, um anoxische Bedingungen zu schaffen. Dazu wurde nach DAHLKE und REMDE (1998) in dreifacher Wiederholung die Gasphase erst entzogen und anschließend mit Stickstoff wieder gefüllt. Am Ende wurde in den Gasraum Acetylen eingeleitet. Der t_0-Wert an N_2O wurde nach dreißigminütiger Inkubation im Ansatz bestimmt. Danach wurden die Druckreagenzgläser auf einem Schüttler bei Raumtemperatur für 1 bzw. 2 h inkubiert.

Die Bestimmung der Distickstoffoxidkonzentration im Gasraum der Ansätze erfolgte am Gaschromatographen (GC-17A, Shimadzu). Die Bedingungen für die Trennung und Detektion des N_2O waren dafür folgendermaßen:

Trennung: gepackte Porapak N Säule (ID 2 mm)
Detektion mit ECD: Trägergas: Stickstoff
Säulenfluss: 50 ml / min
Make up-Gas: Stickstoff, 10 ml / min
Ofentemperatur: 60 °C isotherm
Detektortemperatur: 300 °C isotherm

3.3.6 Bestimmung des Hydrazingehaltes als Beweis für Anammoxaktivität in Biofilmen

Bei der anoxischen Ammoniumoxidation (Anammox) entstehen als Zwischenprodukte Hydroxylamin (NH_2OH) und Hydrazin (N_2H_4) (SCHALK et al. (1998)).

Mit Hilfe des Hydrazin-Test-Kits von Aquamerck® sollte das Zwischenprodukt Hydrazin in den untersuchten Abwasserbiofilmen als Beweis für das Vorhandensein von Anammoxbakterien nachgewiesen werden. Dazu wurde die in 0,14 M NaCl abgeschüttelte suspendierte Biofilmmasse der WSB®-KKA A1, A2 und A4 untersucht.

Die hier angewandte Methode beruht darauf, dass Hydrazin mit 4-Dimethyl-Aminobenzaldehyd eine gelbe Verbindung bildet. Diese

Färbung kann durch den Vergleich mit Farbzonen eines Prüfgefäßes halbquantitativ ausgewertet werden.

3.3.7 Sauerstoffprofile im Biofilm

Sauerstoff ist notwendig für die Oxidation von Ammonium und Nitrit beim Prozess der Nitrifikation. Für eine vollständige Stickstoffelimination aus dem Abwasser ist die nachfolgende Denitrifikation (und / oder anaerobe Ammoniumoxidation) entscheidend, bei der die oxidierten Stickstoffverbindungen bis zum molekularen Stickstoff reduziert werden. Dazu ist die Abwesenheit von Sauerstoff notwendig.

Um diesen Wechsel zwischen aeroben und anoxischen Bedingungen zu betrachten, wurden Sauerstoffprofile in einem Biofilm aufgenommen. Dazu wurde der Biofilm auf einem K1-Träger der WSB®-KKA A1 untersucht.

Die Sauerstoffsättigung wurde von der Oberfläche des Biofilms in die Tiefe mit einem O_2-Mikrosensor (OX10) und der benötigten Apparatur und Software der Firma Unisense gemessen (Abb. 3.3). Der Biofilm blieb dabei unverändert. Er befand sich während dessen in einer Durchflusskammer, die mit O_2-gesättigtem Abwasser aus dem Zulauf der Biologie betrieben wurde, unter möglichst natürlichen Bedingungen. Das im Kreislauf gepumpte Abwasser wurde mit Sauer-

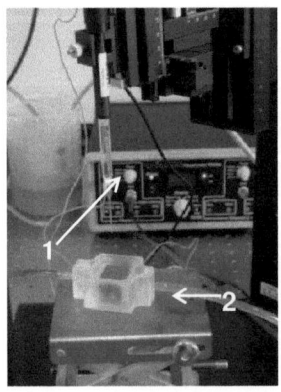 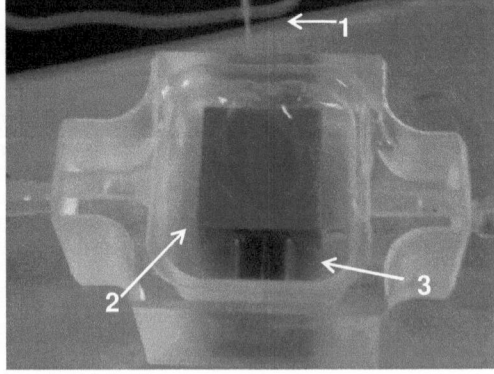

Abb. 3.3: Apparatur und Aufbau für die Sauerstoffprofilmessung: 1) O_2-Mikrosensor; 2) Durchflusskammer; 3) Biofilm auf K1 Träger (Aufnahmen: C. Steinbrenner).

stoff gesättigt, damit auch bei höchster O_2-Konzentration, die normalerweise nicht den Gegebenheiten in einer Anlage entspricht, anaerobe Bereiche im Biofilm nachgewiesen werden können. Die Kalibrierung (0%-O_2-Lösung: 0,1 M Natriumascorbat und 0,1 M NaOH; 100%-O_2-Lösung: O_2-gesättigtes Leitungswasser) und Messung wurde gemäß der Anleitung von Unisense durchgeführt.

3.4 Charakterisierung der EPS

3.4.1 Extraktion der EPS mit dem Ionenaustauscher DOWEX

Für eine erfolgreiche Trennung der EPS von den Zellen müssen einige Faktoren berücksichtigt werden. Die Zellen dürfen dabei nicht lysieren und ihre zellinneren Bestandteile freisetzen. Die Polymere der EPS dürfen bei der Extraktion nicht in ihrer Struktur verändert oder umgewandelt werden und es sollten möglichst alle Substanzen der EPS isoliert werden.

Es wurden bereits einige Methoden für eine effiziente und schonende Extraktion der EPS getestet, jedoch wurde bisher kein optimales Protokoll dafür gefunden (NIELSEN und JAHN (1999)).

Die Isolierung mittels DOWEX Ionenaustauscher wurde aufgrund guter Ausbeute an Biopolymeren und einer geringen Lyserate für gut befunden (FRØLUND et al. (1996), NIELSEN und JAHN (1999), MOREIRA MACIEL (2004)).

Beim Einsatz der Natrium-Form von DOWEX werden zweiwertigen Kationen wie Ca^{2+} und Mg^{2+}, die Brücken an Polysaccharidketten und anderen negativ geladenen Bestandteilen der EPS bilden, durch das einwertige Natrium ersetzt. Dieser Austausch führt zur Destabilisierung des Zellen-EPS-Komplexes, wobei die Biopolymere der EPS freigesetzt werden und von den Bakterienzellen abgetrennt werden können.

Reagenzien:
DOWEX 50x8, Na^+-Form, stark sauer, Fa. Fluka; Isolierungspuffer: 2 mM Na_3PO_4, 4 mM NaH_2PO_4, 9 mM NaCl, 1 mM KCl, pH 7.

Durchführung:

Die DOWEX-Methode wurde in Anlehnung an die Vorschrift von FRØLUND et al. (1996) durchgeführt.

Zunächst wurde die benötigte DOWEX-Menge (70 g / g TS) im Isolierungspuffer für 1 Stunde gewaschen und anschließend dekantiert. Separat wurden 30 - 50 ml Belebtschlamm oder Biofilm (in 0,14 M NaCl abgeschüttelter, oberer Biofilm) bei 4700 rpm und 4°C 20 min zentrifugiert und der Rückstand im gleichen Volumen Isolierungspuffer resuspendiert. Diese Suspension wurde zum DOWEX gegeben und für 2 h bei 4°C und 900 rpm zum Schütteln gestellt.

Um die freigesetzte EPS von den Zellen zu trennen, wurden die Proben mehrmals bei 4700 rpm und 4°C zentrifugiert (3 min, 20 min, 20 min). Im letzten Schritt wurde der Überstand durch einen Membranfilter mit 0,2 µm Porenweite filtriert und eingefroren.

3.4.2 Bestimmung der Trockensubstanz der EPS

Um das Gewicht der isolierten EPS und damit ihren Anteil an der gesamten Trockensubstanz zu bestimmen, wurde eine gravimetrische Methode in Anlehnung an SCHEEN (2003) durchgeführt.

Dazu wurde ein bestimmtes Volumen der isolierten EPS in vorher ausgewogene Röhrchen überführt und bis zur Gewichtskonstanz schonend bei 60°C im Trockenschrank getrocknet. Zusätzlich wurde auch das Gewicht eines bestimmten Volumens Isolierungspuffer, der keine gelösten EPS enthielt, bestimmt. Anschließend wurden die Proben gewogen, das Gewicht des Isolierungspuffers abgezogen und die EPS-TS berechnet.

3.4.3 Kombinierte Bestimmung des Protein- und Huminstoffgehaltes der EPS nach FRØLUND et al. (1996)

FRØLUND et al. stellten 1996 ein Verfahren vor, bei dem die Störung der Huminstoffe bei der Bestimmung des Proteingehaltes berechnet werden kann. Die Grundlage dieser Methode ist die Tatsache, dass Huminstoffe im Gegensatz zu Proteinen ohne Zugabe von $CuSO_4$ eine bei 750 nm messbare Absorption entwickeln.

3 Material und Methoden

Reagenzien:
Lösung A: 0,143 M NaOH und 0,270 M Na_2CO_3 in A. dest.
Lösung B: 0,057 M $CuSO_4$ x 5 H_2O in A. dest.
Lösung C: 0,124 M $Na_2C_4H_4O_6$ x 2 H_2O (di-Natriumtartrat-Dihydrat) in A. dest.
Lösung D: Lösung A, B, C im Verhältnis 100:1:1 vor Gebrauch gemischt.
Lösung E: Folin Ciocalteus Phenolreagenz (Fa. Merck) im Verhältnis 5:6 gemischt (im Dunkeln aufbewahrt).
Lösung F: A. dest.
Lösung G: Lösung A, C, F im Verhältnis 100:1:1 vor Gebrauch gemischt.

Stammlösungen:
- Proteinbestimmung : 100 µg / ml BSA (Bovine-Serum-Albumin, Fa. Sigma); 20 / 40 / 60 µg / ml
- Huminstoffbestimmung:
100 µg / ml Huminsäure; 20 / 40 / 60 µg / ml.

Durchführung Proteinbestimmung:
Es wurden 0,25 ml der isolierten EPS (gelöst in Isolierungspuffer) im dreifachen Ansatz mit 0,25 ml 2%iger SDS-Lösung versetzt. Danach wurden 0,7 ml Lösung D zugegeben, vorsichtig gemischt und für 20 min inkubiert. Dann wurde zum Ansatz 0,1 ml Lösung E gegeben. Nach dreißigminütiger Inkubation im Dunkeln bei Raumtemperatur wurde die Absorption gegen A. dest. bei 750 nm gemessen.

Durchführung Huminstoffbestimmung:
0,5 ml der isolierten EPS (gelöst in Isolierungspuffer) wurden im dreifachen Ansatz mit 0,7 ml Lösung G vorsichtig gemischt. Danach wurde der Ansatz mit 0,1 ml Lösung E versetzt und nach dreißigminütiger Inkubation im Dunkeln bei Raumtemperatur die Absorption gegen A. dest. bei 750 nm gemessen.

3 Material und Methoden

Berechnung der Protein- und Huminstoffwerte:

$A_{Protein} = 1{,}25 \times (A_{Protein, gemessen} - A_{Humin, gemessen})$

$A_{Humin} = A_{Humin, gemessen} - 0{,}2 \times A_{Protein}$

A: Absorption

3.4.4 Bestimmung des Kohlenhydratgehaltes der EPS nach DUBOIS et al. (1956)

Nach der Methode von DUBOIS et al. (1956) können Kohlenhydrate quantitativ nachgewiesen werden. Dabei werden Kohlenhydrate zunächst durch die starke Schwefelsäure zu Monosacchariden hydrolysiert. Als nächstes kann sich Phenol anlagern, was zu einer charakteristischen Färbung führt, die sich photometrisch messen lässt.

Reagenzien:
5%ige Phenol-Lösung in A. dest.
konz. Schwefelsäure

Kalibrierung:
1:1-Gemisch aus Arabinose:Glucose, in Konzentrationen 10 – 90 µg / ml, bei 485 nm gemessen.

Durchführung:
Es wurden 0,5 ml der isolierten EPS (gelöst in Isolierungspuffer) mit 0,5 ml Phenol-Lösung versetzt. Anschließend wurden 2,5 ml Schwefelsäure zugegeben und schnell gemischt. Der Ansatz wurde dann für 10 min bei Raumtemperatur und für 15-20 min bei 30 °C im Wasserbad inkubiert. Frühestens nach 5 min und spätestens nach 1 h bei Raumtemperatur wurde der Kohlenhydratgehalt im dreifachen Ansatz photometrisch bei 485 nm (Hitachi U-2000 Spectrophotometer) bestimmt.

3.4.5 Bestimmung des Rhamnolipidgehaltes der EPS

Für die Bestimmung des Rhamnolipidgehalt der EPS wurde die photometrische Orcinol-Methode nach CHANDRASEKARAN und BE-

MILLER (1980) angepasst. Zuvor mussten jedoch die Rhamnolipide mit Diethylether extrahiert werden.

Reagenzien:
Diethylether p.A.
1,6% Orcinol-Lösung (CAS-Nr.: 504-15-4) in A. dest.
60% Schwefelsäure

Kalibrierung:
100 µg / ml L-Rhamnose-Monohydrat-Stammlösung,
in Konzentrationen 20-60 µg / ml
Umrechnung von Rhamnose auf Rhamnolipide notwendig:
1 mg Rhamnose entspricht 2,5 ± 0,5 mg Rhamnolipid.

Durchführung:
Für die Extraktion von Rhamnolipiden wurde zu 300 µl EPS-Lösung (EPS in Isolierungspuffer) 600 µl Diethylether gegeben. Der Ansatz wurde nach kräftigem Schütteln 1 min bei 13000xg abzentrifugiert, um die etherische Phase besser abzutrennen. Diese wurde anschließend mit einer Pipette abgenommen und die verbleibende wässrige Phase wurde erneut mit 600 µl Diethylether versetzt. Die vereinigten etherischen Phasen wurden in einem Trockenschrank bei 40°C getrocknet.
Zum quantitativen Nachweis von Rhamnolipiden wurde das eingetrocknete Extrakt in 100 µl A. dest. gelöst, mit 100 µl Orcinol-Lösung versetzt und mit 800 µl Schwefelsäure gründlich gemischt. Nach einer Inkubationszeit von 30 min bei 80°C und weiteren 10 min bei Raumtemperatur wurde die Absorptionsmessung bei 421 nm im Photometer (Hitachi U-2000 Spectrophotometer) durchgeführt. Die Bestimmung erfolgte in einem dreifachen Ansatz.

3.4.6 Bestimmung des DNA-Gehaltes der EPS

Für die Bestimmung der DNA-Konzentration in den EPS aller untersuchten Biofilm- und Belebtschlammproben wurde die Methode für die Biomassebestimmung mittels DNA-Messung von Martienssen

3 Material und Methoden

(Prof. Dr. Martienssen, Lehrstuhl Biotechnologie der Wasseraufbereitung, TU Cottbus) angepasst.
Bei dieser Methode wird PicoGreen® als fluoreszierender DNA-Farbstoff angewendet. Um mögliche Störsignale bei der Messung zu ermitteln, wurde zusätzlich das Verfahren der Standardaddition durchgeführt (DIN 32633: "Verfahren der Standardaddition").

Reagenzien:
10 mM TE-Puffer: 10 mM Tris / HCl, 1 mM EDTA, pH 7,5
PicoGreen® Reagenz (Quant-iT™ PicoGreen®dsDNA Reagent von Invitrogen™): Stammlösung von Invitrogen™ mit 10 mM TE-Puffer 1:100 verdünnt.

Kalibrierung:
DNA-Stammlösung: 100 mg / l Desoxyribonucleinsäure (aus Kalbsthymus, Fa. Merck), in Konzentrationen 1 – 10 mg / l, mit 10 mM TE-Puffer verdünnt.

Durchführung:
Von jeder EPS-Probe wurden 4 verschiedene Ansätze in jeweils dreifacher Ausführung in Mikrotiterplatten vorbereitet:
1) 10 µl EPS + 190 µl 10 mM TE-Puffer → Probenblindwert
2) 10 µl EPS + 140 µl 10 mM TE-Puffer + 50 µl PicoGreen® Reagenz → Probe mit DNA-Farbstoff ohne Standardaddition
3) 10 µl EPS + 139 µl 10 mM TE-Puffer + 50 µl PicoGreen® Reagenz + 1 µl DNA-Stammlösung → 1. Standardaddition
4) 10 µl EPS + 138 µl 10 mM TE-Puffer + 50 µl PicoGreen® Reagenz + 2 µl DNA-Stammlösung → 2. Standardaddition
Nach 2-15 min Inkubation wurden die Proben in einem Fluoreszenzplattenreader bei einer Anregung von 480 nm und einer Emission von 530 nm gemessen.

3.5 Quantitative Detektion von Mikroorganismen

3.5.1 Fluoreszenz *in situ* Hybridisierung (FISH)

Die Fluoreszenz *in situ* Hybridisierung (FISH) ist eine Methode, mit der eine phylogenetische Einordnung von Mikroorganismen möglich ist. Die rRNA der Mikroorganismen bietet hier die Informationsgrundlage. FISH wurde zum ersten Mal von DELONG et al. (1989) beschrieben. Da keine Kultivierung und Isolierung von Organismen notwendig ist und diese direkt in ihrer Umwelt analysiert werden können, ist mit FISH eine genaue Quantifizierung der Mikroorganismen möglich (AMANN et al. (1990, 1995)). Beispielsweise können dadurch Biofilm- oder Belebtschlammflocken ohne Homogenisierung untersucht werden, wobei die natürliche räumliche Verteilung erkennbar bleiben kann.

Bei der *in situ* Hybridisierung werden Oligo- bzw. Polynukleotidsonden eingesetzt, die mit einer bestimmten Sequenz zu spezifischen Regionen der rRNA komplementär sind. Wenn die Sonden mit Fluoreszenzfarbstoffen markiert werden, lassen sich die mit ihnen hybridisierten Mikroorganismen im Fluoreszenzmikroskop detektieren.

Das Fluoreszenzsignal wird durch die hohe Anzahl an Ribosomen in den Zellen (10^2-10^5 pro Zelle) verstärkt. Dabei ist nach AMANN und LUDWIG (1994) eine Mindestzahl von >10^3 Ribosomen / Zelle für eine sichere Detektion notwendig.

Die Fluoreszenzstärke spiegelt den physiologischen Zustand der untersuchten Bakterien wieder, obwohl sie nicht bei allen Bakterien mit dem Ribosomengehalt und somit mit der Stoffwechselaktivität korreliert (AMANN et al. (1995), DELONG et al. (1989)). Mikroorganismen in Lebensräumen wie Sedimenten, Böden und Gewässern besitzen meist nicht genug Ribosomen, um eine genügend hohe Signalstärke durch FISH zu erzeugen. Dagegen stellen Biofilme und Belebtschlämme in der Abwasserreinigung relativ „aktive" Biozönosen dar und eignen sich deswegen gut für die Fluoreszenz *in situ* Hybridisierung.

Die Fluoreszenz *in situ* Hybridisierung bietet die Möglichkeit, nicht nur einzelne Gruppen der Eubakterien (MANZ (1992)), sondern

3 Material und Methoden

auch die Abundanz kleinerer phylogenetischer Einheiten, wie zum Beispiel die Gruppe der Ammoniumoxidierer, zu untersuchen (AMANN und LUDWIG (1994), AMANN (1995)).
Es müssen aber auch einige Nachteile der *in situ* Hybridisierung genannt werden. Zum einen lässt sich keine Aussage über das physiologische Potential und die Aktivität der mit dieser Methode detektierten Organismen machen. Zum anderen können Bakterien bzw. Bakteriengruppen, die nur 2-3% der Gesamtpopulation ausmachen, nicht sicher quantifiziert werden. Weiterhin steht nur eine begrenzte Anzahl an getesteten Sonden zur Verfügung, wodurch eine genaue phylogenetische Gliederung von Umweltproben nur bedingt möglich ist.
Ein weiteres Problem stellt die Permeation der Sonden durch die Zellwandstruktur dar. Vor allem bei Gram-positiven Bakterien wird dieser Vorgang durch den speziellen Aufbau der Zellwand erschwert. Zum Teil kann durch eine Vorbehandlung, z.B. mit Antibiotika (BEIMFOHR et al. (1993)), die Permeation erleichtert werden, wobei aber andere Zellen zerstört werden können. Daher muss davon ausgegangen werden, dass die Gruppe der Gram-positive Zellen schlechter detektiert wird.

3.5.1.1 Mittels FISH untersuchte Proben

Mittels der Methode der FISH wurden Bakteriengruppen und -gattungen verschiedener Biofilm- und Belebtschlammproben untersucht. Von den Biofilmen konnten nur die oberen, in 0,14 M NaCl abgeschüttelten Schichten untersucht werden. Dabei lag das Augenmerk auf der Gruppe der Ammoniumoxidierer, die zum größten Teil zu der Gruppe der Betaproteobakterien gehören. Dazu wurden sehr spezifische Oligonukleotidsonden eingesetzt (siehe Anhang 1). Außerdem wurde neben der Gesamtzellzahl an Eubakterien auch die Abundanz der Gruppen der Alpha-, Beta-, Gammaproteobakterien und Actinobakterien erfasst. Diese Quantifizierung verschiedener Gruppen und Gattungen sollte dem Vergleich einzelner Proben untereinander dienen. Dabei sollten mögliche Unterschiede aufgrund der verschiedenen Anlagenparameter, wie der Temperatur und Schlammbelastung, und Unterschiede zwischen Biofilmen und Belebtschlämmen untersucht werden. Als Biofilmprobe wurde der in 0,14 M NaCl abgeschüttelte Biofilmanteil eingesetzt. Zudem wurde zusätzlich zu einigen Biofilmproben auch die zugehörige suspendierte Biomasse aus dem Biologiereaktor mit den vorhandenen Sonden untersucht. Diese suspendierte Biomasse stammte aus dem ankommenden Abwasser und aus sich ablösenden Biofilmschichten. Dabei sollte der Anteil einzelner Sonden mit dem im Biofilm verglichen werden. Die suspendierte Biomasse aus dem Biologiewasser wurde genauso für die FISH behandelt wie die Biofilm- und Belebtschlammproben, außer dass diese vorher aufgrund von wenig Biomasse durch Zentrifugation angereichert werden musste.

3.5.1.2 Fixierung der Biofilm- und Belebtschlammproben

Die untersuchten Biofilm- und Belebtschlammproben wurden direkt nach der Probenahme mit einer 10%-igen NaN_3-Lösung fixiert. Diese Vorbehandlung verhindert den Stofftransport in die Zellen und führt zu einer schnelleren Fixierung der Zellen. Zudem wird eine Vernetzung der EPS (Extrazelluläre Polymere Substanzen) verhindert, so dass eine bessere Homogenisierung möglich ist.
Spätestens nach einem Tag bei 4 °C wurden die Proben nach der Methode von MANZ et al. (1992) fixiert. Um das NaN_3 zu entfernen, wurden die Biofilm- und Belebtschlammproben vor der eigentlichen Fixierung zweimal mit 1xPBS-Puffer (130 mM NaCl, 10 mM Na_2HPO_4 / NaH_2PO_4, pH 7,4) gewaschen. Dabei wurden die Zellen jeweils 3 Minuten bei 13.000 rpm abzentrifugiert.

<u>Fixierung mit Paraformaldehyd (für Gram-negative Bakterien)</u>
Die Fixierung der Zellen mit Paraformaldehyd wurde zur Stabilisierung der Zellwände eingesetzt. Dabei kommt es zur Quervernetzung der Zellwandproteine. Bei Gram-positiven Bakterien kann es jedoch aufgrund ihrer besonderen Zellwandstruktur zu besonders starken Vernetzungen führen, wobei die Permeabilität für die Nukleotidsonden nicht mehr gewährleistet ist. Aus diesem Grund wurde immer

3 Material und Methoden

ein Teil der Proben (für Detektion Gram-positiver Bakterien eingesetzt) nur mit Ethanol fixiert (siehe unten).

Ein Teil der Zellsuspension wurde mit drei Teilen 3,7%-iger, sterilfiltrierter Paraformaldehyd-Lösung versetzt und mindestens 2 h bei 4 °C inkubiert. Danach wurde die Probe erneut mit 1xPBS-Puffer gewaschen, abzentrifugiert, in 1xPBS-Puffer resuspendiert und mit dem gleichen Volumen eisgekühlten, 96%-igen Ethanol gemischt. Auf diese Weise fixierte Biofilm- und Belebtschlammproben wurden bei -20 °C aufbewahrt.

Fixierung mit Ethanol (für Gram-positive Bakterien)
Ein Teil der Zellsuspension wurde mit dem gleichen Volumen Ethanol (96%, p.A.) versetzt. Die Proben wurden ebenfalls bei -20 °C gelagert.

3.5.1.3 Immobilisieren der Zellen

Die fixierten Biofilm- und Belebtschlammproben wurden 1:10 mit einer eisgekühlten 1xPBS:Ethanol-Lösung / 1:1 verdünnt und 15 sek mit Ultraschall (Sonoplus GM70, Bandelin electronics, Berlin) bei 50% Leistung unter Kühlung homogenisiert. Anschließend wurden 20 µl der Zellsuspension auf Objektträger aufgetragen. Dabei wurden gelatinebeschichtete Objektträger (Erie Scientific Company) verwendet, um das Abspülen der Zellen bei den einzelnen Hybridisierungsschritten zu minimieren.

Die aufgetragenen Proben wurden bei 46°C getrocknet und anschließend einer aufsteigenden Alkoholreihe nach AMANN et al. (1990) zur Entwässerung und Nachfixierung unterzogen. Dabei wurden sie jeweils für 3 min in 50%-, 80%- und 96%iges Ethanol getaucht. Die Objektträger wurden danach bei Raumtemperatur gelagert.

3 Material und Methoden

3.5.1.4 Hybridisierung der Biofilm- und Belebtschlammproben

Hybridisierungslösungen
- 5 M NaCl (sterilfiltriert)
- 0,5 M EDTA-Lösung, pH 8,0 (sterilfiltriert)
- Formamid p.A.
- 10% Natriumdodecylsulfat-Lösung (SDS, sterilfiltriert)
- 1 M Tris-HCl-Lösung, pH 8,0 (sterilfiltriert)

Herstellen des Hybridisierungspuffers:
Je nach benötigter Stringenz wurde dem Standardhybridisierungspuffer (0,9 M NaCl, 20 mM Tris-HCl, 0,01% SDS) Formamid in unterschiedlichen Konzentrationen (0-55%) zugegeben. In Tabelle 3.4 sind die unterschiedlichen Formamid-Konzentrationen mit den zugehörigen Volumenangaben für 2 ml Hybridisierungspuffer angegeben.

Tab. 3.4: Volumenangaben für 2 ml Hybridisierungspuffer:

Formamid [%]	NaCl [5M]	Tris-HCl [1M]	Formamid	H_2O [bidest.]	SDS [10%]
0%	360 µl	40µl	-	1600 µl	2 µl
20%	360 µl	40µl	400 µl	1200 µl	2 µl
30%	360 µl	40µl	600 µl	1000 µl	2 µl
35%	360 µl	40µl	700 µl	900 µl	2 µl
40%	360 µl	40µl	800 µl	800 µl	2 µl
45%	360 µl	40µl	900 µl	700 µl	2 µl
50%	360 µl	40µl	1000 µl	600 µl	2 µl
55%	360 µl	40µl	1100 µl	500 µl	2 µl

Herstellen des Waschpuffers:
Die benötigte Stringenz wurde im Waschpuffer durch Veränderung der NaCl-Konzentration erreicht. Ab einer Formamidkonzentration von 35 % wurde dem Hybridisierungspuffer EDTA zugegeben, da schon geringe Mengen zweiwertiger Kationen durch starke Hybridstabilisierung die Stringenz negativ beeinflussen (WAGNER (1995)). In Tabelle 3.5 sind die Volumenangaben für 50 ml Waschpuffer abhängig von der Formamid-Konzentration im Hybridisierungspuffer angegeben.

3 Material und Methoden

Tab. 3.5: Volumenangaben für 50 ml Waschpuffer:

Formamid [%]	NaCl [5M]	Tris-HCl [1M]	EDTA	H₂O [bidest]	SDS [10%]
0 %	9000 µl	1000 µl	-	Ad. 50 ml	50 µl
20 %	2250 µl	1000 µl	-	Ad. 50 ml	50 µl
30 %	1130 µl	1000 µl	-	Ad. 50 ml	50 µl
35 %	700 µl	1000 µl	500 µl	Ad. 50 ml	50 µl
40 %	460 µl	1000 µl	500 µl	Ad. 50 ml	50 µl
45 %	300 µl	1000 µl	500 µl	Ad. 50 ml	50 µl
50%	180 µl	1000 µl	500 µl	Ad. 50 ml	50 µl
55%	100 µl	1000 µl	500 µl	Ad. 50 ml	50 µl

Durchführung der Hybridisierung

Es wurden pro Feld (6 mm Durchmesser) 9 µl Hybridisierungspuffer pipettiert und darin 1 µl der markierten Oligonukleotidsonde vermischt. Gegebenenfalls wurde je 1 µl der Kompetitor-Sonde dazugegeben. Die Hybridisierung erfolgte in einer feuchten Kammer (50 ml Greiner-Röhrchen mit einem Zellstoffstreifen, der mit dem restlichen Hybridisierungspuffer getränkt wurde) bei 46 °C für 1,5 h.

Nach der Hybridisierung wurden die Objektträger mit etwas 48 °C warmen Waschpuffer abgespült, sofort in das 50 ml Greiner-Röhrchen mit dem restlichen Waschpuffer überführt und für 15 min bei 48 °C im Wasserbad inkubiert. Danach wurden die Objektträger mit Aqua dest. vorsichtig abgespült und bei Raumtemperatur getrocknet.

3.5.1.5 Verwendete Oligonukleotidsonden

In Anhang 1 sind die zur Charakterisierung der Biofilme und Belebtschlämme verwendeten Oligonukleotidsonden (Thermo Electron GmbH) mit ihrer Spezifität und der nötigen Formamid-Konzentration aufgelistet. Die Sonden waren mit dem Fluoreszenzfarbstoff Cy3 gelabelt.

Bei den Sonden BET42a, GAM42a und NEU wurde jeweils eine unmarkierte Kompetitor-Sonde eingesetzt. Durch den Einsatz von Kompetitor-Sonden wird die Spezifität der Hybridisierung verbessert,

3 Material und Methoden

da die unmarkierten Kompetitor-Sonden unspezifische Bindungsstellen blockieren.
Die Verdünnung der Sonden erfolgte auf Basis der vom Hersteller mittels HPLC ermittelten Liefermenge auf 50 ng / µl.

3.5.1.6 Gegenfärbung mit DAPI

Zur Bestimmung der gesamten Zellzahl, die als Bezugsgröße zur gezählten Anzahl an hybridisierten Bakterien diente, wurde der Fluoreszenzfarbstoff DAPI (4',6-Diamidino-2-phenyl-indol-dihydrochlorid) verwendet. Dieser Farbstoff bindet an AT-reiche Regionen der DNA. Das Absorbtionsmaximum von DAPI liegt bei 365 nm und das Emissionsmaximum bei 456 nm.
Die Gegenfärbung erfolgte nach dem letzten Waschschritt der Hybridisierung. Dazu wurden 20 µl der DAPI-Arbeitslösung (10 µg/ml) pro Feld auf den Objektträger aufgetragen. Anschließend wurden die Objektträger für 15 min im Dunkeln inkubiert. Am Ende wurde der Fluoreszenzfarbstoff vorsichtig mit Aqua dest. abgewaschen und die Objektträger bei Raumtemperatur getrocknet.

3.5.1.7 Detektion der Bakterienzellen mittels Epifluoreszenzmikroskopie

Die Zählung der Fluoreszenzsignale der Hybridisierung und die Bestimmung der Gesamtzellzahl mit DAPI erfolgten an einem Epifluoreszenzmikroskop (Axioskop, Carl Zeiss) bei einer 1000fachen Vergrößerung (Plan-Apochromat 100x /1,4 Ölimmersion, 10xOkular). Dabei wurden die in Tabelle 3.6 aufgelisteten Filterkombinationen verwendet.

Tab. 3.6: Fluoreszenzfarbstoffe und die entsprechenden Filterkombinationen:

Farbstoff	Anregungsfilter	Farbteiler	Emissionsfilter
DAPI	D 360/40	400 DC LP	D 460/50
Cy3	HQ 545/30	Q 565 LP	HQ 610/75

3 Material und Methoden

Die Objektträger mit den hybridisierten Bakterien wurden in Citifluorlösung (Citifluor Ltd, London) eingebettet. Durch dieses Einbettungsmittel werden schnelle Ausbleicheffekte der Fluorochrome während der Mikroskopie verhindert.

Die quantitave Auswertung der gefärbten Zellen erfolgte mit Hilfe eines Zählgitters im Okular. Es wurden pro Probe jeweils 10 Sehfelder bzw. mindestens 1000 Zellen ausgezählt.

3.5.2 Bestimmung der Gesamtzellzahl

Als weiterer Parameter für die Charakterisierung der Biozönose wurde die Gesamtzellzahl (GZZ) in den Biofilmen und Belebtschlämmen bestimmt. Bei der Analyse der Biofilme war nur die Zählung der Bakterien von den in 0,14 M NaCl abgeschüttelten Proben möglich. Die dabei ermittelte GZZ konnte jedoch auf die ebenfalls von der abgeschüttelten Biofilmsuspension bestimmte TS bezogen werden.

Dazu wurden ethanolfixierte Proben (siehe Kapitel 3.5.1.2) 1:25 oder 1:50, je nach der ermittelten TS, mit 1xPBS-Puffer verdünnt und mit einer Ultraschallsonde (Sonoplus GM70, Bandelin elektronics, Berlin) unter Kühlung 15 sec bei 50 % Leistung homogenisiert. Zur Färbung wurden die Proben mit Hilfe des DNA-Farbstoffes DAPI (4,6-Diamidino-2-phenylindol-dihydrochlorid, Endkonzentration 10 µg / ml) versetzt und 15 min im Dunkeln inkubiert. Anschließend wurden die Proben durch einen Membranfilter (Millipore, Isopore® Membrane Filters, 0,2 µm GTBP) filtriert. Dieser wurde auf einem Objektträger mit Citifuor-Lösung eingebettet und die GZZ im Fluoreszenzmikroskop durch Auszählen von 10 zufällig gewählten Sehfeldern ermittelt.

3.6 Molekularbiologische Methoden

3.6.1 DNA-Extraktion aus Biofilmen und Belebtschlämmen

Für die DNA-Isolierung aus Biofilm- und Belebtschlammproben wurde das Fast DNA® Spin Kit for Soil (Q Biogene) verwendet. Die

3 Material und Methoden

DNA-Extraktion wurde nach dem Protokoll aus dem Kit durchgeführt, wobei 500 µl suspendierter Biofilm- oder Belebtschlammasse eingesetzt wurden.
Die isolierte DNA wurde bei -20°C gelagert und für verschiedene PCR-Analysen eingesetzt.
Die DNA-Konzentration wurde am Nano Drop® ND-1000 Spektrophotometer (peqlab™ Biotechnologie) gemessen.

3.6.2 Analyse von DNA-Fragmenten mittels Polymerasekettenreaktion (PCR)

Durch die Entwicklung der PCR (Polymerase Chain Reaction, SAIKI et al. (1988)) und immer besserer Sequenzierungstechniken kann die rRNA und DNA dazu genutzt werden, Verwandtschaftsbeziehungen bisher nicht kultivierbarer Mikroorganismen zu klären. Dabei können anhand von Genbibliotheken genaue Informationen über die Zusammensetzung der in Umweltproben enthaltenen Mikroorganismen gewonnen werden.

Nitrifikanten konnten dadurch bis auf wenige Ausnahmen in eine monophyletische Gruppe eingeordnet werden. Mittels spezifischer Primer auf Grundlage einer physiologischen Eigenschaft der Nitrifikanten kann dieses Monophylum nachgewiesen werden. Diese Eigenschaft ist die Fähigkeit, mittels des Enzyms Ammoniummonooxygenase Ammonium zu Hydroxylamin zu oxidieren. Das Strukturgen *amoA* für dieses Enzym wurde erstmals von ROTTHAUWE et al. (1997) in kulturunabhängigen Analysen von ammoniumoxidierenden Bakterien in Reinkulturen beschrieben. JURETSCHKO et al. haben diese Methode 1998 zum ersten Mal in Umweltmischproben erfolgreich angewandt. Dabei handelte es sich um Belebtschlamm.

Die Methode der PCR dient in erster Linie dazu bestimmte DNA-Fragmente zu vervielfältigen und für weitere Analysen wie die Klonierung und Sequenzierung bereitzustellen. Mittels der PCR kann nur ein qualitativer Nachweis eines speziellen Bereiches der DNA erbracht werden. Eine Quantifizierung der verschiedenen Mikroorganismen ist jedoch mit dieser Technik nicht möglich.

3 Material und Methoden

Die Funktionsweise der PCR beruht darauf, dass mittels eines Vorwärts- und eines Rückwärts-Primers (einzelsträngige Oligonukleotide, 15-30 Basenpaare lang) ein spezieller DNA-Abschnitt eingegrenzt wird, der durch eine hitzestabile DNA-Polymerase (Taq-Polymerase) immer wieder neu synthetisiert wird. Zuvor muss die doppelsträngige DNA durch Hitze (92-96°C) denaturiert werden. Nun können sich bei einer spezifischen Annealingtemperatur die Primer an die passende DNA-Sequenz anlagern. Im letzten Schritt kommt die DNA-Polymerase zum Einsatz und verlängert ausgehend von den Primern die zu amplifizierende DNA zu einem komplementären Strang. Diese Schritte werden in einer festgelegten Zykluszahl wiederholt, wobei es zu einer exponentiellen Vervielfältigung der gewünschten DNA kommt.

Durchführung:
Für die PCR wurde vorher DNA aus Biofilm- und Belebtschlammproben isoliert. Es konnte nur die abgeschüttelte in 0,14 M NaCl suspendierte Biofilmmasse untersucht werden.
Mit allen Proben wurden drei verschiedene PCR durchgeführt. Zum einen wurde die für alle *Bacteria* universelle 16S rDNA PCR angesetzt, um zu überprüfen, ob bakterielle DNA vorhanden ist und die passende Verdünnung der DNA für folgende PCR-Ansätze festzulegen. Außerdem wurde das Vorhandensein des *amoA*-Fragmentes getestet, um es für die nachfolgende Klonierung und Sequenzierung nutzen zu können. Nach erfolgreicher Klonierung musste dann das *amoA*-Fragment aus dem Plasmid reamplifiziert werden. Dies geschah mit Hilfe der M13-PCR.
Das eingesetzte DNA-Volumen (Template) wurde anhand der vorherigen Konzentrationsbestimmung festgelegt.
Der PCR-Ansatz wurde wie folgt zusammengesetzt:

Eppendorf® HotMasterMix (2,5x):	10 µl
Forward Primer (10 pmol):	1 µl
Reverse Primer (10 pmol):	1 µl
Template (10-100 ng / µl):	1-6 µl
Lichrosolv® Wasser:	12-7 µl
Volumen gesamt:	25 µl

3 Material und Methoden

In der folgenden Tabelle (Tab. 3.7) sind die in dieser Arbeit verwendeten Primer aufgeführt.

Tab. 3.7: Verwendete Primer:

Primer	Sequenz (5´→ 3´)	Target	Referenz
TPU1(F)	AGAGTTTGATCMTGGCTGAG	16S rDNA, universell ca. 1,3 kbp	MARCHESI et al. (1998)
1387R	GGGCGG[A/T]GTGTACAAGGC		
amoA1F	GGGGTTTCTACTGGTGGT	amoA-Fragment 491 bp	ROT-THAUWE et al. (1997)
amoA2R	CCCCTC[G/T]G[C/G]AAAGCCTTCTTC		
M13F	GTAAAACGACGGCCAG	Plasmid-amplifikation	TOPO®TA-Cloning Kit, Invitrogen Co.
M13R	CAGGAAACAGCTATGAC		

F: Forward; R: Reverse

Die verschiedenen PCRs wurden mit folgenden Programm-einstellungen in den Cyclern Eppendorf Mastercycler gradient bzw. Eppendorf Mastercycler ep-gradient S durchgeführt:

<u>Universelle 16S rDNA-PCR, Primer TPU1 und 1387R:</u>

Initiale Denaturierung	95°C, 2 min
Denaturierung	95°C, 1 min ⎫
Primer-Annealing	55°C, 1,5 min ⎬ 28 Zyklen
Extention	68°C, 2 min ⎭
Finale Extention	68°C, 10 min
Kühlung des Ansatzes	8°C, ∞ min

<u>amoA-PCR, Primer amoA1F und amoA2R:</u>

Initiale Denaturierung	95°C, 2 min
Denaturierung	95°C, 1 min ⎫
Primer-Annealing	55°C, 1,5 min ⎬ 34 Zyklen
Extention	68°C, 1,5 min ⎭
Finale Extention	68°C, 10 min
Kühlung des Ansatzes	8°C, ∞ min

3 Material und Methoden

Plasmidamplifikation, Primer M13F und M13R:
Initiale Denaturierung 95°C, 2 min
Denaturierung 95°C, 1 min ⎫
Primer-Annealing 55°C, 1 min ⎬ 36 Zyklen
Extention 68°C, 1,5 min ⎭
Finale Extention 68°C, 10 min
Kühlung des Ansatzes 8°C, ∞ min

3.6.3 Nachweis der PCR-Produkte mittels Agarosegelelektrophorese

Zum Nachweis der PCR-Produkte wurde eine Agarosegelelektrophorese durchgeführt. Dafür wurden 5 µl des PCR-Ansatzes mit 1 µl Ladepuffer (peqlab™) gemischt und auf ein 1,5%iges Agarosegel aufgetragen. Nachdem das Gel 20 min lang in einem Ethidiumbromidbad (1 µg / ml) gefärbt und ein Waschschritt im Wasserbad durchgeführt wurde, konnten die DNA-Produkte in Form von Banden unter UV-Licht detektiert (Transilluminator BIO view USDT-20SM-8R (254-312 nm)) und fotografisch dokumentiert werden. Anschließend konnte die Fragmentlänge mit dem im Gel ebenfalls aufgetragenen Längenstandard (Abb. 3.4, peqGOLD 100bp DNA-Leiter Plus von peqlab™) verglichen werden.

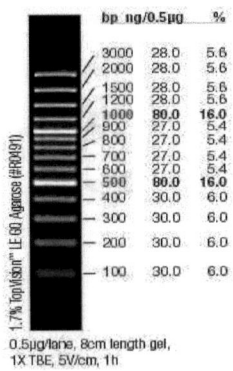

Abb. 3.4: Längenstandard.

3 Material und Methoden

3.6.4 Aufreinigung der PCR-Produkte

Für den weiteren Einsatz der PCR-Produkte für die Klonierung und Sequenzierung mussten diese zuerst aufgereinigt werden. Dabei wurden sie von restlichen Nukleotiden, Primern, Polymerasen und Salzen der Pufferlösung getrennt.

Die Aufreinigung wurde mit dem peqGOLD Cycle-Pure Kit von peqlab™ nach dem Herstellerprotokoll durchgeführt. Danach wurde das gereinigte PCR-Produkt bis zur weiteren Verwendung bei -20 °C gelagert.

3.6.5 Klonierung

Die Klonierung von unterschiedlichen DNA-Fragmenten ist notwendig, um sie aus dem Gemisch zu trennen und einzeln nach der Sequenzierung den entsprechenden Mikroorganismen zuordnen zu können.

Es gibt verschiedene Möglichkeiten DNA-Fragmente unterschiedlicher Sequenz zu separieren. Hier wurde die Methode der „Blau-Weiß-Selektion" des Genaxxon Bioscience T/A Cloning® Kit und eine T4 DNA® Ligase von Fermentas angewendet. Die Durchführung erfolgte nach dem Herstellerprotokoll.

In dieser Arbeit wurden die DNA-Fragmente, die mittels amoA-PCR gewonnen wurden, kloniert und anschließend sequenziert.

3.6.6 Sequenzierung

Die mittels Klonierung separierten und mittels M13-PCR amplifizierten DNA-Fragmente wurden mit Hilfe des Vorwärts-Primers amoA1F sequenziert. Dies wurde von der Firma Macrogen™ (www.macrogen.com) durchgeführt.

Die Sequenzen der amoA-DNA wurden als nächstes mit dem Programm CHROMAS PRO (Version 1.3 beta 1) editiert und mit den vorhandenen Sequenzen der Datenbank BLAST® des NCBI (National Center for Biotechnology Information) verglichen.

3 Material und Methoden

3.6.7 Stammbaumerstellung

Die gewonnenen amoA-Sequenzen wurden zunächst mit dem Programm Mac Molly alignt. Anschließend wurden mit Hilfe des ARB®-Softwarepaketes (LUDWIG et al. (2004)) sowohl DNA- als auch Proteinstammbäume berechnet. Die Stammbaumerstellung wurde dabei nach der Neighbor-Joining-Methode durchgeführt, die als Distanz basierendes Verfahren 1987 von SAITOU und NEI (1987) vorgestellt wurde.

3.6.8 Denaturierende Gradienten Gelelektrophorese (DGGE)

Die DGGE ist eine Fingerprintmethode, mit der die Zusammensetzung von komplexen Umweltproben verglichen werden kann (EGERT und FRIEDRICH (2003)).

Mittels DGGE können DNA-Fragmente mit verschiedenen Sequenzen anhand ihres unterschiedlichen sequenzabhängigen Schmelzverhaltens in einem Polyacrylamidgel aufgetrennt werden. Damit ist bereits bei einem abweichenden Basenpaar ein Unterschied sichtbar. Aufgrund dessen ist die DGGE eine geeignete Methode, um die Diversität in Umweltproben mit einem geringeren Zeitaufwand als die klassischen Methoden der Klonierung und Sequenzierung zu analysieren.

Für die DGGE wird ein GC-reicher DNA-Abschnitt benötigt, der die Doppelstränge zusammenhält. Dieser Abschnitt kann durch einen der beiden Primer angefügt werden. Diese GC-reiche Sequenz, GC-Klammer genannt, besitzt normalerweise eine deutlich höhere Schmelztemperatur als das amplifizierte DNA-Fragment. Das führt dazu, dass die GC-Klammer die Doppelstränge zusammenhält während diese schmelzen. Dadurch lässt sich das Phänomen der unterschiedlichen Laufeigenschaft von Fragmenten verschiedener Schmelztemperatur im Gel besser zeigen (MÜLHARDT (2009)).

3 Material und Methoden

<u>Durchführung:</u>
Es wurden amoA-Fragmente mit dem Primerpaar amoA-GC-1F und amoA2R, wie in Kapitel 3.6.2 für die amoA-PCR beschrieben wurde, hergestellt.
Die DGGE wurde am Medizinischen Technischen Zentrum der Technischen Universität Dresden durchgeführt. Dazu verwendete man ein 7%iges Polyacrylamidgel mit einem Harnstoff-Formamid-Gradienten von 30-70%. Das Gel wurde anschließend mit SYBER GREEN gefärbt und unter UV-Licht sichtbar gemacht. Es wurden ausgewählte Banden ausgeschnitten und nach dem Herauslösen aus dem Gel sequenziert und mit Klonierungsergebnissen verglichen.

3.7 Rasterelektronenmikroskopie (REM)

Mit der Rasterelektronenmikroskopie sollte der WSB®-Biofilm auf seine Vielfalt an Mikroorganismen untersucht werden. Des Weiteren wurden die in der VA Kaditz eingesetzten Träger K1, K2, BW und BWCa auf ihre Oberflächenstruktur untersucht.
Die Probenvorbereitung und Durchführung der Mikroskopie erfolgte im REM-Labor am Institut für Forstnutzung und Forsttechnik der TU Dresden in Tharandt.
Für die REM der Biofilme wurden K1 aus der VA Lunzenau ausgewählt, wobei die Proben kühl transportiert und so schnell wie möglich im REM-Labor mit einer 3%igen Glutaraldehydlösung fixiert wurden. Danach erfolgte eine Entwässerung über eine Acetonreihe, eine Kritische-Punkt-Trocknung und Bedampfung der Proben mit Gold. Die Mikroskopie wurde an einem REM der Firma Jeol (Japan) JSM-T 330A durchgeführt.

4 Ergebnisse und Diskussion

4.1 Abwassercharakteristik der untersuchten Anlagen

In den folgenden Tabellen (Tab. 4.1 - 4.3) sind neben der Konzentration an CSB, BSB_5 und Stickstoffverbindungen in den Zu- und Abläufen der Anlagen die jeweiligen Abbauraten in Prozent angegeben. Weiterhin sind die tatsächliche Temperatur und Sauerstoffkonzentration im Biologiewasser sowie der pH-Wert im Zulauf in den Tabellen enthalten.

Das CSB / BSB_5-Verhältnis liefert eine Aussage über die Abwasserzusammensetzung. Bei einem Verhältnis von 2 und kleiner sind die organischen Substanzen im Abwasser gut biologisch abbaubar. Dies ist meist im kommunalen Abwasser der Fall. Je größer das Verhältnis wird, desto schlechter ist die Abbaubarkeit durch die Biozönose einer Anlage zur Abwasserreinigung. Dies ist möglich, wenn industrielles Abwasser in eine Anlage eingeleitet wird.

Mit dem BSB_5 / N-ges.-Verhältnis im Zulauf kann überprüft werden, ob genug Kohlenstoff im Vergleich zu Stickstoff für die vollständige Stickstoffelimination vorhanden ist. Ein günstiges Verhältnis liegt ab einem Wert von 4 in Belebtschlämmen vor, darunter steht nicht genug Kohlenstoff für die Denitrifikation zur Verfügung (PÖPEL (1995), AMEND et al (2000)). PERSSON et al. (2006) berichteten allerdings, dass ein C / N-Verhältnis von mindesten 3,4 für Biofilme im Abwasser notwendig ist, damit die Denitrifikation nicht C-limitiert ist.

Als wichtiger Parameter wurde nach Ermittlung der TS die BSB_5-Schlammbelastung B_{TS} berechnet und in den folgenden Tabellen aufgeführt. Diese Werte drücken die Fracht an biologisch abbaubaren, Sauerstoff zehrenden Substanzen in Bezug auf die Biomasse pro Zeiteinheit aus. Die Schlammbelastung ist entscheidend für das Wachstum von Mikroorganismen und für Konkurrenzbeziehungen, zum Beispiel zwischen autotrophen Nitrifikanten und heterotrophen Bakterien.

Normalerweise wird die Fracht organischer Substanzen in einem Biofilmsystem mit Hilfe der Flächenbelastung B_{FL} in g BSB_5 / m^2 * d ausgedrückt (siehe Tab. 3.1, 3.2). Dies rührt daher, dass es oft

4 Ergebnisse und Diskussion

schwierig ist die Trockensubstanz der kompletten Biofilmmasse zu bestimmen. Weiterhin weist der auf einem Substratum festsitzende Biofilm andere Verhältnisse als eine Belebtschlammflocke in Bezug auf die Struktur und Gradienten von Abwasserinhaltsstoffen und Sauerstoff auf. Die Diffusionswege für Substrate und Sauerstoff sind in einer Belebtschlammflocke anders als im Biofilm, da die Flocke von allen Seiten passiert werden kann (RÖSKE und UHLMANN (2005)). Außerdem tragen in einem dicken Biofilm nicht alle Schichten zur Abwasserreinigung bei. In vielen Fällen ist es deswegen nicht sinnvoll, die organische Belastung auf die gesamte Biofilmmasse zu beziehen, da diese nicht komplett an Reinigungsprozessen beteiligt ist. Ein WSB®-Biofilm zeichnet sich jedoch durch eine geringe und stabile Schichtdicke aus. Diese Tatsache und die Möglichkeit, die gesamte Trockensubstanz dieser Biofilme bestimmen zu können, haben dazu geführt neben der Flächenbelastung auch die Schlammbelastung für diese Systeme zu berechnen. Auf diese Weise kann die Auswirkung der Belastung in Abhängigkeit von der Biofilmdicke betrachtet und die Schlammbelastung des WSB®-Biofilms annähernd mit der der hier untersuchten Belebtschlämme verglichen werden.

In den folgenden Kapiteln werden die oben erwähnten Parameter tabellarisch für alle Anlagen aufgelistet. Auf diese Ergebnisse wird jedoch erst bei Bedarf, vor allem in der Diskussion, Bezug genommen, weswegen sie in den folgenden Kapiteln nicht genauer besprochen werden.

4.1.1 WSB®-Versuchsanlagen (WSB®-VA)

Für jede Versuchsanlage wurden neben den wichtigsten Bestandteilen des Abwassers auch die Zeiträume der Beprobungsphasen aufgelistet (Tab. 4.1).
Das Abwasser der VA SEII wurde nicht während der Probenahmen auf die Zusammensetzung und Abbauleistung untersucht, da bei dieser Anlage in erster Linie die Auswirkung der Temperatur auf die Nitrifikantengemeinschaft getestet wurde. Die mittleren Zulaufkonzentrationen waren bekannt, woraus die Schlammbelastung und die

4 Ergebnisse und Diskussion

wichtigen Verhältnisse berechnet werden konnten. Weiterhin wurde der Sauer-stoffgehalt im Biologiereaktor beobachtet.
Weiterhin sollte erwähnt werden, dass ein Teil des Abwassers der VA Lunzenau aus einer Papierfabrik stammte.

Tab. 4.1: Abwassercharakteristik der untersuchten WSB®-Versuchsanlagen:

Name	VA1: VA Lunzenau	VA2: VA Kaditz	VA3: VA SEII
Beprobungs- phasen	1) 6.11.07-18.12.07 2) 4.3.08-6.5.08 3) 8.7.08-12.8.08	1) 14.2.08-3.4.08 2) 30.4.08-25.6.08	1) 25.6.08-1.9.08 2) 17.9.08-11.11.08
Temperatur in der Biologie [°C]	1) 9 2) 11 3) 21	1) 16 2) 16	1) 6 2) 20
pH-Wert im Zulauf	1) 7,5 (7,2-7,9) 2) 7,7 (7,3-8,1) 3) 7,7 (7,3-7,9)	1) 8,1 (7,7-8,2) 2) 8,0 (7,8-8,2)	1) 7,9 (7,5-8,0) 2) 7,8 (7,7-7,9)
O_2-Gehalt in der Biologie [mg/l]	1) 6,9 (4,8-9,5) 2) 7,4 (4,2-10,8) 3) 4,9 (2,2-6,6)	1) 7,3-9,8 / 4,5-5,0[1] 2) 5,0-8,5 / 1,9-4,0[1]	1) 6,9 (4,8-9,3) 2) 4,6 (2,2-5,8)
CSB ZL / AL / Abbau [mg/l] / [mg/l] / [%]	1) 263 / 100 / 62 2) 189 / 68 / 64 3) 499 / 136 / 73	1) 570 / 170 / 70 2) 570 / 180 / 69	1) 570 / n.b. 2) 570 / n.b.
BSB_5 ZL / AL / Abbau [mg/l] / [mg/l] / [%]	1) 86 / 22 / 74 2) 74 / 14 / 81 3) 209 / 44 / 79	1) 250 / 19 / 92 2) 240 / 17 / 93	1) 240 / n.b. 2) 240 / n.b.
CSB / BSB_5 im ZL Biologie	1) 3,1 2) 2,6 3) 2,4	1) 2,3 2) 2,4	1) 2,4 2) 2,4
B_{TS}: BSB_5- Schlammbelastung [kgBSB_5/kgTS*d]	1) 0,04 2) 0,05 3) 0,15	1) 0,7 - 0,4[2] 2) 2,6 - 0,5[2]	1) 0,5 2) 0,5
NH_4-N ZL / AL / Umsatz [mg/l] / [mg/l] / [%]	1) 11 / 1 / 93 2) 18 / 8 / 58 3) 22 / 4 / 82	1) 30/23-6/22-79[2] 2) 39/36-12/8-71[2]	1) 39 / n.b. 2) 39 / n.b.
NO_2-N ZL / AL [mg/l] / [mg/l]	1) 0,4 / 0,3 2) 0,5 / 0,7 3) 0,2 / 1,5	1) 0,1 / 3,3 2) 0,1 / 0,2	1) 0,1 / n.b. 2) 0,1 / n.b.
NO_3-N ZL / AL [mg/l] / [mg/l]	1) 3,4 / 12,4 2) 2,7 / 7,6 3) 1,6 / 7,8	1) 1,1 / 0,9–2,5[2] 2) 0,9 / 0,8–29,1[2]	1) 0,9 / n.b. 2) 0,9 / n.b.
N-ges.[3] ZL / AL / Abbau [mg/l] / [mg/l] / [%]	1) 34 / 24 / 29 2) 28 / 20 / 29 3) 45 / 24 / 47	1) 53/41-27/23-49[2] 2) 56/49-49/12-12[2]	1) 56 / n.b. 2) 56 / n.b.

4 Ergebnisse und Diskussion

BSB$_5$/N-ges.[3] im ZL Biologie	1) 2,5 2) 2,8 3) 4,6	1) 4,7 2) 4,3	1) 4,3 2) 4,3

[1] O$_2$-Gehalt: Versuchsanfang min-max / Versuchsende min-max;
[2] Versuchsanfang - Versuchsende; [3] N-ges.: N-ges. anorganisch + N-ges. organisch;
ZL: Zulauf; AL: Ablauf; n.b.: nicht bestimmt.

4.1.2 WSB®-Kleinkläranlagen (WSB®-KKA)

Die folgende Tabelle 4.2 legt die Abwassercharakterisierung der WSB®-Kleinkläranlagen dar.

Tab. 4.2: Abwassercharakteristik der untersuchten WSB®-Kleinkläranlagen:

Name	A1: Schumann	A2: Fischer	A4: Schröder
Beprobungsphasen	1) 3.3.09-31.3.09 2) 14.9.09-20.10.09 3) 23.3.10-13.4.10	1) 3.3.09-31.3.09 2) 14.9.09-20.10.09 3) 23.3.10-13.4.10	1) 3.3.09-31.3.09 2) 14.9.09-20.10.09 3) 23.3.10-13.4.10
Temperatur in der Biologie [°C]	1) 8 2) 16 3) 10	1) 9 2) 16 3) 10	1) 9 2) 16 3) 10
pH-Wert im Zulauf	1) 8,2 (7,3-8,7) 2) 7,8 (7,5-8,2) 3) 8,6 (8,4-8,7)	1) 8,5 (8,4-8,7) 2) 8,0 (7,7-8,3) 3) 8,5 (8,5-8,5)	1) 7,4 (7,1-7,6) 2) 7,7 (7,5-8,2) 3) 7,2 (7,2-7,2)
O$_2$-Gehalt in der Biologie [mg/l]	1) 6,1 (2,8-12,4) 2) 3,2 (1,7-6,6) 3) 4,9 (2,2-6,6)	1) 5,5 (4,0-6,5) 2) 7,1 (4,2-8,4) 3) 5,5 (4,0-6,6)	1) 6,9 (4,7-10,0) 2) 6,6 (4,9-8,6) 3) 6,2 (5,0-7,6)
CSB ZL / AL / Abbau [mg/l] / [mg/l] / [%]	1) 630 / 79 / 88 2) 901 / 93 / 90 3) 727 / 125 / 83	1) 833 / 92 / 89 2) 919 / 101 / 89 3) 566 / 139 / 77	1) 265 / 66 / 75 2) 633 / 57 / 91 3) 720 / 79 / 89
BSB$_5$ ZL / AL / Abbau [mg/l] / [mg/l] / [%]	1) 265 / 27 / 90 2) 400 / 26 / 93 3) 420 / 26 / 94	1) 363 / 12 / 97 2) 372 / 17 / 95 3) 390 / 27 / 93	1) 138 / 17 / 88 2) 295 / 9 / 97 3) 350 / 11 / 97
CSB / BSB$_5$ im ZL Biologie	1) 2,4 2) 2,3 3) 1,7	1) 2,3 2) 2,5 3) 1,5	1) 1,9 2) 2,1 3) 2,1
B$_{TS}$: BSB$_5$- Schlammbelastung [kgBSB$_5$/kgTS*d]	1) 0,01 2) 0,03 3) 0,02	1) 0,07 2) 0,11 3) 0,08	1) 0,02 2) 0,06 3) 0,04
NH$_4$-N ZL / AL / Umsatz [mg/l] / [mg/l] / [%]	1) 97 / 11 / 89 2) 101 / 20 / 80 3) 112 / 29 / 74	1) 134 / 43 / 68 2) 131 / 39 / 70 3) 137 / 30 / 78	1) 64 / 12 / 79 2) 105 / 22 / 79 3) 132 / 28 / 79
NO$_2$-N ZL / AL [mg/l] / [mg/l]	1) 0,4 / 1,8 2) 0,2 / 0,7 3) 0,2 / 0,6	1) 0,2 / 2,9 2) 0,2 / 0,6 3) 0,2 / 1,3	1) 0,3 / 0,5 2) 0,2 / 0,2 3) 0,2 / 0,4

4 Ergebnisse und Diskussion

NO$_3$-N ZL / AL [mg/l] / [mg/l]	1) 0,8 / 49,0 2) 0,3 / 43,8 3) 0,5 / 46,7	1) 1,6 / 56,3 2) 0,2 / 64,0 3) 0,8 / 58,0	1) 13,7 / 54,3 2) 0,2 / 65,2 3) 1,6 / 77,3
N-ges.[3] ZL / AL / Abbau [mg/l] / [mg/l] / [%]	1) 125 / 73 / 42 2) 133 / 80 / 40 3) 137 / 94 / 31	1) 174 / 106 / 39 2) 179 / 134 / 25 3) 170 / 100 / 41	1) 110 / 74 / 33 2) 140 / 109 / 22 3) 179 / 118 / 44
BSB$_5$/N-ges.[3] im ZL Biologie	1) 2,1 2) 3,0 3) 3,1	1) 2,1 2) 2,1 3) 2,3	1) 1,3 2) 2,1 3) 2,0

[3] N-ges.: N-ges. anorganisch + N-ges. organisch; ZL: Zulauf; AL: Ablauf.

4.1.3 Kommunale Kläranlagen (KA)

In der Tabelle 4.3 wurde die Abwassercharakterisierung der untersuchten kommunalen Kläranlagen aufgelistet.

Tab. 4.3: Abwassercharakteristik der untersuchten kommunalen Kläranlagen:

Name	KA1: KA Kaditz	KA2: KA Hainichen	KA3: KA Augustusburg
Temperatur im Belebungsbecken [°C]	1) 12 2) 16	16	16
pH-Wert im Zulauf	8,1	7,5	8,0
O$_2$-Gehalt in der Biologie [mg/l]	min. 2	min. 2	min. 2
CSB ZL / AL / Abbau [mg/l] / [mg/l] / [%]	570 / 51 / 91	261 / 23 / 91	410 / 59 / 86
BSB$_5$ ZL / AL / Abbau [mg/l] / [mg/l] / [%]	260 / 8 / 97	87 / 4 / 95	133 / 9 / 93
CSB / BSB$_5$ im ZL Belebung	2,2	3,0	3,1
B$_{TS}$: BSB$_5$-Schlammbelastung [kgBSB$_5$/kgTS*d]	0,13	0,02	0,18
NH$_4$-N ZL / AL / Umsatz [mg/l] / [mg/l] / [%]	36 / 0,8 / 98	26 / 0,4 / 98	33 / 23 / 30

4 Ergebnisse und Diskussion

NO_2-N ZL / AL [mg/l] / [mg/l]	0,3 / 0,5	0 / 0	0 / 0,1
NO_3-N ZL / AL [mg/l] / [mg/l]	0,7 / 14	0 / 2,3	0 / 1,7
N-ges.[3] ZL / AL / Abbau [mg/l] / [mg/l] / [%]	89 / 20 / 78	26 / 2,7 / 90[4]	33 / 25 / 25[4]
BSB_5/N-ges.[3] im ZL Biologie	2,9	3,3[4]	4,0[4]

[3] N-ges.: N-ges. anorganisch + N-ges. organisch; [4] N-ges.: nur N-ges. anorganisch; ZL: Zulauf; AL: Ablauf.

4.2 Untersuchungen der Biomasse und der enzymatischen Aktivität

4.2.1 Abhängigkeit der Trockensubstanz von Anlagenparametern

Die Menge der Trockensubstanz kann als ein Maß für die Biomasse angesehen werden. Anhand der TS wurde beobachtet, wie sich die Versuchsbedingungen einer Anlage auf die Größe und das Wachstum einer Biozönose ausgewirkt haben.

4.2.1.1 Gehalt der Trockensubstanz in Biofilmen und Belebtschlämmen

Es konnte die gesamte TS der untersuchten Biofilme bestimmt werden. Die Ergebnisse dieser Bestimmung sind in den folgenden Abbildungen 4.1 und 4.2 dargestellt. Zusätzlich wurde der Biofilmanteil, der in 0,14 M NaCl-Lösung abgeschüttelt werden konnte, auf den Wert seiner TS untersucht (siehe Kapitel 3.3.1).

Trockensubstanzgehalt der adaptierten Biofilme und Belebtschlämme:
In der Abbildung 4.1 ist der Gehalt der Trockensubstanz der adaptierten Biofilme und Belebtschlämme der untersuchten Anlagen abgebildet. Es handelt sich hierbei um Biozönosen, die für eine lange Zeitperiode gleich bleibenden Bedingungen ausgesetzt waren. Es

4 Ergebnisse und Diskussion

wurden dazu Mittelwerte aus den jeweiligen Probenahmephasen verwendet.

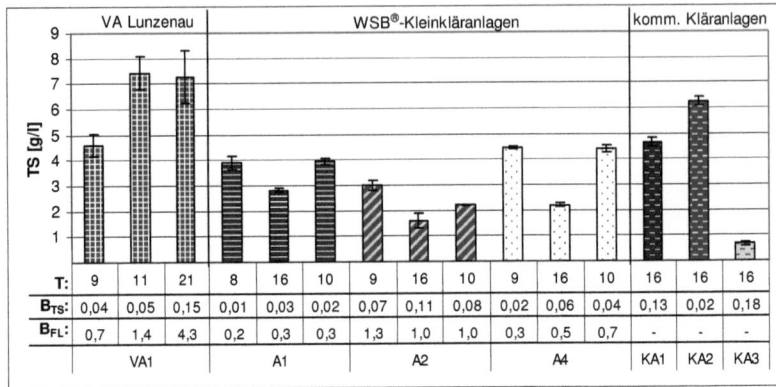

Abb. 4.1: Trockensubstanzgehalte der Biofilme / Belebtschlämme in den untersuchten Anlagen bei unterschiedlichen Temperaturen und Belastungen in den verschiedenen Beprobungsphasen (T: Temperatur im Biologiereaktor [°C]; B_{TS}: Schlammbelastung [kg BSB_5 / kg TS * d]; B_{FL}: Flächenbelastung [g BSB_5 / m^2 * d]).

VA Lunzenau:

Die höchsten TS-Werte wurden in der VA Lunzenau erreicht. In dieser Versuchsanlage konnte ein starker Anstieg der TS von 4,5 g / l auf 7,5 g / l von der ersten zur zweiten Beprobungsphase gemessen werden, während die Temperatur von 9 auf 11 °C wenig zugenommen hat. Allerdings wurde die Flächenbelastung vom ersten zum zweiten Versuch von 0,7 auf 1,4 g BSB_5 / m^2 *d erhöht, was durch eine Verdopplung der Zulaufmenge erreicht wurde. Obwohl sich dadurch die mittlere Verweilzeit (HRT) auf 3,8 Stunden halbiert hat (Tab. 3.1), hat sich die TS nahezu verdoppelt. Die Halbierung der mittleren Verweilzeit hatte allerdings keinen negativen Einfluss auf das Biofilmwachstum, denn die Zulaufmenge und -geschwindigkeit erzeugten nicht genügend Turbulenz. Die Scherkräfte, die die Schichtdicke der Biofilme im WSB®-Verfahren begrenzen, werden von dem Energieeintrag der Belüftung verursacht. Die Leistung der Belüftung wird in allen Anlagen gleich eingestellt, wobei der Sauerstoffeintrag lediglich durch die Belüftungslänge variiert wird.

4 Ergebnisse und Diskussion

Die Zunahme der Biofilmdicke vom ersten zum zweiten Versuch führte dazu, dass die Schlammbelastung B_{TS} (siehe Abb. 4.1) in der Adaptationszeit für den 2. Versuch mit dem Zuwachs des Biofilms immer kleiner wurde und sich nach dem Erreichen der stabilen Biofilmmenge von 7,5 g / l kaum von der im ersten Versuch unterschied.

Die Konzentration von Abwasserinhaltsstoffen wirkt sich auf Gradienten im Biofilm aus. Die Penetrationstiefe im Biofilm hängt direkt von der Konzentration dieser Substanzen ab (RUSTEN et al. (2005)). Das bedeutet, dass wenn man hier die größere Flächenbelastung durch eine Konzentrationserhöhung bewerkstelligt hätte, dann hätte sich der Biofilm möglicherweise anders entwickelt.

In der dritten Phase wurde im Vergleich zur zweiten bei doppelter Temperatur von 21 °C die Flächenbelastung auf 4,3 g BSB_5 / m^2 *d verdreifacht. Da die TS mit 7,3 g / l jedoch gleich blieb, wirkte mit 0,15 kg BSB_5 / kg TS *d auch die dreifache Schlammbelastung B_{TS} auf die Biofilmmasse.

Im dritten Versuch wurde die höhere Belastung durch die Zudosierung einer C-Quelle bewerkstelligt. Das bedeutet, dass sich die hydraulischen Bedingungen und die mittlere Verweilzeit von 3,8 h im Vergleich zum 2. Versuch nicht verändert haben. Die Schichtdicke des Biofilms hat allerdings aufgrund der in der Anlage wirkenden Scherkräfte bereits bei der Belastung im zweiten Versuch ihre Grenze erreicht, so dass der Biofilm trotz der höheren Belastung im dritten Versuch nicht weiter anwachsen konnte.

Zusätzlich zur Biofilm-TS wurde auch die Trockensubstanz des Abwassers in den einzelnen Anlagenteilen ermittelt (Werte nicht dargestellt). Im 1. Versuch befanden sich in der Biologie 1 % der gesamten Trockensubstanz (Biofilm-TS + suspendierte TS in der Biologie) in Suspension. Im zweiten und dritten Versuch ist dieser Anteil auf 2 % angewachsen, während sich die gesamte TS beinahe verdoppelt hat. Dieses Resultat hat einerseits mit dem stärkeren Ablösen der fast doppelt so hohen Biofilmmasse und andererseits mit den veränderten hydraulischen Bedingungen im zweiten und dritten Versuch zu tun.

4 Ergebnisse und Diskussion

WSB®-Kleinkläranlagen:
Bei vergleichbarer Belastung und Temperatur waren die TS-Werte ähnlich wie in der VA Lunzenau. Diese lagen in den Kleinkläranlagen zwischen 1,7 - 4,5 g TS / l, wobei die TS bei 16°C in allen Anlagen geringer war als bei den niedrigen Temperaturen (Abb. 4.1). Hier verhält sich der WSB®-Biofilm genauso wie ein Tropfkörperbiofilm, der im Winter dicker ist und bei ansteigender Temperatur kontinuierlich oder stoßweise große Biofilmmengen abstößt (RÖSKE und UHLMANN (2005)).
In der Versuchsanlage Lunzenau und in den Kleinkläranlagen wurde zwar die gleiche Verfahrensweise angewendet, es gab jedoch in der Abwassercharakteristik und in der mittleren Verweilzeit Unterschiede (Tab. 3.1, 3.2). Die mittlere Verweilzeit in den WSB®-KKA war deutlich höher als in den Versuchsanlagen und bewegte sich mit 10 - 20 Stunden in einem weit gefassten Rahmen. Dies rührt daher, dass aufgrund der niedrigen Einwohnerwerte von 4 - 6 sich die Zulaufmenge je nach Wasserverbrauch ziemlich stark unterscheiden kann. Hinzu kommt, dass die Konzentration an CSB, BSB_5 und Stickstoffverbindungen meist um Einiges höher war als in den Zuläufen der Versuchsanlage Lunzenau (Tab. 4.1, 4.2). Aufgrund der langen Verweilzeit blieb die Belastung trotzdem gering.
Der im Vergleich zu der VA Lunzenau dünnere Biofilm in den WSB®-Kleinkläranlagen ist eigentlich von Vorteil. Laut RUSTEN et al. (2005) sind dünnere Biofilme wegen der größeren Penetrationstiefe von Substraten und Sauerstoff effektiver. Anhand der in Tab. 4.2 aufgelisteten guten Abbauraten kann dies bestätigt werden. Zum Beispiel lag die BSB_5-Elimination in den WSB®-Kleinkläranlagen zwischen 88 und 97 %, während diese in der VA Lunzenau 74 - 81 % betrug (Tab. 4.1, 4.2). Die etwas schlechtere Abbaurate in der VA Lunzenau könnte mit dem Anteil an industriellem Abwasser aus einer Papierfabrik erklärt werden. Das CSB / BSB_5-Verhältnis in der VA Lunzenau besaß allerdings mit 2,4 - 3,1 nur geringfügig höhere Werte als das in den Kleinkläranlagen (1,7 -2,5; Tab. 4.1, 4.2).
Ein weiterer Unterschied lag in der Laufzeit der Anlagen. Diese betrug in den WSB®-Kleinkläranlagen unter relativ konstanten Bedin-

gungen bereits mehrere Jahre, während die Versuche in der VA Lunzenau ca. 2 Monate bei gleichen Bedingungen liefen. Also kann hier ausgesagt werden, dass sich im WSB®-Verfahren eine konstante Biofilm-TS abhängig von der Belastung und Temperatur bereits nach einigen Wochen einstellt, wobei die Schichtdicke von Scherkräften begrenzt wird.

Kommunale Kläranlagen:
Die Biomasse in der Biologie befand sich in allen Anlagen mit adaptierten Biofilmen und Belebtschlämmen in einer vergleichbaren Größenordnung. Die Belebtschlämme KA1, KA2 und KA3 verfügten über eine TS von 4,6, 6,3 und 0,7 g / l (Abb. 4.1). Ähnliche TS-Werte hat STEINBRENNER (2008) auch bereits in diesen Kläranlagen festgestellt. Im Vergleich zu den Belebtschlämmen der Kläranlagen besaß die VA Lunzenau jedoch bei ähnlicher Temperatur und Schlammbelastung eine größere Biofilmmenge.

Die TS des Belebtschlammes der Kläranlage Augustusburg wies mit ca. 0,7 g / l eine sehr geringe Biomasse auf. Dies könnte damit zusammenhängen, dass sich die Abwasserzusammensetzung stark von den anderen Kläranlagen unterscheidet. Hier fließt nämlich ein Teil des Zulaufes aus einem Altenheim zu, was bedeuten könnte, dass dort verwendete Medikamente und Desinfektionsmittel als schwerabbaubare und toxische Substanzen den Belebtschlamm stark negativ beeinflussen. Vor dem Einleiten dieses Abwassers betrug die TS nämlich noch 3,8 g / l (STEINBRENNER (2008)).

Trockensubstanz der jungen Biofilme der VA Kaditz:
Die nächste Abbildung (Abb. 4.2) zeigt die Trockensubstanzwerte in der Versuchsanlage Kaditz. Hier wurden vier unterschiedliche Trägertypen für Biofilmwachstumsversuche eingesetzt und bei zwei Flächenbelastungen (2,6 und 4,0 g BSB_5 / m^2 * d) getestet.
Wie man im Diagramm sehen kann, erreichte der Biofilm beim ersten Versuch nach einer Woche im Reaktor bereits eine TS von ca. 0,6 g / l (VA2-1)-Anfang). Die Flächenbelastung wurde hier mit 2,6 g BSB_5 / m^2 * d angesetzt. Die Schlammbelastung war jedoch mit 0,7 kg BSB_5 / kg TS * d bei der kleinen TS-Menge am Anfang enorm

4 Ergebnisse und Diskussion

hoch (B_{TS} wurde nur auf den K1-Biofilm bezogen). Die TS-Menge nach einer Woche Wachstum betrug bereits ein Drittel bis ein Zehntel der hier untersuchten TS in adaptierten, alten Biofilmen. Man kann behaupten, dass sich der Biofilm auf den eingesetzten Trägern recht schnell entwickelt hat.

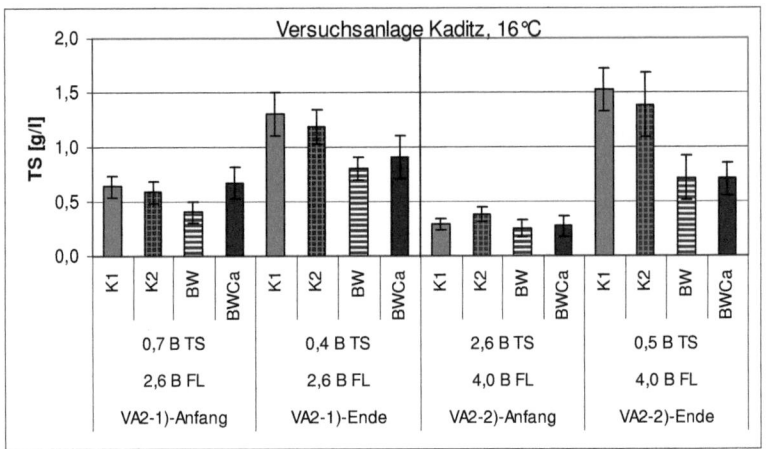

Abb. 4.2: Trockensubstanzgehalte in Biofilmen der Versuchsanlage Kaditz der zwei Versuche am Anfang und Ende der Beprobungsphasen mit unterschiedlichen Belastungen (B_{TS}: Schlammbelastung [kg BSB_5 / kg TS * d]; B_{FL}: Flächenbelastung [g BSB_5 / m^2 * d]).

Der Biofilm wuchs einige Wochen kontinuierlich weiter bis eine Stagnation nach ca. 7 Wochen einsetzte (VA2-1)-Ende). An diesem Punkt hat sicher nur die Wachstumsgeschwindigkeit rapide abgenommen; schließlich hat sich aufgrund des Biofilmwachstums auch die Schlammbelastung auf 0,4 kg BSB_5 / kg TS * d verkleinert. Sicherlich kam es unter der Biofilmoberfläche immer mehr zur Sauerstoff- und Substratlimitation, was das Wachstum verlangsamte. Die Biofilmträger K1 haben dabei mit 1,3 g TS / l die höchsten Werte erreicht, dicht gefolgt von K2. Die Bioflow-Träger BW und BWCa lagen mit 0,8 und 0,9 g TS / l deutlich unter den AnoxKaldnes-Trägern. Hier sieht es so aus, als ob die Ca^{2+}-Ionen im Trägerrohmaterial der BWCa für das Biofilmwachstum keine Vorteile brachten.

4 Ergebnisse und Diskussion

Im zweiten Versuch wurde eine Flächenbelastung von 4,0 g BSB_5 / m^2 * d durch Erhöhung der Zuflussmenge eingestellt und somit eine Verkürzung der HRT um das Anderthalbfache auf 5,4 h verursacht. Hier wuchs der Biofilm auf allen vier Trägern langsamer als in der ersten Versuchsphase, so dass er nach einer Woche ca. die Hälfte erreicht hat (im Mittel 0,3 g TS / l). Dies lag an den stärkeren Scherkräften, die auf den Biofilm einwirkten, da die zylinderartige schmale Form der Reaktoren (Abb. 3.2) andere Bedingungen als sonst in WSB®-Anlagen verursachte. Aufgrund dieser Form kam es in den Reaktoren öfter zum Zusammenstoß der einzelnen Träger und somit zum Ablösen von Biofilmteilen, wobei im zweiten, stärker belasteten Versuch die längere Belüftungszeit dieses Aneinanderstoßen erhöhte.

Die Schlammbelastung lag zu diesem Zeitpunkt mit 2,6 kg BSB_5 / kg TS * d weit über dem Wert für Hochlastverfahren in Belebungsanlagen (ab 1,2 kg BSB_5 / kg TS * d, RÖSKE und UHLMANN, 2005). Die Biofilmbildung steigerte sich zwar mit der Zeit, verlangsamte jedoch extrem das Wachstum nach neunwöchiger Laufzeit bei 1,5 und 1,4 g TS / l auf K1 und K2, wobei die TS auf den BW- und BWCa-Trägern diesmal mit 0,7 g / l nur ungefähr halb so groß war. Auch in diesem Versuch zeigten die K1- und K2-Träger eine stärkere Biofilmentwicklung als die Bioflow-Träger, während sich die BWCa mit den zusätzlichen Kalziumionen nicht von den BW-Trägern unterschieden.

Die Biomasse auf den AnoxKaldnes-Trägern K1 und K2 war bei diesem zweiten Versuch geringfügig größer als beim ersten, obwohl eine größere Schlammbelastung von 0,5 kg BSB_5 / kg TS * d am Ende der 2. Versuchsphase auf den Biofilm eingewirkt hat. Dass die Wachstumsgeschwindigkeit trotz der höheren Belastung bereits an diesem Punkt stark abgesunken war, lag an der stärkeren Turbulenz im Reaktor.

4.2.1.2 Anteil des festen Biofilms auf den Trägern

Wie bereits in Kapitel 3.3.1 beschrieben wurde, ist die Trockensubstanz der Biofilme auf zweierlei Weise untersucht worden. Einmal wurde der gesamte Biofilm von den Trägern mit Hilfe einer NaOH / SDS-Lösung durch Erhitzen abgelöst. Dabei konnte die gesamte TS bestimmt werden. Es war jedoch nicht möglich davon auch den organischen Anteil zu messen.

Bei der anderen Methode konnte der lockere Biofilm der oberen Schichten durch Schütteln in einer 0,14 M NaCl-Lösung von den Trägern abgetrennt werden. Durch die Bestimmung der TS mit den beiden Verfahren war es möglich, den Anteil des lockeren Biofilms oben und des festen Biofilms auf dem Substratum zu ermitteln. Dabei stellte sich heraus, dass in allen Biofilmen der feste, nicht durch Schütteln ablösbare Anteil 40 - 60 % betrug. Dieser verbleibende Biofilm auf den Trägern von durchschnittlich 50 % war im jungen Biofilm der VA Kaditz genauso wie im alten Biofilm der VA Lunzenau oder der WSB®-Kleinkläranlagen zu finden.

Diese untere Biofilmschicht schien eine andere Struktur zu besitzen, die eine feste Verbindung mit dem Aufwuchsträger einging. Diese war nicht so stark vom Wasser durchsetzt und viel dichter, da sie nach dem Ablösen des oberen Biofilms rein visuell sehr viel dünner erschien als die darüber liegende, vom Gewicht her aber die Hälfte ausmachte. Das führt zum Schluss, dass die Zusammensetzung eine andere war. In diesem Biofilmbereich befand sich bestimmt mehr totes Zellmaterial, anorganische Ablagerungen und der sich am Anfang der Biofilmbildung angelagerte „conditioning film".

4.2.1.3 Anteil der organischen Trockensubstanz

In der folgenden Abbildung (Abb. 4.3) sind die organischen Anteile der Trockensubstanz repräsentativer Proben dargestellt. Der dicke Querstrich im Diagramm bei 70 % markiert die Grenze für den normalen Anteil der organischen TS in Belebtschlämmen von Kläranlagen, die eine chemische Phosphatfällung einsetzen, was hier nur in den Kläranlagen KA1 und KA2 der Fall ist. Die Fällungsmittel lagern sich in den Belebtschlammflocken an und machen den organischen Anteil dadurch kleiner. Diese Tatsache wurde in neun kommunalen Kläranlagen verschiedener Größe und Verfahrensweise bestätigt (STEINBRENNER (2008)).

4 Ergebnisse und Diskussion

In der KA Augustusburg (KA3) wurde allerdings ebenfalls eine oTS von unter 70 % festgestellt, obwohl in dieser Anlage keine chemische Phosphatfällung eingesetzt wird. Allerdings unterscheidet sich hier die Abwasserzusammensetzung von den anderen Kläranlagen, da ein Teil des Abwassers aus einem Altenheim zufließt.
Die Untersuchten Biofilme hatten bis auf die VA Lunzenau oTS-Anteile zwischen 70 und 85 %. Hier trugen keine Fällungsmittel zum Gewicht bei. Die Versuchsanlage Kaditz wurde mit dem Zulaufwasser der Kläranlage Kaditz (KA1) versorgt. Dieses Abwasser wurde jedoch vor der Phosphatfällung entnommen, was eine Einlagerung der Fällungsmittel in die Biofilme verhinderte und sich in höheren oTS-Werten in den Biofilmen im Vergleich zum Belebtschlamm dieser Kläranlage äußerte.

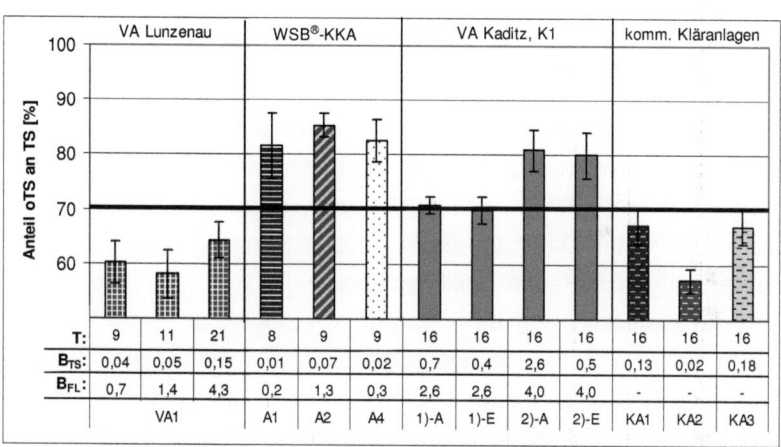

Abb. 4.3: Anteil der organischen Trockensubstanz an der gesamten Trockensubstanz (beim Biofilm: abgeschüttelter Biofilm in 0,14 M NaCl → nur die oberen Schichten. T: Temperatur im Biologiereaktor [°C]; B_{TS}: Schlammbelastung [kg BSB_5 / kg TS * d]; B_{FL}: Flächenbelastung [g BSB_5 / m^2 * d]).

Der adaptierte Biofilm der VA Lunzenau hatte ohne Fällungsmittel niedrige oTS-Anteile, die unter der 70 %-Grenze lagen. Diese Versuchsanlage wurde allerdings mit dem Zulauf der Kläranlage Lunzenau betrieben, die einen industriellen Anteil einer Papierfabrik im Abwasser enthält.

4 Ergebnisse und Diskussion

In den Biofilmen konnte die organische Trockensubstanz nur von den in Natriumchlorid abgeschüttelten Schichten bestimmt werden. Das bedeutet, dass der Anteil in unteren Biofilmschichten nicht berücksichtigt werden konnte. Wie bereits in Kapitel 3.2.1.1 erwähnt, sind die tieferen Schichten kompakter und schwerer. Aus diesem Grund ist ihre Zusammensetzung und womöglich der organische Anteil der TS anders als die der oberen Biofilmbereiche.

4.2.2 Abhängigkeit der Gesamtzellzahl von Anlagenparametern

Als weiterer Parameter für die Charakterisierung der Biozönosen wurde die Gesamtzellzahl (GZZ) in den oberen Biofilmen und Belebtschlämmen bestimmt und in Abhängigkeit von Anlagenparametern untersucht.

4.2.2.1 Gesamtzellzahl in Biofilmen und Belebtschlämmen

Die Anzahl der Bakterienzellen in den untersuchten Biofilm- und Belebtschlammproben pro Gramm Trockensubstanz ist in der Abbildung 4.4 dargestellt.
Die präsentierten Daten der Biofilmanlagen sind nur Zahlen aus den oberen, abgeschüttelten Biofilmschichten. Es war nicht möglich, die GZZ im restlichen, auf den Trägern verbleibenden Biofilm zu bestimmen. Die GZZ wurde dementsprechend auf die abgeschüttelte TS in den Biofilmen bezogen. Da die nahe dem Substratum liegenden unteren Biofilmschichten schlechter mit Nährstoffen, organischen Substanzen und Sauerstoff versorgt werden, kann davon ausgegangen werden, dass die Zellvermehrung dort schwächer ist. Wenn man diesen Teil des Biofilms in die GZZ-Berechnung einbeziehen könnte, würden die Biofilme insgesamt über eine geringere Zellzahl pro g TS verfügen.

VA Lunzenau:
Die Ergebnisse der VA Lunzenau zeigten einen Anstieg der GZZ von $1,7*10^{11}$ auf $7,3*10^{11}$ / g TS mit steigender Temperatur und Belastung vom ersten zum dritten Versuch. Das bedeutet, dass der An-

4 Ergebnisse und Diskussion

teil der Bakterienzellen an der TS zumindest in den oberen Biofilmbereichen zugenommen hat. In der zweiten Versuchsphase hat allein die höhere Flächenbelastung dazu geführt, dass sich die Biofilmbakterien verstärkt vermehrten, da die Temperatur von 9 auf 11 °C nur wenig zugenommen hat. Im dritten Versuch wirkte sich neben der wieder gestiegenen organischen Fracht eine für die meisten Bakterien günstige Temperatur von 21 °C positiv auf die Bakterienvermehrung aus. Auf den Biofilm einwirkende Scherkräfte haben zwar eine weitere Zunahme der Biofilmmenge im dritten Versuch verhindert (Abb. 4.1), jedoch war eine Zunahme der Zellen innerhalb des Biofilms möglich.

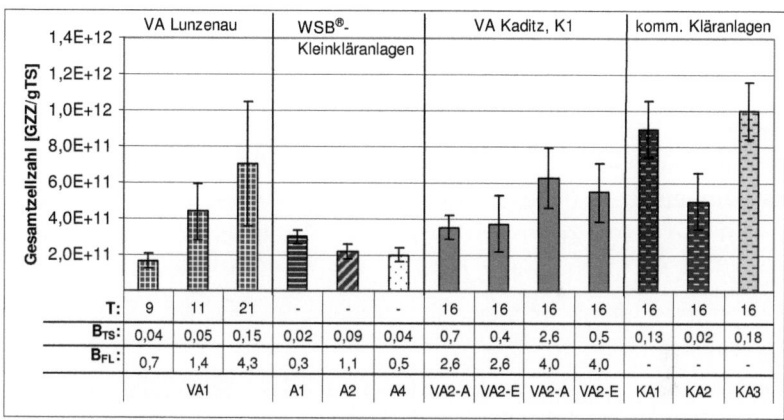

Abb. 4.4: Gesamtzellzahl in Biofilmen und Belebtschlämmen bezogen auf die Trockensubstanz. (T: Temperatur im Biologiereaktor [°C]; B_{TS}: Schlammbelastung [kg BSB_5 / kg TS * d]; B_{FL}: Flächenbelastung [g BSB_5 / m^2 * d]).

WSB®-Kleinkläranlagen:

Die GZZ in den Biofilmen der WSB®-Kleinkläranlagen unterlag keinen großen Schwankungen. Aus diesem Grund sind im Diagramm der Abb. 4.4 nur die Mittelwerte der jeweils drei Probenahmen abgebildet. Die Ergebnisse lagen bei den verschiedenen Probenahmen in allen Anlagen zwischen $2*10^{11}$ und $3*10^{11}$ Zellen / g TS.

Hier gab es zwar jahreszeitlich bedingte Temperaturunterschiede zwischen den einzelnen Beprobungsphasen und Schwankungen der TS (Abb. 4.1), jedoch kaum Unterschiede in der Belastung. Die mit

4 Ergebnisse und Diskussion

dem ersten Versuch in der VA Lunzenau vergleichbar schwache Belastung in den WSB®-Kleinkläranlagen bewirkte eine ähnliche GZZ.

VA Kaditz:
Repräsentativ für jungen Biofilm in der VA Kaditz sind in der Abbildung 4.4 die Zellzahlen der Biofilme auf K1 jeweils am Anfang (VA2-A) und am Ende (VA2-E) der beiden Versuche aufgezeigt. Daran kann man erkennen, dass die GZZ bezogen auf die TS im Verlauf der Biofilmentwicklung relativ konstant geblieben ist, da die Zellzahlen am Anfang und am Ende der beiden Versuche kaum Unterschiede zeigten. Es waren jedoch mit $6*10^{11}$ mehr Zellen pro g TS im Biofilm des zweiten Versuchs vorhanden als im schwächer belasteten ersten Versuch. Damit kann wieder ausgesagt werden, dass die GZZ im Biofilm von der organischen Fracht abhängt.

Kommunale Kläranlagen:
Die Belebtschlämme der KA Kaditz (KA1), KA Hainichen (KA2) und KA Augustusburg (KA3) besaßen $9*10^{11}$ Zellen / g TS, $5*10^{11}$ Zellen / g TS und $1*10^{12}$ Zellen / g TS. Auf den Belebtschlamm der KA Hainichen (KA2) wirkte mit 0,02 kg BSB_5 / kg TS *d die schwächste Schlammbelastung, was sich in der kleinsten GZZ / g TS unter den Belebtschlämmen äußerte.

Die KA Kaditz und KA Augustusburg besaßen mehr Zellen in einem Gramm TS als die untersuchten Biofilme. In diesen Belebtschlämmen herrschte eine stärkere Schlammbelastung als in den meisten Biofilmen. Allerdings können Belebtschlämme aufgrund ihrer Struktur und Lebensform als suspendierte Biofilme nicht direkt mit sessilen Biofilmen verglichen werden. Die Diffusionswege für Substrate und Sauerstoff sind in einer Belebtschlammflocke anders als im Biofilm, da die Flocke von allen Seiten passiert werden kann (RÖSKE und UHLMANN (2005)). Diese bessere Versorgung der Belebtschlämme führt dazu, dass sich Bakterienzellen stärker als in einem Biofilm vermehren können.

Aufgrund der vorliegenden Daten kann behauptet werden, dass sich die GZZ im oberen Biofilmbereich pro Gramm TS unabhängig vom

4 Ergebnisse und Diskussion

Biofilmalter und der Trockensubstanzmenge verhält (Abb. 4.1, 4.2). Der alte Biofilm der VA Lunzenau mit über 7 g TS / l hatte vergleichbare GZZ / g TS -Werte wie der junge Biofilm der VA Kaditz mit 0,6-1,4 g TS / l.
Die Unabhängigkeit von der Menge der Trockensubstanz konnte auch in den Belebtschlammproben festgestellt werden. Die GZZ der KA Kaditz (KA1) war mit $9*10^{11}$ Zellen / g TS und 4,7 g TS / l ungefähr gleich wie die GZZ der KA Augustusburg (KA3), die eine TS von nur 0,7 g / l besaß (Abb. 4.1, 4.4).
Die Abhängigkeit der GZZ vom Belastungsgrad der Biozönose wurde hier ersichtlich. Sicher ist die Vermehrung der Bakterien vom Nahrungsangebot abhängig. Jedoch kann dieser Zusammenhang nicht als der einzige in Verbindung mit der Zellzahl betrachtet werden. Es spielen viele andere Faktoren wie Hemmstoffe, pH-Wert und Biofilmstruktur eine wichtige Rolle bei der Bakterienvermehrung.

4.2.2.2 Gesamtzellzahl als Biomasseparameter

Da die GZZ ein Biomasseparameter ist, stellt sich die Frage, ob diese dazu geeignet ist, eine Biozönose zu quantifizieren. Wie man bereits im vorangegangenen Kapitel sehen konnte, war der Anteil der GZZ an der TS in den untersuchten Proben recht variabel (Abb. 4.4). Dies ist bereits ein Indiz dafür, dass die GZZ nicht gut mit der TS-Menge korreliert, da ja ansonsten die GZZ / g TS annähernd gleich bleiben müsste. In der VA Lunzenau zum Beispiel ist diese jedoch mit der größer werdenden Belastung gestiegen (Abb. 4.4). CHARACKLIS und MARSHALL (1990) berichteten bereits darüber, dass das Verhältnis zwischen der Zellzahl und der Biofilmdicke sehr variabel sein kann und von den beteiligten Bakterien, ihrer Physiologie und von der Art der Umwelt abhängig ist.
Um einen möglichen Zusammenhang der Gesamtzellzahl mit der Trockensubstanz zu zeigen, wurde im Diagramm der Abbildung 4.5 die GZZ / l gegen die TS / l aufge-tragen. Schließlich ist die Bakterienzahl wie die TS ein Parameter für die Biomasse. An der Abbildung lässt sich zeigen, dass mit $R^2=0,75$ keine besonders gute Korrelation zwischen der TS und der Zellzahl vorlag.

4 Ergebnisse und Diskussion

Weiterhin würde gegen eine direkte Abhängigkeit sprechen, dass sich abgesehen von der Anzahl der Bakterienzellen die Zusammensetzung und somit auch das Gewicht einer Biozönose abhängig von Umweltbedingungen ständig verändern. Es werden zum Beispiel die verschiedensten Stoffe aus dem Abwasser in der EPS adsorbiert (FLEMMING und WINGENDER (2002)). Somit besteht ein direkter Zusammenhang der TS mit der Abwasserzusammensetzung.

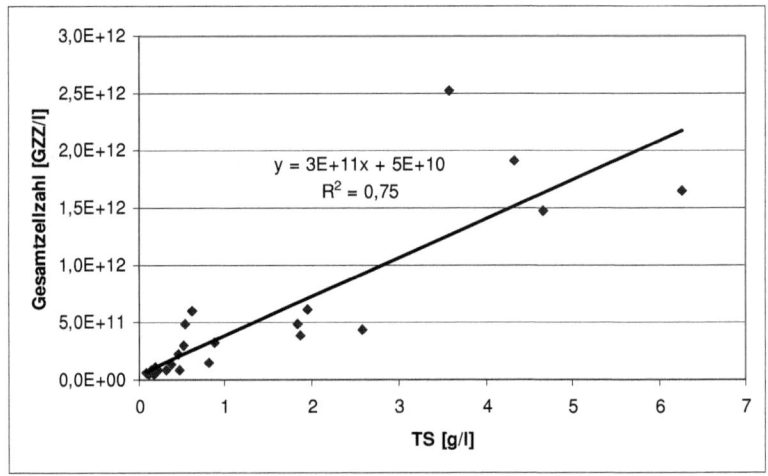

Abb. 4.5: Korrelation zwischen der Gesamtzellzahl und der Trockensubstanz aller untersuchten Biofilm- und Belebtschlammproben.

Des Weiteren sollte auch die Verlässlichkeit dieser Methode betrachtet werden. Dabei sind Fehlerquellen nicht zu vermeiden. Bei solch einer großen Menge an Bakterienzellen ist die Zählung der tatsächlichen Zellzahl schon alleine wegen der notwendigen Verdünnung nahezu unmöglich. Weiterhin würde gegen den Einsatz der GZZ als Biomasseparameter sprechen, dass aufgrund der hier angewendeten Methode bei der Zählung nicht zwischen lebenden, ruhenden oder toten Zellen unterschieden werden kann.

Die Bestimmung der GZZ in Biofilmen ist ohnehin schon schwierig und oft unmöglich. In den hier untersuchten Proben konnte auch nicht der gesamte Biofilm auf die GZZ getestet werden. Die TS ist sicherlich um einiges einfacher und verlässlicher in der Bestimmung und somit ein besserer Parameter, um die Biomasse zu quantifizieren. Die GZZ ist trotzdem zur Charakterisierung einer Biozönose geeignet. Wie in dieser Arbeit können zum Beispiel Veränderungen der Zellzahl in Abhängigkeit von verschiedenen Bedingungen beobachten werden.

4.2.3 Abhängigkeit des Proteingehalts von Anlagenparametern

In dieser Arbeit wurde der Proteingehalt im Biofilm und Belebtschlamm nach LOWRY et al. (1951), modifiziert nach FRØLUND et al. (1996), untersucht. Als Biomasseparameter wurde dieser dazu genutzt, die Biomasse zu charakterisieren. Des Weiteren wurde sein Gehalt in Abhängigkeit von Anlagenparametern betrachtet.

4.2.3.1 Proteingehalt in Biofilmen und Belebtschlämmen

Der Proteingehalt der Biofilme wurde von den unbehandelten Trägern mit dem gesamten intakten Biofilm und zusätzlich bei manchen Proben von den durch Schütteln abgelösten Biofilmsuspensionen bestimmt (siehe Kapitel 3.3.2). Auf diese Weise konnte der Anteil der Proteine in beiden Zonen, in der unteren festen und der oberen lockeren Schicht, der Biofilme ermittelt werden. Die hier dargestellten Daten zeigen die Summe der Proteine aus diesen beiden Schichten als den gesamten Proteingehalt der Biofilme.

Die hier vorgestellten Proteingehalte wurden allesamt auf die Trockensubstanz bezogen, da man den Wert der organischen TS nicht im gesamten Biofilm bestimmen konnte.

Proteingehalt in adaptierten Biofilmen und Belebtschlämmen:
Der Proteingehalt in der Biomasse lag in allen untersuchten Anlagen zwischen 0,09 und 0,42 g / g Trockensubstanz (Abb. 4.6). Man kann auch sagen, dass die Proteine einen Anteil von 9 - 42 % im Biofilm oder Belebtschlamm ausmachten.

4 Ergebnisse und Diskussion

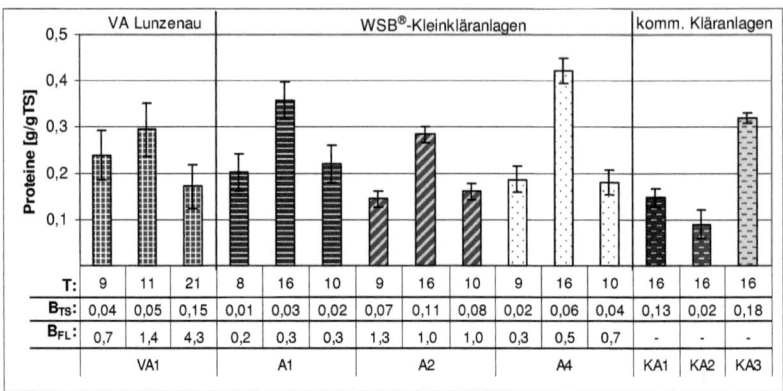

Abb. 4.6: Proteingehalte in adaptierten Biofilmen und Belebtschlämmen bezogen auf die Trockensubstanz: (T: Temperatur im Biologiereaktor [°C]; B_{TS}: Schlammbelastung [kg BSB_5 / kg TS * d]; B_{FL}: Flächenbelastung [g BSB_5 / m^2 * d]).

VA Lunzenau:

In der VA Lunzenau stieg der Anteil der Proteine von der ersten zur zweiten Versuchsphase von 24 auf 30 % an, wobei die TS ebenfalls von 4,5 auf 7,5 g / l angewachsen war (Abb. 4.1). Der höhere Anteil der Proteine an der Biomasse im 2. Versuch ist auf die gestiegene GZZ (Abb. 4.4) zurückzuführen, die durch die höhere Flächenbelastung von 1,4 g BSB_5 / m^2 * d verursacht wurde.

Der Proteinanteil fiel im dritten Versuch auf ca. 17 % an der Biofilm-TS bei gleich bleibender Trockensubstanz (Abb. 4.1). Hier ist zwar die GZZ pro g TS aufgrund der höheren Belastung gestiegen, das Biofilmwachstum hat allerdings seine Grenze unter den gegeben Bedingungen erreicht.

WSB®-Kleinkläranlagen:

In den WSB®-Kleinkläranlagen betrug der Proteingehalt 0,14 - 0,42 g / g TS oder 14 - 42 %. An den Ergebnissen in der Abbildung 4.6 fällt auf, dass dieser bei den 16°C-Probenahmen in allen drei Anlagen ungefähr doppelt so groß war wie bei niedrigen Temperaturen.

Der einzige Faktor, der sich zwischen den Probenahmen deutlich geändert hat, ist die jahreszeitlich bedingte Temperatur. Die höhere Temperatur bewirkte das Abstoßen von Biofilmmasse, was an der kleineren TS-Menge bei 16°C zu sehen war (Abb. 4.1), und ein En-

4 Ergebnisse und Diskussion

de des dormanten Zustandes der Biofilmbakterien in der kalten Jahreszeit. Der Proteingehalt ist mit der höheren Temperatur angestiegen, da dieser vom physiologischen Zustand der Zellen abhängt. Die GZZ ist zwar nicht gleichzeitig gestiegen (Abb. 4.4), allerdings muss diese nicht sofort mit der Proteinbildung einhergehen. Eine größere Aktivität der Bakterien wirkt sich normalerweise erst in der RNA-Synthese gefolgt von der Produktion der Proteine aus bevor es zur Zellteilung kommt.

Kommunale Kläranlagen:
Der Proteingehalt in den Belebtschlämmen hatte mit den Biofilmen vergleichbare Werte.
Der Belebtschlamm in der KA Hainichen (KA2) hatte mit 0,9 g / g TS (9 %) den niedrigsten Proteingehalt von allen gemessenen Proben. Dies hängt damit zusammen, dass sich die Biozönose dieses stabilisierten Belebtschlammes bei der niedrigen Belastung von 0,02 kg BSB_5 / kg TS * d in einem Hungerzustand befand, der sich auf den physiologischen Zustand der Bakterien und damit auf die Proteinproduktion auswirkte.
Die Belebtschlämme Kaditz (KA1) und Augustusburg (KA3) besaßen einen Proteinanteil von 15 und 32 % in der Biomasse. Der im Vergleich zu anderen Belebtschlämmen große Anteil der Proteine im Belebtschlamm Augustusburg (KA3) könnte mit der Abwasserzusammensetzung in dieser Anlage zu tun haben. Der Zulauf aus einem Altenheim bringt womöglich schwerabbaubare und toxische Stoffe mit sich, die eine verstärkte Produktion von bestimmten Enzymen hervorrufen.

Proteingehalt in jungen Biofilmen der VA Kaditz:
Das folgende Diagramm in der Abbildung 4.7 zeigt die Proteingehalte der sich entwickelnden Biofilme der beiden Versuchsphasen jeweils am Anfang (nach 1 Woche) und am Ende (nach 7-9 Wochen) in der VA Kaditz. Die abgebildeten Werte sind auf die TS bezogen und können als Anteile der Biomasse angesehen werden. Hier wurden keine signifikanten Unterschiede zwischen den einzelnen Trägertypen beobachtet.

4 Ergebnisse und Diskussion

Bei der Flächenbelastung von 2,6 g BSB_5 / m^2 * d im 1. Versuch bildeten die Proteine mit >0,3 g / g TS nach der ersten Woche einen Anteil von über 30 % an der TS, wobei dieser am Ende der Versuchsphase auf über 40 % noch etwas anstieg.

Bekannter Weise bildet sich noch vor dem Anheften der Bakterien der so genannte „conditioning film" auf der Aufwuchsfläche, der aus verschiedensten organischen Abwasserinhaltsstoffen besteht und unter anderem Proteine beinhaltet (FLEMMING und WINGENDER (2001a)). Aus diesem Grund würde man nach der kurzen Wachstumsphase von einer Woche in den hier untersuchten Biofilmen mehr Proteine vermuten als in älteren und dickeren Biofilmen. Hier ist der Proteinanteil allerdings zum Ende der Versuchsphase gestiegen. Vermutlich ist der Proteingehalt des „conditioning films" nicht ausschlaggebend im Vergleich zum Anteil in den Bakterien und den EPS.

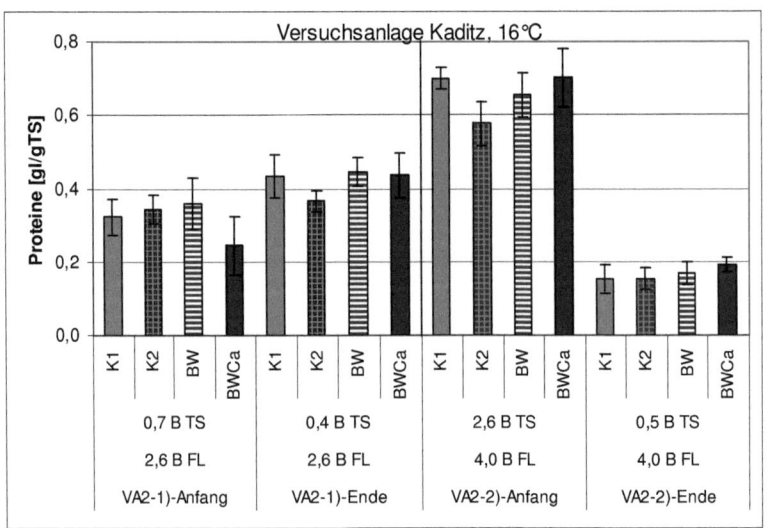

Abb. 4.7: Proteingehalte in jungen Biofilmen der VA Kaditz bezogen auf die Trockensubstanz: (B_{TS}: Schlammbelastung [kg BSB_5 / kg TS * d]; B_{FL}: Flächenbelastung [g BSB_5 / m^2 * d]).

Die GZZ pro g TS ist während der Versuchslaufzeit relativ konstant geblieben (Abb. 4.4). Allerdings wurden aufgrund der noch immer hohen Belastung am Ende des Versuches mehr Proteine gebildet,

4 Ergebnisse und Diskussion

die neben der Funktion als Endo- und Exoenzyme auch auf die Biofilmmatrix stabilisierend wirken (HIGGENS und NOVAK (1997)). Eine andere Möglichkeit wäre, dass auch Proteine aus dem Abwasser in die Biofilme bei der starken Belastung über die Versuchslaufzeit eingelagert und noch nicht abgebaut wurden.

In der zweiten Beprobungsphase mit einer Flächenbelastung von 4 g BSB_5 / m^2 * d wurden am Anfang des Versuchs Werte bis 70 % Proteine an der Trockensubstanz gemessen. Aufgrund der Belastungssteigerung im Vergleich zum ersten Versuch wurde die Belüftungszeit verlängert, was häufiger zu Zusammenstößen der einzelnen Träger geführt hat. Einerseits sorgte die dadurch erhöhte Turbulenz im Biologiereaktor womöglich dafür, dass verstärkt Struktur stabilisierende Proteine gebildet wurden, andererseits war die erhöhte Proteinproduktion neben der größeren GZZ (Abb. 4.4) eine Antwort auf die extrem hohe Belastung. Diese könnte aber auch dazu geführt haben, dass Abwasserproteine verstärkt im Biofilm adsorbiert wurden.

Am Ende der Probenahmephase lagen alle Proteinanteile bei unter 20 % an der Trockensubstanz. Gleichzeitig hat die Wachstumsgeschwindigkeit stark abgenommen, was mit der größeren Biofilmdicke und kleiner gewordenen Schlammbelastung zusammenhing. Mögliche eingelagerte Proteine aus dem Abwasser wurden durch die gewachsene Biofilmmenge eventuell bereits abgebaut.

Der Proteingehalt der hier untersuchten adaptierten Biozönosen betrug 9 - 42 % (Abb. 4.6) und der jungen Biofilme 20 - 70 % (Abb. 4.7) an der Trockensubstanz. Allerdings beinhalteten lediglich die jungen Biofilme am Anfang des 2. Versuchs in der VA Kaditz den hohen Proteinanteil von 70 %, der auch aus dem Abwasser stammen könnte. Abgesehen von diesem hohen Anteil besaßen die übrigen Biozönosen Proteinanteile von höchstens 42 %. Also kann an dieser Stelle nicht behauptet werden, dass junge Biofilme mehr Proteine produzieren als alte Biozönosen. Im Vergleich dazu hat SCHEEN (2003) die Biofilmentwicklung auf K1-Trägern abhängig von verschiednen C:N:P-Verhältnissen im künstlichen Abwasser untersucht. Die dabei gewachsenen jungen Biofilme hatten bei den verschiedenen Verhältnissen Proteinanteile von 30 - 45 % an der TS. Aus den Standardabweichungen der gemessenen Proteingehalte wird ersichtlich, dass die Proteinanteile in den alten Biofilmen und Belebtschlämmen innerhalb einer Beprobungsphase relativ konstant waren (Abb. 4.6). Dementsprechend wirken sich gleich bleibende Bedingungen in einer Anlage positiv auf eine stabile Proteinmenge aus. Dies trifft allerdings nur auf angepasste Biofilme zu. In der VA Kaditz hat sich der Proteingehalt mit dem Biofilmwachstum während einer Versuchsphase verändert (Abb. 4.7). Dabei kann jedoch nicht von gleich bleibenden Bedingungen gesprochen werden, da sich nicht nur der Biofilm entwickelt hat, sondern sich auch Anlagenbedingungen wie die Schlammbelastung mit der Zeit verändert haben.

4.2.3.2 Proteinanteil im festen Biofilm auf den Trägern

Bei den meisten Biofilmproben befand sich mindestens die Hälfte der Proteine in den unteren Biofilmschichten, die sich nicht durch Schütteln in 0,14 M NaCl ablösen ließen (Abb. 4.8). Die gemessenen Anteile lagen zwischen 38 und 70 %.

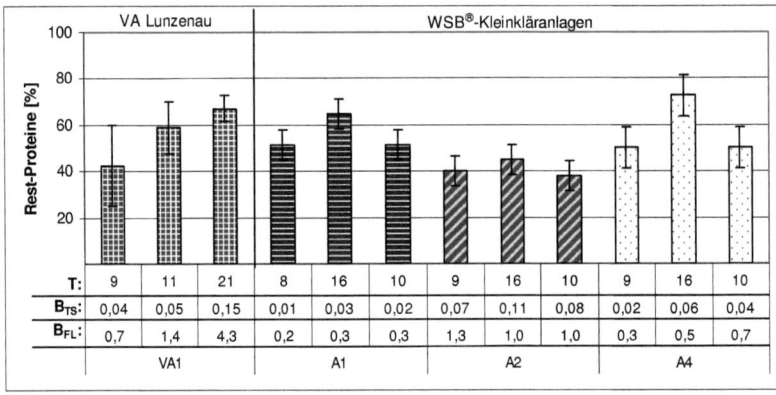

Abb. 4.8: Proteinanteil in der unteren, sich nicht durch Schütteln vom Träger ablösbaren Biofilmschicht. (T: Temperatur im Biologiereaktor [°C]; B_{TS}: Schlammbelastung [kg BSB_5 / kg TS * d]; B_{FL}: Flächenbelastung [g BSB_5 / m^2 * d]).

4 Ergebnisse und Diskussion

Da sich in den meisten Proben im unteren, nicht abgeschüttelten Biofilm ungefähr die Hälfte aller Proteine befand und die TS ebenfalls zur Hälfte auf den Trägern nach dem Schütteln geblieben ist (Kapitel 4.2.1.2), kann behauptet werden, dass Proteine in den Biofilmen relativ gleichmäßig verteilt vorlagen. Natürlich kann an dieser Stelle keine definitive Aussage über die Verteilung der Proteine getroffen werden, da diese auch in einem dünnen, oberen Bereich der unteren festen Biofilmschicht sitzen könnten.

Aufgrund der besseren Versorgung der oberen Biofilmschichten mit Abwasserinhaltsstoffen und Sauerstoff und damit verbundener größerer Aktivität, wurden mehr Proteine im oberen Bereich des Biofilms erwartet. Dagegen spricht die Tatsache, dass in unteren Biofilmbereichen Bakterien existieren, die genau an diese Bedingungen angepasst sind und eine normale Proteinproduktion betreiben. Es besteht auch die Möglichkeit, dass sich die Art und Funktion der Proteine in den beiden Biofilmzonen unterscheiden. Die unteren EPS und der „conditioning film" könnten verstärkt Proteine enthalten, die für Stabilität der dichteren Schicht auf dem Substratum sorgen.

In der VA Lunzenau konnte mit steigender TS (Abb. 4.1), Belastung und Temperatur eine Zunahme des Proteinanteils in beiden Schichten des Biofilms festgestellt werden (Abb. 4.6, 4.8). Dies stützt die These, dass im gesamten Biofilm aktive Bakterien vorhanden waren.

In dieser Arbeit wurden die einzelnen Proteinanteile nur in adaptierten Biofilmen der VA Lunzenau und den WSB®-Kleinkläranlagen untersucht. Man könnte hier also nur Vermutungen anstellen, wie sich diese in jungen Biofilmen verhalten. Wenn man bedenkt, dass Bakterien in dünnen Biofilmen ohnehin besser mit den nötigen Stoffen versorgt werden, dann werden wohl Proteine im gesamten Biofilm anzutreffen sein.

4.2.3.3 Proteingehalt als Biomasseparameter

An den oben vorgestellten Ergebnissen wurde gezeigt, dass der Proteinanteil an der TS von äußeren Bedingungen und damit vom physiologischen Zustand der Zellen abhängt. Die Proteinanteile schwankten hier zwischen 9 und 70 % an der TS in Abhängigkeit vom Ernährungs- und Aktivitätszustand der Zellen. Des Weiteren stellen Proteine eine wichtige Komponente der EPS dar und können je nach Bedingungen auch aus dem Abwasser in die Matrix der Biozönose eingelagert werden.

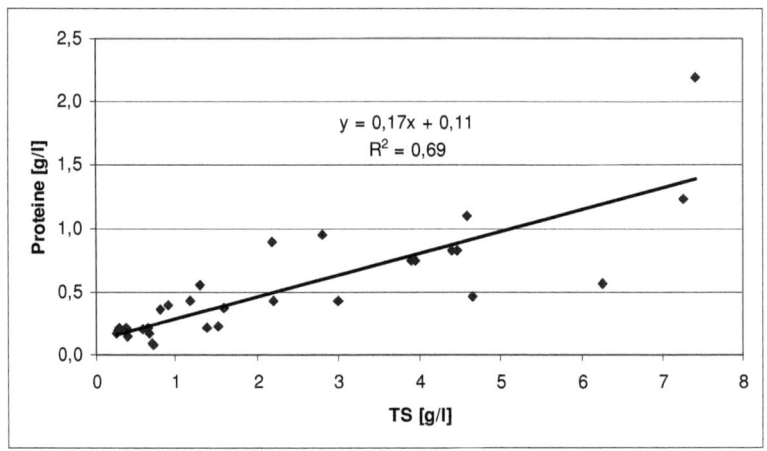

Abb. 4.9: Korrelation zwischen dem Proteingehalt und der Trockensubstanz aller untersuchten Biofilm- und Belebtschlammproben.

Aus diesen Gründen sollte die Verwendung des Proteingehaltes zur Quantifizierung der Biomasse mit Vorbehalt behandelt werden. Hinzu kommt, dass die photometrische Proteinbestimmung in komplexen Umweltproben durch Störfaktoren beeinflusst werden kann (Kapitel 3.3.2, BOX (1983), PETERSON (1979), LO und STELSON (1972)).

In der Abbildung 4.9 wurde die Korrelation zwischen dem Proteingehalt und der Trockensubstanz der Biomasse aller untersuchten Anlagen grafisch dargestellt.

Wie bereits vermutet, kann von keiner guten Korrelation zwischen dem Proteingehalt und der Trockensubstanz gesprochen werden.

4 Ergebnisse und Diskussion

Neben der GZZ eignen sich Proteine auch nicht zur quantitativen Beurteilung der hier untersuchten Abwasserbiozönosen. Allerdings kann ihr Gehalt zur Charakterisierung der Biomasse verwendet und in Abhängigkeit von Anlagenparametern untersucht werden.

4.2.4 Abhängigkeit der Esterasenaktivität von Anlagenparametern

Esterasen sind unspezifische Enzyme heterotropher Organismen, die an vielen Umsatzprozessen im Stoffwechsel beteiligt sind. Ihre Aktivität wurde als ein Maß für die Abbauaktivität einer Biozönose in den untersuchten Biofilmen und Belebtschlämmen bestimmt.

4.2.4.1 Esterasenaktivität in Biofilmen und Belebtschlämmen

Die Aktivität unspezifischer Esterasen wurde in den Biofilmen in zweierlei Probenarten untersucht: in der abgeschüttelten, in 0,14 M NaCl suspendierten Biofilmmasse und in dem nach dem Schütteln auf den Trägern verbleibenden Biofilm-Rest. Auf diese Weise konnte die Aktivität vom gesamten Biofilm und den beiden Schichten getrennt ermittelt werden. Die genaue Vorgehensweise ist in Kapitel 3.3.3 näher beschrieben.

Esterasenaktivität in adaptierten Biofilmen und Belebtschlämmen:
Das unten abgebildete Diagramm (Abb. 4.10) zeigt die Fluoreszeinbildungsraten in den adaptierten Biofilmen und Belebtschlämmen bezogen auf die Trockensubstanz der Biomasse.

VA Lunzenau:
Der Biofilm der VA Lunzenau hat pro Gramm Trockensubstanz bei allen drei Versuchsbedingungen ungefähr die gleiche Menge FDA umgesetzt und damit ca. 0,16 mmol Fluoreszein / g TS * h gebildet. Dies bedeutet, dass die Menge der unspezifischen Esterasen proportional zum Anstieg der TS (Abb. 4.1) in der Anlage zugenommen hat. Somit lag in diesen Biofilmen eine gute Korrelation zwischen der Esterasenaktivität und der Biofilmmasse vor.

4 Ergebnisse und Diskussion

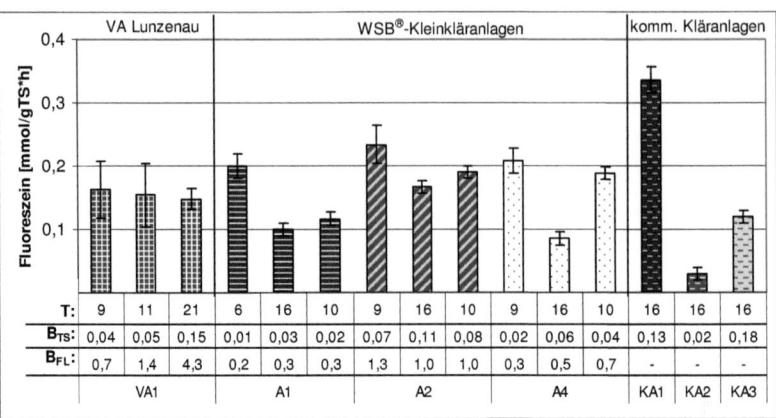

Abb. 4.10: Fluoreszeinbildungsrate pro Gramm TS in adaptierten Biofilmen und Belebtschlämmen: (T: Temperatur im Biologiereaktor [°C]; B_{TS}: Schlammbelastung [kg BSB_5 / kg TS * d]; B_{FL}: Flächenbelastung [g BSB_5 / m^2 * d]).

Die GZZ (Abb. 4.4) und die Proteinmenge (Abb. 4.6) pro g TS haben allerdings in der 2. Versuchsphase mit der gestiegenen Flächenbelastung von 1,4 g BSB_5 / m^2 * d und größer gewordenen Biofilmmenge (Abb. 4.1) zugenommen. Es wurden jedoch nicht mehr Esterasen pro g TS produziert, da die Biomasse ihre maximale Aktivität vermutlich erreicht hatte.

Die Aktivität im gesamten Reaktor ist aufgrund der höheren Biofilmmasse trotzdem gestiegen. Damit hat sich die BSB_5-Abbauleistung von 74 % im ersten Versuch auf 81 % im zweiten verbessert (Tab. 4.1). Im dritten Versuch mit der stärksten Belastung blieb die BSB_5-Abbauleistung mit 79 % ungefähr wie im 2. Versuch, während insgesamt im Reaktor von der gleichen Biofilmmenge und Esterasenaktivität mehr organische Substanzen (höhere Konzentration an BSB_5) abgebaut wurden. Eine bessere Abbauleistung war vermutlich aufgrund der Abwasserzusammensetzung mit dem industriellen Anteil bei diesen Bedingungen nicht möglich.

WSB®-Kleinkläranlagen:
Obwohl die Schlamm- und Flächenbelastung in den WSB®-Kleinkläranlagen meist niedriger war als in der VA Lunzenau, konnten hier ähnliche Esterasenaktivitäten pro Gramm TS gemessen

4 Ergebnisse und Diskussion

werden. Diese lagen zwischen 0,09 und 0,23 mmol Fluoreszein / g TS * h. Diese Anlagen verfügten jedoch mit 88 – 97 % über eine bessere BSB_5-Abbauleistung (Tab. 4.1, 4.2), wobei ausschließlich kommunales Abwasser zugeflossen ist. Außerdem besaßen die dünneren Biofilme der WSB®-Kleinkläranlagen eine bessere Substratpenetration als die dickeren Biofilme der VA Lunzenau. Allerdings müssen die höheren Esterasenaktivitäten in den WSB®-Kleinkläranlagen, die in den Beprobungsphasen bei niedriger Temperatur ermittelt wurden, mit Vorbehalt betrachtet werden. Es ist sehr wahrscheinlich, dass diese Biofilme bei schwacher Belastung und niedriger Temperatur mehr organische Substanzen in ihrer Biofilmmatrix gespeichert haben als diese abzubauen. Die Messung der Fluoreszeinbildungsrate wird im Labor bei Raumtemperatur durchgeführt. Dieser plötzliche Temperaturanstieg im Vergleich zur Anlage hat dazu geführt, dass die Biofilmbakterien schnell aktiv wurden und mit einer verstärkten Produktion an Esterasen antworteten, um die gespeicherten Substanzen und damit auch FDA umzusetzen. Also entspricht die ermittelte Esterasenaktivität bei den 16°C-Probenahmen der Abbauleistung dieser Biofilme. Mit 0,09 - 0,17 mmol Fluoreszein / g TS * h waren die Unterschiede zwischen den WSB®-Kleinkläranlagen zwar nicht groß, jedoch zeigte die Anlage A2 mit der stärksten Belastung die größte Aktivität.

Kommunale Kläranlagen:
In den Belebtschlämmen der kommunalen Kläranlagen konnten ganz unterschiedliche Abbauaktivitäten gemessen werden, die sich allerdings in der Größenordnung befanden, die bereits in der Literatur angegeben wurde (FRØLUND at al. (1995)).
Der Belebtschlamm Kaditz (KA1) besaß mit 0,33 mmol Fluoreszein / g TS * h eine um ein Vielfaches höhere Esterasenaktivität als die anderen Belebtschlämme. Auch im Vergleich zu den Biofilmen hatte die KA1 die aktivste Biozönose. Einerseits wirkte sich hier die höhere Belastung positiv auf die Aktivität aus, andererseits gewährleistet die Flockenstruktur im Vergleich zu Biofilmen besseren Zutritt von Substraten und Sauerstoff und somit eine größere Esterasenbildung.

4 Ergebnisse und Diskussion

In der KA Augustusburg (KA3) lag zwar eine ähnliche Belastung wie in der KA Kaditz vor, allerdings war die Abwasserzusammensetzung eine andere. Der Zulauf aus einem Altenheim bewirkte vermutlich durch toxische Substanzen eine Hemmung der Biomasse, die sich in der geringeren Aktivität von 0,13 mmol Fluoreszein / g TS * h äußerte. Allerdings wurde im Kapitel 4.2.3.1 eine große Proteinmenge in diesem Belebtschlamm festgestellt (Abb. 4.6), die darauf hinwies, dass vermutlich verstärkt auch andere Enzyme aufgrund der Abwasserinhaltstoffe produziert wurden. Die Abbauleistung von BSB_5 war mit 93 % ähnlich gut wie in der Kläranlage Kaditz, die 97% der BSB_5-Fracht eliminieren konnte (Tab. 4.3). Schwerabbaubare Substanzen könnten allerdings in Belebtschlammflocken der KA Augustusburg auch eingelagert worden sein.

Die Biomasse der KA Hainichen (KA2) verfügte mit 0,03 mmol Fluoreszein / g TS * h über die geringste Esterasenaktivität, die an der schwachen Belastung von 0,02 kg BSB_5 / kg TS * d des aerob stabilisierte Belebtschlammes lag.

Fluoreszeinbildungsrate in jungen Biofilmen der VA Kaditz:
Das folgende Diagramm der Abbildung 4.11 zeigt die Fluoreszeinbildungsrate der Biofilme in der Versuchsanlage Kaditz. Es handelt sich um Ergebnisse, die auf den TS-Gehalt jeweils am Anfang (nach 1 Woche) und am Ende (nach 7-9 Wochen) der Probenahmephasen bezogen wurden.

Man kann gut erkennen, dass die Aktivität der Bakterien in der ersten Versuchsphase bei 2,6 g BSB_5 / m^2 * d Flächenbelastung zum Ende des Versuches stark zugenommen hat, wobei die K1-Träger am besten abschnitten (von 0,13 auf 0,52 mmol / g TS * h). Da hier die TS-Menge gering und die Schlammbelastung sehr hoch war, konnten die Biofilme sehr viel höhere Aktivitäten erreichen als die dickeren Biofilme der adaptierten Biozönosen (Abb. 4.10).

Im 2. Versuch, der mit einer Flächenbelastung von 4 g BSB_5 / m^2 * d gestartet wurde, konnten die Biofilme bereits am Anfang fast die gleiche Fluoreszeinmenge produzieren wie die Bakterien am Ende der ersten Versuchsphase, was an der starken Belastung und noch sehr dünnen Biofilmen (Abb. 4.2) lag. Mit der gesunkenen

4 Ergebnisse und Diskussion

Schlammbelastung und gestiegenen Biofilmmenge (Abb. 4.2) ging zum Ende des Versuches die Esterasenaktivität pro g TS auf ca. 0,15 mmol / g TS * h zurück.

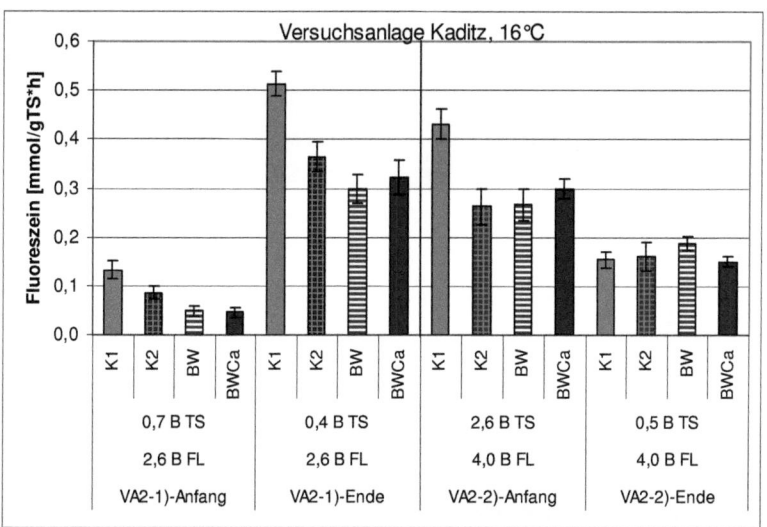

Abb. 4.11: Fluoreszeinbildungsrate im jungen Biofilmen der VA Kaditz bezogen auf die Trockensubstanz. (B_{TS}: Schlammbelastung [kg BSB_5 / kg TS * d]; B_{FL}: Flächenbelastung [g BSB_5 / m² * d]).

Anhand der Biofilmentwicklung in der VA Kaditz konnte festgestellt werden, dass junge Biofilme bereits nach einer Woche Wachstum höhere Esterasenaktivitäten und damit Abbauleistungen erreichen können als adaptierte Biofilme (Abb. 4.10). Die dünne Schichtdicke dieser Biofilme verbesserte die Substrat- und Sauerstoffpenetration, wobei die starke Belastung ebenfalls zur hohen Aktivität beitrug. Dies führte dazu, dass während der gesamten Versuchslaufzeit die dünnen Biofilme einen fast vollständigen BSB_5-Abbau zeigten, der im Schnitt 93 % betrug (Tab. 4.1). Aufgrund dessen benötigt eine WSB®-Anlage mit den hier untersuchten Trägern keine lange Laufzeit, um biologisch abbaubare Substanzen aus dem Abwasser zu eliminieren. Unter den hier untersuchten Trägern zeigte der Biofilm auf K1 in den meisten Fällen die größte Esterasenaktivität. Die Aktivität auf den anderen Träger war jedoch nur geringfügig kleiner, wo-

4 Ergebnisse und Diskussion

bei die BSB$_5$-Abbauraten in allen vier Reaktoren gleich waren (Tab. 4.1).

Die hier untersuchten Proben lieferten folgende Esterasenaktivitäten: 0,08 - 0,23 mmol / g TS * h in alten Biofilmen, 0,03 - 0,33 mmol / g TS * h in Belebtschlämmen und 0,13 - 0,5 mmol / g TS * h in jungen Biofilmen, wobei die Unterschiede in den letzten beiden Probenarten am größten waren. In der Literatur wurden für Belebtschlämme ähnliche Werte beschrieben. So konnten FRØLUND at al. (1995) in einem Belebtschlamm Aktivitäten bis 0,07 mmol / g TS * h messen. Bodenbiofilme aus Pflanzenkläranlagen lagen mit 0,003 mmol / g TS * h deutlich unter den hier ermittelten Werten (LENZ (2007)), wobei diese durch die geringe Belastung allgemein als weniger aktiv gelten.

4.2.4.2 Esterasenaktivität im festen Biofilm auf Trägern

Zusätzlich zu der Esterasenaktivität des gesamten Biofilms wurde der Anteil der Esterasen, der im festen Biofilm auf den Trägern nach dem Schütteln in 0,14 M NaCl übrig blieb, bestimmt. Die Ergebnisse sind in der Abbildung 4.12 dargestellt.

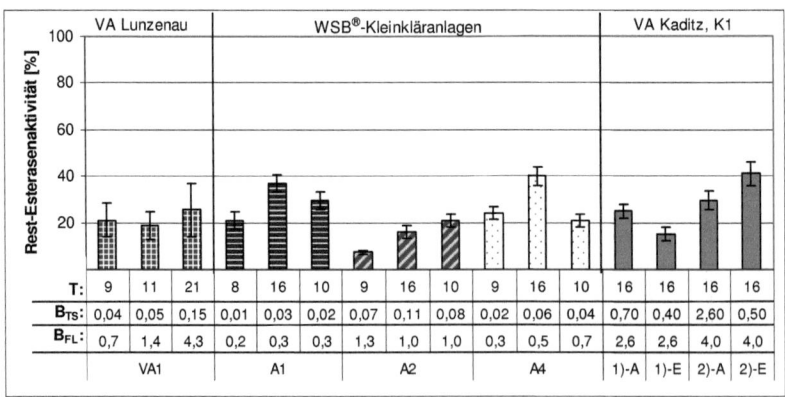

Abb. 4.12: Verbleibende Esteraseaktivität im festen Biofilm auf Trägern. (T: Temperatur im Biologiereaktor [°C]; B$_{TS}$: Schlammbelastung [kg BSB$_5$ / kg TS * d]; B$_{FL}$: Flächenbelastung [g BSB$_5$ / m^2 * d]).

4 Ergebnisse und Diskussion

Im Schnitt konnte eine Esterasenaktivität von 24 % im unteren Bereich der Biofilme gemessen werden. Dabei wurden keine signifikanten Unterschiede zwischen den untersuchten Biofilmen festgestellt. Damit kann ausgesagt werden, dass der feste untere Biofilm zu 24 % an Abbauprozessen beteiligt sein kann. Die Versuchsbedingungen im Labor lassen nur die Messung einer potentiellen Esterasenaktivität zu, die in der Anlage so nicht zutreffen muss. Über die Verteilung dieser Enzyme in dieser unteren Schicht lässt sich hier keine Aussage treffen.

Durch die getrennte Bestimmung des FDA-Umsatzes der oberen und unteren Biofilmschicht konnte nachgewiesen werden, dass auch die tieferen Schichten des Biofilms aktiv an Abbauprozessen beteiligt sind. Mit dieser Aussage lassen sich Biofilme besser mit Belebtschlämmen vergleichen, die keine feste, teilweise „tote" Zone nahe dem Substratum besitzen, auch wenn eine Belebtschlammflocke ebenfalls eine typische Biofilmstruktur mit Substrat- und Sauerstoffgradienten aufweist.

4.2.4.3 Esterasenaktivität als Biomassen- und Aktivitätsparameter

Biomassequantifizierung und Bestimmung mikrobieller Aktivität werden am häufigsten eingesetzt, um einen Biofilm zu charakterisieren (CHARACKLIS und MARSHALL (1990)). Der FDA-Umsatz durch unspezifische Esterasen wurde bereits oft zur Quantifizierung von bakteriellen Biozönosen angewendet. Damit wurde die Biomasse im Frischwasser (CHRZANOWSKI et al. (1984)), auf Blättern (SWISHER und CARROL (1980)), in Böden (SCHNÜRER und ROSSWALL (1982)) und in Belebtschlämmen (FONTVIEILLE et al. (1992)) bestimmt. HONRAET et al. (2005) haben eine gute Korrelation zwischen der Zellzahl in *Candida*-Biofilmen und dem Umsatz von FDA gefunden. Das Gleiche stellten DE ROSA et al. (1998) für Mischbiofilme in Trinkwasserleitungen fest. Allerdings konnten PRIETO et al. (2004) keine Abhängigkeit zwischen der Biofilmmasse auf Steinen und dem FDA-Umsatz finden. FRØLUND at al. (1995) fanden heraus, dass in Belebtschlämmen die Esterasenaktivität mit der Anwesenheit von Huminstoffen korrelierte. Durch Komplexbildung mit Huminstoffen und Adsorption der Exoenzyme in den EPS werden diese immobilisiert. Aus diesen Gründen machten FRØLUND at al. (1995) klar, dass sich diese Enzyme nicht dafür eignen, Abwasserbiozönosen quantitativ zu charakterisieren. Weiterhin haben sie damit argumentiert, dass der Ursprung der gemessenen Esterasen nicht eindeutig bestimmt werden kann. Diese können einerseits aus dem ankommenden Abwasser oder dem Belebtschlamm selbst stammen, in dem sie durch Zelllyse oder aktive Exkretion von Zellen entstanden sein können. Dadurch wurde auch schon mehr Biomasse vermutet als in Wirklichkeit vorhanden war (JØRGENSEN et al. (1992)).

Zusammenfassend aus den bisherigen Erfahrungen aus der Literatur mit der Aktivitätsbestimmung von Esterasen lässt sich sagen, dass vor allem in Abwasserbiozönosen eine quantitative Charakterisierung nicht sinnvoll ist. Auch in dieser Arbeit wurde festgestellt, dass die Aktivität unspezifischer Esterasen nicht immer mit der TS-Menge korreliert, sondern auch von Anlagenparametern wie der Belastung und Abwasserzusammensetzung abhängt. Um dies zu verdeutlichen, wurde in der Abbildung 4.13 die Fluoreszeinbildungsrate gegen die TS aufgetragen. In dieser Abbildung wurden die alten Biofilme in einem getrennten Diagramm dargestellt, weil die Esterasenaktivität in der VA Lunzenau sich proportional zur TS verhielt (Abb. 4.10).

An dem Diagramm für alte, adaptierte Biofilme lässt sich eine relativ gute Korrelation zwischen der Aktivität und TS-Menge erkennen. Hier lagen jedoch relativ konstante Bedingungen vor, wobei die Biomasse vermutlich ihre maximale Aktivität erreicht hatte. Wenn man jedoch diesen Zusammenhang für alle untersuchten Proben betrachtet (Abb. 4.13, links), ist die Korrelation mit $R^2=0,67$ sehr viel schlechter. Damit wurde hier festgestellt, dass die Esterasenaktivität sich nicht als quantitativer Biomasseparameter für die untersuchten Proben eignet. Als ein Parameter für die Aktivität und Abbauleistung einer Biozönose kann die Esterasenaktivität jedoch eingesetzt und in Abhängigkeit von bestimmten Einflüssen untersucht werden.

4 Ergebnisse und Diskussion

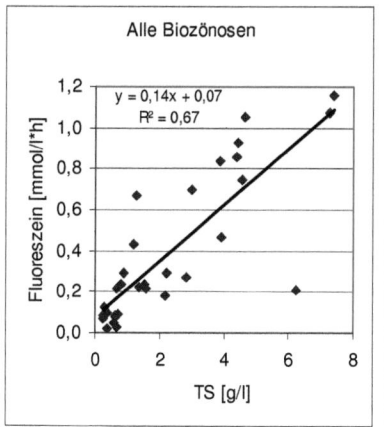
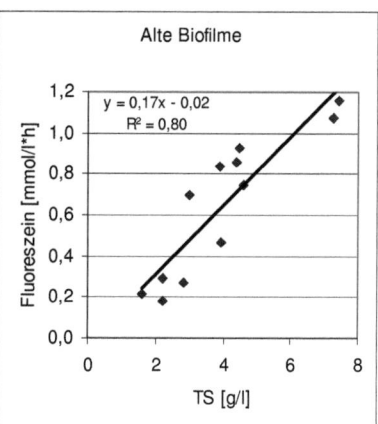

Abb. 4.13: Korrelation zwischen der Aktivität unspezifischer Esterasen (Fluoreszeinbildungsrate) und der Trockensubstanz in allen untersuchten Biofilm- und Belebtschlammproben (links) und nur in adaptierten Biofilmen (rechts).

4.3 Untersuchungen ausgewählter Enzymaktivitäten beim Stickstoffumsatz

4.3.1 Anammox-Aktivität in Biofilmen der WSB®-Kleinkläranlagen

Die autotrophe, anoxische Ammoniumoxidation ist in der Abwasserreinigung von Vorteil, weil sie keinen organischen Kohlenstoff zur Stickstoffelimination benötigt (VAN DONGEN et al. (2001)). Allerdings werden Anammox-Bakterien wegen ihrer geringen Wachstumsrate schnell von Denitrifikanten auskonkurriert. Jedoch können sich diese Bakterien bei einer ausreichend langen Verweilzeit und Anlagenlaufzeit neben Denitrifikanten in der Biozönose etablieren (PAREDES et al. (2007)).

Bei der anoxischen Ammoniumoxidation (Anammox) entstehen als Zwischenprodukte Hydroxylamin (NH_2OH) und Hydrazin (N_2H_4) (SCHALK et al. (1998)). Mit Hilfe des Hydrazin-Test-Kits von Aquamerck® wurde das Vorhandensein von Anammoxbakterien in den abgeschüttelten Biofilmen der WSB® -KKA A1, A2 und A4 nachgewiesen. Die lange Verweilzeit war in der Biofilmstruktur der WSB®-

4 Ergebnisse und Diskussion

Anlagen gegeben und bei einer Laufzeit von mehreren Jahren konnten sich Anammox-Bakterien ansiedeln.

4.3.2 Abhängigkeit der potentiellen Ammoniumoxidation von Anlagenparametern

Die potentielle Ammoniumoxidation (Nitrifikationspotential) sollte zeigen, in welchem Maße eine Biozönose dazu fähig ist, Ammonium zu oxidieren. Die Messung erfolgt unter annähernd optimalen Bedingungen in Anlehnung an das Protokoll von REMDE und TIPPMANN (1998) und muss deswegen nicht der Realität in der Anlage entsprechen. HALLIN et al. (2005) haben in Belebtschlämmen festgestellt, dass sich die potentielle und die wirkliche Nitrifikationsrate deutlich unterschieden haben, wobei die in der Anlage gemessene Nitrifikation meist halb so groß war.

Dies muss natürlich nicht auf alle Biozönosen zutreffen. Dabei spielt sicherlich die Zusammensetzung der AOB-Gemeinschaft und die Bedingungen ihrer Umwelt eine große Rolle. Nitrifikanten haben zum Beispiel ganz unterschiedliche Temperaturoptima, die normalerweise zwischen 20 und 30°C liegen (RÖSKE und UHLMANN (2005)), und müssen nicht unbedingt bei der für die Messung eingesetzten 28°C die beste Leistung bringen.

Die hier angewendete Methode kann jedoch ein mögliches Potential einer Biozönose aufzeigen und dazu führen, dass die Bedingungen in einer Anlage für Ammonium-oxidierer angepasst werden können. Außerdem konnten auf diese Weise die hier untersuchten Biozönosen miteinander verglichen werden und ihr Potential in Abhängigkeit von Anlagenparametern und der jeweiligen AOB-Gemeinschaft analysiert werden.

4.3.2.1 Potentielle Ammoniumoxidation in Biofilmen und Belebtschlämmen

Die Biofilmproben wurden als abgeschüttelte Biofilmsuspension in 0.14 M NaCl und als Träger mit dem Restbiofilm, der nach dem Abschütteln in 0,14 M NaCl auf den Trägern übrig blieb, eingesetzt.

4 Ergebnisse und Diskussion

Dadurch konnte die horizontale Verbreitung der Ammoniumoxidierer im Biofilm näher untersucht werden.

Nitrifikationspotentiale in adaptierten Biofilmen und Belebtschlämmen:
Das Diagramm der Abbildung 4.14 zeigt die Nitritbildungsrate, die als Maß für das Nitrifikationspotential angesehen werden kann, in adaptierten Biofilmen und Belebtschlämmen.

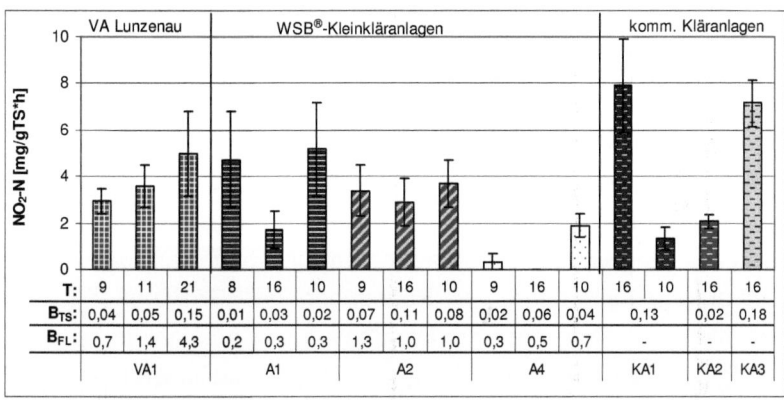

Abb. 4.14: Nitritbildungsrate bezogen auf die Trockensubstanz in alten Biofilmen und Belebtschlämmen. (T: Temperatur im Biologiereaktor [°C]; B_{TS}: Schlammbelastung [kg BSB_5 / kg TS * d]; B_{FL}: Flächenbelastung [g BSB_5 / m^2 * d]).

VA Lunzenau:
In der Versuchsanlage Lunzenau wurde mit steigender Belastung und Temperatur immer mehr Ammonium pro Gramm Trockensubstanz und Stunde zu Nitrit umgesetzt. Die Werte stiegen von 3 mg NO_2-N / g TS * h im 1. Versuch auf 3,6 mg NO_2-N / g TS * h im 2. Versuch und erreichten bei der stärksten Belastung im 3. Versuch 5 mg NO_2-N / g TS * h.
Trotz Temperaturen von unter 12°C und doppelt so hoher Flächenbelastung konnte der Biofilm bei der Potentialmessung in der zweiten Versuchsphase mehr Ammonium oxidieren als im ersten Versuch. Die Schlammbelastung hat sich jedoch wegen der nahezu doppelten TS (Abb. 4.1) kaum verändert. Hier hat sich die leichte Temperaturerhöhung von 9°C auf 11°C und die doppelte Zulauf-

menge an Ammonium positiv auf die AOB-Aktivität ausgewirkt, so dass sich diese trotz des gestiegenen Konkurrenzdrucks durch heterotrophe Bakterien vermehren konnten oder aktiver wurden. Allerdings ist die gemessene Umsatzrate für Ammonium in der Anlage von 93 auf 58% gesunken (Tab. 4.1). Da sich nicht nur die Zulaufmenge des Abwassers und somit von Ammonium erhöht hat, sondern auch die Ammoniumkonzentration im Zulauf der 2. Versuchsphase mit im Schnitt 18 mg / l ca. 40 % höher war als im 1. Versuch (Tab. 4.1), konnten AOB die Ammoniumoxidationsleistung aus dem 1. Versuch nicht halten. Weiterhin hat sich die Biofilmmenge verdoppelt (Abb. 4.1), während AOB bei der höheren Belastung stärker von heterotrophen Bakterien überwuchert wurden und es in unteren Biofilmschichten dadurch verstärkt zur Sauerstofflimitation kam. Abgesehen davon bewirkte der dickere Biofilm eine schlechtere Versorgung tieferer Biofilmschichten mit Ammonium und Sauerstoff aufgrund von begrenzter Penetration. ØDEGARD et al. (2006) berichteten darüber, dass die Penetration von Ammonium bei einer Biofilmdicke von mehr als 100 µm nur partiell stattfinden kann. Die Sauerstoffkonzentration war in den beiden ersten Versuchen ähnlich und mit 4,2 - 10,8 mg / l relativ hoch (Tab. 4.1). Allerdings ist die Penetrationstiefe von Sauerstoff von seiner Konzentration abhängig. Trotz Diffusionsprozessen wurde eine starke Abhängigkeit der Penetrationstiefe und somit der Nitrifikationsrate von der Konzentration an Ammonium und Sauerstoff in Biofilmen auf K1-Trägern festgestellt (RUSTEN et al. (2005)). Abgesehen von der stärkeren Sauerstoffzehrung aufgrund der höheren Belastung im 2. Versuch, hat der Sauerstoff weniger tiefe Zonen erreicht, da der Biofilm dicker war als im 1. Versuch. Auch die Schwankungen der Sauerstoffkonzentration aufgrund der intermittierenden Belüftung wirkten sich auf die Penetrationstiefe aus. SCHRAMM et al. (1997) stellten fest, dass bereits ein kurzzeitiges Absinken des Sauerstoffes im Medium einen Abfall der Sauerstoffpenetration im Biofilm bewirkte.

Bei der Potentialmessung im Labor wurde die Tatsache der begrenzten Penetrationstiefe bestätigt. Die Potentialbestimmung von Biofilmen, die sich noch komplett auf den Trägern befanden, lieferte

4 Ergebnisse und Diskussion

geringere Werte als die Potentiale von einzelnen Proben (abgeschüttelter Biofilm und restlicher Biofilm nach dem Abschütteln auf den Trägern). Obwohl die Flächenbelastung vom zweiten zum dritten Versuch auf 4,3 g BSB_5 / m^2 * d verdreifacht wurde und die Schlammbelastung mit 0,15 kg BSB_5 / kg TS * d wegen der gleich gebliebenen TS (Abb. 4.1) ebenfalls um das dreifache angewachsen ist, hat sich das Nitrifikationspotential auf 5 mg NO_2-N / g TS * h vergrößert. Auch in der Anlage ist die Ammoniumoxidation wieder gestiegen und ergab im Mittel 82 % (Tab. 4.1). Da in diesem Versuch die Biofilmmenge aufgrund von Scherkräften in der Anlage nicht mehr gestiegen ist (Abb. 4.1), die Ammoniumkonzentration sich jedoch bereits im Zulauf auf 22 mg / l aufgrund der Belastungssteigerung erhöht hat, wurde eine größere Penetrationstiefe des Ammoniums ermöglicht. Weiterhin konnten sich AOB bei der höheren Betriebstemperatur von 21°C stärker vermehren und dadurch besser gegen heterotrophe Bakterien durchsetzen.

Obwohl die drei Versuche in der VA Lunzenau über mehrere Wochen unter relativ konstanten Bedingungen untersucht wurden und das Nitrifikationspotential in den jeweiligen Versuchsphasen recht gleich bleibend war, wurde wahrscheinlich nie die endgültige Nitrifikationsleistung erreicht. Laut BOLLER und GUJER (1986) steigt die Nitrifikationsleistung selbst in Abwasseranlagen mit hohem Ammoniumgehalt nach einem Jahr Laufzeit noch immer. Nitrifikanten wachsen langsam und brauchen dementsprechend lange, um sich zu etablieren und ihr volles Potential zu entfalten.

In einem MBBR wurde festgestellt, dass ab einer Flächenbelastung von 5 g BSB_5 / m^2*d in Biofilmen auf K1 die Nitrifikation unbedeutend wurde (HEM et al. (1994)). Im WSB®-Verfahren wurde hier bei einer Flächenbelastung von 4,3 g BSB_5 / m^2 *d noch eine Steigerung der Nitrifikation erreicht. Dies spricht dafür, dass dieses Verfahren eine für die Nitrifikation günstige Betriebsweise besitzt. Der feinblasige Sauerstoffeintrag und seine ausreichend hohe Konzentration tragen dazu bei, dass die Sauerstoffpenetration erhöht ist.

4 Ergebnisse und Diskussion

In der VA Lunzenau konnte gezeigt werden, dass die Nitrifikation bei niedrigen Temperaturen, einer Verkürzung der HRT von 7,4 auf 3,8 h (Tab. 3.1) und einer gestiegenen Flächenbelastung von 0,7 auf 1,4 g BSB_5 / m^2 * d vom ersten zum zweiten Versuch in der Anlage gut funktioniert hat. Die Ammoniumoxidierer waren in der Biofilmmatrix vor dem Auswaschen bei Temperaturen von unter 12°C und einer HRT von 3,8 h geschützt, die deutlich unter der durchschnittlichen Generationszeit von AOB lag.

$WSB^®$-Kleinkläranlagen:
Die meisten Probenahmephasen in den $WSB^®$-KKA ergaben ähnliche Nitrifikationspotentiale wie die im Biofilm der VA Lunzenau. Die Werte lagen zwischen 3 und 5 mg NO_2-N / g TS * h. Eine Ausnahme bildete die KKA A4, bei der höchstens 2 mg NO_2-N / g TS * h ermittelt wurden und bei 16°C keine Nitrifikation messbar war. Auffällig war auch die Tatsache, dass in der 16°C-Probenahmephase in der A1 das geringste Potential von 1,7 mg NO_2-N / g TS * h gemessen wurde.
In den Zu- und Abläufen der Anlagen wurden relativ konstante Ammoniumoxidationsraten während der Beprobungsphasen gemessen, die durchschnittlich in der A1 81 %, in der A2 72 % und in der A4 79 % ergaben. Dies spricht dagegen, dass bei den 16°C-Probenahmen in den Anlagen A1 und A4 die Nitrifikation aufgrund von möglichen Störfaktoren schlechter funktionierte.
Das kleinere Potential könnte mit den Grenzen der Methode zur Nitrifikationspotentialmessung zusammenhängen. Die Durchführungsbedingungen könnten von optimalen Gegebenheiten für die vorhandenen AOB abgewichen sein.
Eine weitere Erklärung für das fehlende Nitrifikationspotential und die gleichzeitige Elimination von Ammonium in der Anlage wäre, dass heterotrophe Bakterien, die ebenfalls Ammonium oxidieren können (HELMER et al. (1999)), in diesen Anlagen verstärkt vorkamen oder viel häufiger diesen Prozess durchführten. Normalerweise gilt die heterotrophe Nitrifikation allerdings als energetisch ungünstig, weswegen diese als unbedeutend in technischen Anlagen angesehen wird (RÖSKE und UHLMANN (2005)). Jedoch wurde bei *Paracoccus denitrificans* festgestellt, dass er in der Lage ist, durch die

4 Ergebnisse und Diskussion

Verbindung von Nitrifikation und Denitrifikation beträchtliche Mengen an Ammonium umzuwandeln (KOOPS et al. 1996)). Möglicherweise konnten in der A4 solche Mikroorganismen die NH_4-Oxidation stärker betreiben, da die AOB durch mögliche Hemmstoffe negativ beeinflusst wurden. Zum Beispiel lag der pH-Wert in der A4 im Mittel zwischen 7,2 und 7,7, wobei er bis auf 7,1 während der Beprobungsphasen abfiel (Tab. 4.2). AOB haben jedoch pH-Optima zwischen 7,9 und 8,2 (ALLEMAN (1984)) und heterotrophe Ammoniumoxidierer würden durch die niedrigeren pH-Werte in der A4 begünstigt werden.

Die Elimination von Ammonium könnte zusätzlich durch Anammox-Bakterien bewerkstelligt worden sein. Diese Bakterien können Ammonium bis zum molekularen Stickstoff oxidieren, wobei sie bevorzugt Nitrit als Elektronenakzeptor verwenden (HELMER-MADHOK et al. (2002)). Diese sind auf die Produktion von Nitrit durch AOB angewiesen. In den WSB®-Kleinkläranlagen wurde der Anammox-Prozess über die Hydrazinbestimmung nachgewiesen (Kapitel 4.3.2.2). Dadurch ist es gut möglich, dass in diesen Anlagen Nitrifikanten zusammen mit anderen Bakterien den Ammoniumabbau erreicht haben.

Die teilweise recht hohen, mit denen in VA Lunzenau vergleichbaren Nitrifikationspotentiale und die guten Abbauraten in den WSB®-KKA lagen unter anderem an höheren Ammoniumgehalten in den Zuläufen. Die Konzentration war mit über 100 mg / l sehr viel höher als in allen anderen Anlagen (Tab. 4.2). Weiterhin besaßen diese Anlagen dünnere Biofilme (Abb. 4.1) und eine schwache Belastung. Aus diesen Gründen konnte Ammonium und auch Sauerstoff in tiefere Schichten der Biofilme eindringen, wodurch eine gute Abbauleistung auch bei Temperaturen unter 12 °C erreicht werden konnte.

Kommunale Kläranlagen:

Die höchsten Nitrifikationswerte wurden in den Belebtschlämmen der Kläranlagen Kaditz (KA1) und Augustusburg (KA3) gemessen. Die nitrifizierenden Bakterien der KA1 und KA3 konnten im Schnitt 8 und 7 mg NO_2-N pro Gramm TS und Stunde produzieren. Diese Kläranlagen besaßen eine für die Nitrifikation günstige Schlammbe-

4 Ergebnisse und Diskussion

lastung von 0,13 und 0,18 kg BSB_5 / kg TS * d (RÖSKE und UHLMANN (2005)). Weiterhin bietet die suspendierte Flocke Vorteile gegenüber Biofilmen aufgrund der Penetration von Ammonium und Sauerstoff von allen Seiten.
Allerdings wurden diese Ergebnisse bei Belebtschlammtemperaturen von ca. 16°C ermittelt. Der Belebtschlamm der KA Kaditz wurde zusätzlich bei Temperaturen von unter 12°C getestet (Abb. 4.11, KA1, 10°C). Dabei ist das Nitritfikationspotential auf knapp über 1 mg NO_2-N / g TS * h gesunken. Das wäre der Beweis dafür, dass die langsam wachsenden Nitrifikanten aus einem Belebtschlammsystem bei Temperaturen von unter 12°C ausgespült werden. Bei ähnlichen Temperatur- und Belastungsbedingungen zum Beispiel in der WSB®-KKA A2 konnten fast viermal so hohe Nitritbildungsraten erzielt werden. Das würde dafür sprechen, dass die AOB in einem Biofilmsystem auf Trägern besser vor Auswaschung geschützt sind und dadurch bei niedrigen Temperaturen eine stabile Nitrifikation aufrechterhalten können.
Die Biomasse der KA2 konnte bei Temperaturen von 16°C ein Nitrifikationspotential von nur 2 mg NO_2-N / g TS * h vorweisen. Diese Kläranlage verfügte bei sehr niedriger Belastung von 0,02 kg BSB_5 / kg TS * d und langen Verweilzeiten über wenig Ammonium, das mit 98 % fast vollständig in der Anlage oxidiert wurde. Aus diesen Gründen war die Aktivität und vermutlich die Menge der AOB gering.

Nitrifikationspotentiale in jungen Biofilmen der VA Kaditz und VA SEII:
In der unten gezeigten Abbildung 4.15 ist die Nitritbildungsrate in jungen Biofilmen der Versuchsanlagen Kaditz (VA2) und SEII (VA3) zu sehen.

VA Kaditz:
Die Werte der Nitritbildungsraten, die nach einer Woche Biofilmwachstum in der VA Kaditz gemessen wurden, sind wegen der Skalierung zusätzlich im Diagramm abgebildet.
Bereits nach einer Woche Wachstum im Biologiereaktor konnte in den Biofilmen auf verschiedenen Trägern eine deutliche Nitrifikation

4 Ergebnisse und Diskussion

von bis zu 0,16 mg NO_2-N / g TS * h gemessen werden, wobei in allen vier Reaktoren ähnliche Ammoniumumsatzraten von 22 % bestimmt wurden (Tab. 4.1). Die Elimination von Ammonium in der Anlage war während der gesamten Laufzeit in beiden Versuchen auf den vier Trägern sehr ähnlich.

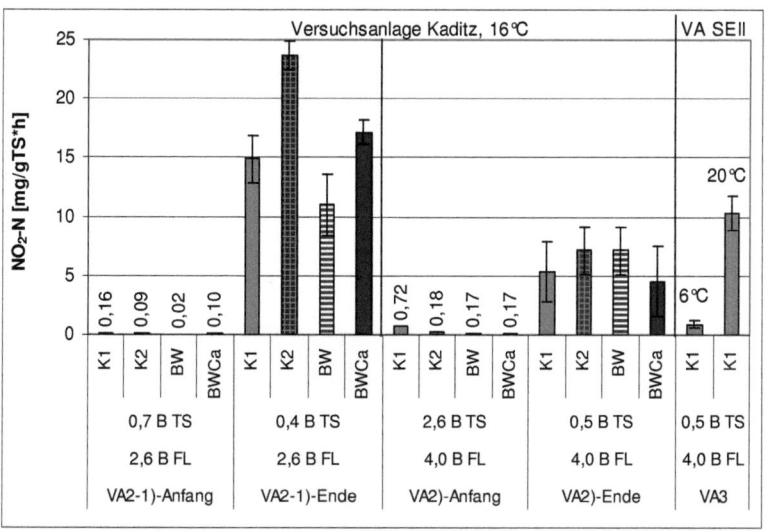

Abb. 4.15: Nitritbildungsrate bezogen auf die Trockensubstanz in jungen Biofilmen. (B_{TS}: Schlammbelastung [kg BSB_5 / kg TS * d]; B_{FL}: Flächenbelastung [g BSB_5 / m^2 * d]).

Am Ende der ersten Versuchsphase wurden Nitritbildungsraten von bis zu 24 mg NO_2-N / g TS * h erreicht, was die Potentiale der alten Biofilme und Belebtschlämme um ein Vielfaches übersteigt (Abb. 4.14). Gleichzeitig wurde eine Ammoniumoxidation von 79 % in den Reaktoren gemessen (Tab. 4.1). Trotz der hohen Schlammbelastung von 0,4 kg BSB_5 / kg TS * d verfügten die Biofilme über eine hohe Nitrifikationsleistung. Allerdings waren die Biofilme noch relativ dünn (Abb. 4.2), weswegen heterotrophe Bakterien die AOB noch nicht stark überwachsen haben und eine gute Versorgung mit Ammonium und Sauerstoff in tieferen Biofilmschichten herrschte. Somit wurde wieder die bessere Effizienz dünnerer Biofilme bewiesen.

In der zweiten, höheren Belastungsstufe wurde nach einer Woche auf allen Trägern bei der Potentialmessung bis fünfmal mehr Ammonium oxidiert als am Anfang des 1. Versuchs, wobei der Biofilm auf K1-Trägern die größten Werte zeigte. Die im Vergleich zum ersten Versuch höhere Belastung brachte auch mehr Ammonium mit sich, was das Potential am Anfang etwas erhöhte, die Oxidation in den Reaktoren allerdings auf 8 % verringerte. Die Nitrifikationspotentiale stiegen von 0,7 mg NO_2-N / g TS * h nach der ersten Woche auf ca. 7 mg NO_2-N / g TS * h nach neunwöchiger Versuchslaufzeit. Am Ende des 2. Versuchs wurden viel kleinere Nitrifikationspotentiale gemessen als am Ende des 1. Versuchs. Aufgrund der höheren Belastung hatten die Biofilme eine größere Dicke (Abb. 4.2), was mit stärkerer Konkurrenz seitens heterotropher Bakterien und somit schlechterer Versorgung der AOB verbunden war. Die NH_4-Umsatzrate, die in den Reaktoren direkt gemessen wurde, betrug 71 % (Tab. 4.1).

Abschließend lässt sich sagen, dass WSB®-Biofilme bereits nach einer Woche über ein deutliches Nitrifikationspotential verfügten und auch in der Anlage eine NH_4-Oxidationsleistung von durchschnittlich 22 % zeigten. Selbst bei den hier getesteten hohen Belastungen und kurzen Verweilzeiten von 7,9 und 5,4 h konnten sich Nitrifikanten in den Biofilmen etablieren und über einen Zeitraum von 7 - 9 Wochen ein stabiles Nitrifikationspotential aufbauen, während sie bis 79 % des Ammoniums in den Reaktoren oxidierten.

VA SEII:

K1-Träger wurden am Ende der letzten Probenahmephase der VA Kaditz entnommen und in der VA SEII bei einer Betriebstemperatur von 6 °C eingesetzt. Nach einer Laufzeit von ca. 9 Wochen wurde der Versuch bei 20 °C weitergeführt. Bis auf die Temperatur blieben alle Anlagenbedingungen wie in der VA Kaditz. Der Biofilm hat seine TS-Werte über die gesamte Laufzeit der beiden Versuche bei 6 °C und 20 °C beibehalten.

Das Diagramm der Abbildung 4.15 zeigt Nitrifikationspotentiale der VA SEII bei Betriebstemperaturen von 6 °C und 20 °C.

Nachdem K1 aus der VA Kaditz entnommen und in der VA SEII bei 6 °C eingesetzt wurden, ist das Nitrifikationspotential von ca. 5 auf 0,9 mg NO_2-N / g TS * h gesunken.

4 Ergebnisse und Diskussion

Die niedrige Temperatur und die hohe Schlammbelastung von 0,5 kg BSB$_5$ / kg TS * d in der VA SEII sind extreme Bedingungen für AOB. Trotzdem konnte dieser Biofilm mit dem Belebtschlamm aus der Kläranlage Kaditz bei einer Betriebstemperatur von 10°C (Abb. 4.13, KA1, 10°C) vergleichbare Mengen Nitrit bei der Potentialmessung bilden, obwohl in der VA SEII die Belastung und dadurch die Konkurrenz zu hetero-trophen Mikroorganismen deutlich höher war als im Belebtschlamm der KA Kaditz.

Die Versuchsdurchführung in der VA SEII wurde so gestaltet, dass die Biofilme über die gesamte Versuchslaufzeit mit 6°C kaltem Abwasser versorgt wurden. Dies sind andere Bedingungen als zum Beispiel in den Kleinkläranlagen, in denen die Betriebstemperatur gewissen Schwankungen unterlegen ist, da öfter am Tag auch warmes Abwasser zufließt, das erst später abkühlt. Da sich bestimmte AOB in der VA SEII möglicherweise an diese dauerhaft niedrige Temperatur angepasst haben, wurde das Nitrifikationspotential neben den übliches 28°C auch bei 6°C bestimmt. Die Messung bei 6°C ergab höhere Potentiale, die in der Abbildung 4.15 dargestellt sind. Damit kann behauptet werden, dass es AOB in diesen Biofilmen gab, die bei niedrigen Temperaturen eine bessere Ammoniumoxidationsleistung zeigten als bei den üblichen 28°C. Eine so deutliche Anpassung der AOB an die Betriebstemperatur konnte in keiner anderen in dieser Arbeit untersuchten Anlage bestätigt werden.

Sobald die Anlage VA SEII bei der Temperatur von 20°C betrieben wurde, erreichte das Potential zur Ammoniumoxidation nach kurzer Adaptation von wenigen Tagen wieder die ursprünglichen Werte, die am Ende der VA Kaditz gemessen wurden, und stieg sogar auf 10 mg NO$_2$-N / g TS * h.

Die hier untersuchten adaptierten Biofilme und Belebtschlämme erreichten Nitritbildungsraten von 0,5 bis 8 mg NO$_2$-N / g TS * h, während in jungen Biofilmen der VA Kaditz und VA SEII 0,16 bis 24 mg NO$_2$-N / g TS * h gemessen wurden. In der Literatur wurden von HALLIN et al. (2005) potentielle Nitrifikationsraten für Belebtschlämme von 3 - 7 mg NO$_2$-N / g TS * h beschrieben. In einem ähnlichen Rahmen befanden sich Nitritbildungsraten wurzelassoziierter Mikroorganismen in einer Pflanzenkläranlage (MÜNCH (2003)). Die mittlere Verweilzeit des Abwassers in der Biologie spielt eine große Rolle für die Nitrifikation in einem Belebungsverfahren. Diese sollte nicht kürzer sein als die Generationszeit nitrifizierender Bakterien, da sie sonst aus dem System ausgewaschen werden. Diese Tatsache kann auch im Schlammalter ausgedrückt werden, was das Dreifache der Generationszeit für eine sichere Nitrifikation betragen sollte (RÖSKE und UHLMANN (2005)). Das Schlammalter der hier untersuchten Belebtschlämme betrug 10 - 20 Tage, wobei die mittlere Verweilzeit zwischen 13 und 31 Stunden lag (Tab. 3.3). Dies sind gute Vorraussetzungen für Nitrifikanten, die normalerweise eine maximale Wachstumsrate zwischen 8 Stunden und mehreren Tagen besitzen (BOCK et al. (1988)). Allerdings reichen diese Bedingungen bei niedrigen Temperaturen für AOB nicht aus. Wie man im Belebtschlamm der KA Kaditz (Abb. 4.13, KA1, 10°C) im Winter sehen konnte, ist das Nitrifikationspotential stark gesunken.

Bei den Biofilmen ist das Schlammalter schwierig zu bestimmen, da diese in einer relativ festen Struktur im System verbleiben und sich nur ab und zu Teile davon ablösen. Das Schlammalter war in den hier untersuchten Versuchsanlagen zumindest hoch genug für Nitrifikanten, die bei den hier eingestellten kurzen Verweilzeiten von 3,8 bis 7,9 Stunden sonst aus dem System ausgespült worden wären. Auch bei Temperaturen unter 12°C konnten AOB zum Beispiel in Biofilmen der VA Lunzenau und der WSB®-KKA A2 eine stabile Ammoniumoxidation aufrechterhalten.

4.3.2.2 Potentielle Ammoniumoxidation in der suspendierten Biomasse

Da sich Teile von Biofilmen ablösen und auch im ankommenden Abwasser nitrifizierende Bakterien vorhanden sind, wurde auch im Biologiewasser der meisten untersuchten Biofilmanlagen das Nitrifikationspotential der suspendierten Biomasse gemessen. Es konnte jedoch in keiner Probe eine messbare Nitrifikation ermittelt werden.

4 Ergebnisse und Diskussion

Man kann jedoch nicht ausschließen, dass dort keine Ammoniumoxidation stattfindet. Diese fiel jedoch nicht ins Gewicht, da die suspendierte Biomasse nur einen sehr kleinen Anteil von ca. 1 - 2 % an der gesamten Biozönose ausmachte.

4.3.2.3 Potentielle Ammoniumoxidation im festen Biofilm auf Trägern

Da hier der abgeschüttelte Biofilm und die dazugehörigen Träger getrennt untersucht wurden, konnte der Anteil des Ammoniumoxidationspotentials im festen Biofilm der tieferen Schichten bestimmt werden.

VA Lunzenau:
Diese Untersuchungen haben ergeben, dass in der VA Lunzenau der Anteil des Potentials auf den Trägern, nachdem der obere Biofilm abgeschüttelt wurde, an der gesamten Ammoniumoxidationsrate mit der Belastungssteigerung in den drei Versuchen immer größer wurde. Dieser Anteil stieg von der niedrigsten zur höchsten Belastungsstufe von 28 auf 39 % an. Dies bedeutet, dass mit zunehmender Biofilmdicke (Abb. 4.1) die Nitrifikation immer mehr in den unteren Schichten stattfand. Die AOB wurden stärker von heterotrophen Bakterien überwuchert und in tiefere Zonen des Biofilms verdrängt. Wahrscheinlich ist hier der Unterschied zwischen der potentiellen und realen Ammoniumoxidation stärker gewesen als in den oberen Schichten. Denn in den unteren Zonen kann es unter realen Bedingungen in der Anlage stärker zur Ammomium- und Sauerstofflimitation kommen, während die Potentialmessung im Labor bei Substrat- und Sauerstoffüberschuss durchgeführt wurde.

WSB®-Kleinkläranlagen:
Die Proben der WSB®-KKA besaßen im unteren Bereich Anteile zwischen 3 und 10%. In diesen schwach belasteten, dünnen Biofilmen (TS, Abb. 4.1) befanden sich die AOB verstärkt in oberen Bereichen, in denen die Versorgung mit notwendigen Substanzen besser funktionierte.

4 Ergebnisse und Diskussion

VA Kaditz:

Während am Anfang der Versuchsphasen in den dünnen Biofilmen der VA Kaditz die Potentiale im ganzen Biofilm ausgeglichen waren, wurden zum Ende des 1. Versuchs auf K1 noch 35 % und zum Ende des 2. Versuchs 57 % der potentiellen Ammoniumoxidation gemessen. Aufgrund der stärkeren Belastung im 2. Versuch war der Biofilm dicker (Abb. 4.2) und AOB wurden stärker von Heterotrophen überwuchert und dadurch in untere Bereiche verlagert.

4.3.3 Abhängigkeit der Denitrifikationspotentiale von Anlagenparametern

Mittels der Acetylenblockierungstechnik (ABT), die von DAHLKE und REMDE (1998) beschrieben wurde, sollten die hier untersuchten Biofilme und Belebtschlämme auf ihr Denitrifikationspotential in Abhängigkeit von Anlagenparametern getestet werden.

Das Denitrifikationspotential wurde anhand der gaschromatographisch gemessenen Distickstoffoxidbildungsraten bestimmt, die in der Abbildung 4.16 dargestellt sind.

Die Denitrifikationspotentiale konnten in allen Biofilmen nur von dem abgeschüttelten oberen Biofilm gemessen werden. Das Potential im unteren festen Biofilm konnte nicht miteinbezogen werden. Diese Zonen sind zwar anoxisch, verfügen jedoch über weniger Kohlenstoffquellen, die für heterotrophe Denitrifikanten notwendig sind.

Allerdings kann es innerhalb des gesamten Biofilms chemische Mikrogradienten und Mikronischen geben, die anoxische Bedingungen bieten. Deshalb ist die Denitrifikation auch in oberen, O_2-reichen Zonen möglich, vor allem da in diesen Schichten die Versorgung mit organischem Kohlenstoff besser funktioniert (SCHRAMM et al. (2000)).

VA Lunzenau:

Die Biofilme der Versuchsanlage Lunzenau haben am meisten Nitrat bis zum Distickstoffoxid pro Stunde reduziert. Mit zunehmender Belastung stieg hier das Denitrifikationspotential von 63 µmol N_2O-N / g TS * h im 1. Versuch auf 93 µmol N_2O-N / g TS * h im 2. Versuch und

4 Ergebnisse und Diskussion

126 µmol N_2O-N / g TS * h im 3. Versuch, wobei im Vergleich zu anderen Biofilmen und Belebtschlämmen mindestens die doppelte Menge bei der letzten Belastungsstufe produziert wurde.

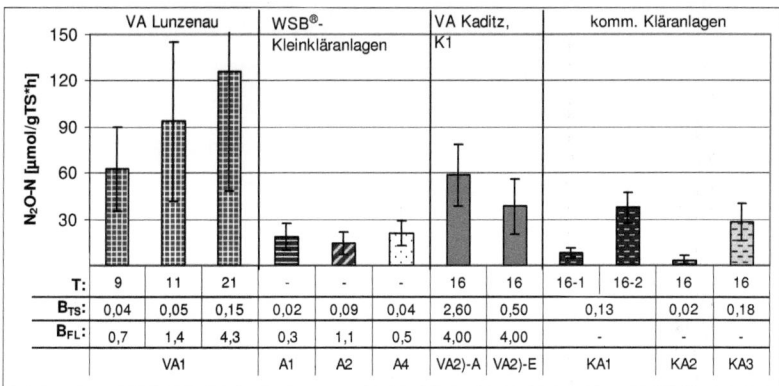

Abb. 4.16: Distickstoffoxidbildungsrate bezogen auf die Trockensubstanz. (T: Temperatur im Biologiereaktor [°C]; B_{TS}: Schlammbelastung [kg BSB_5 / kg TS * d]; B_{FL}: Flächenbelastung [g BSB_5 / m² * d]).

Der Anstieg der Belastung gewährleistete die Versorgung der Denitrifikanten mit organischen Stoffen. Dieser bewirkte auch die gute Biofilmbildung in diesen Versuchen bis zu einem Wert von 7,5 g TS / l (Abb. 4.1) und damit die Ausbildung von mehr anaeroben Zonen in tieferen Biofilmschichten. Diese beiden Faktoren wirkten sich positiv auf die zur Denitrifikation befähigten Bakterien aus.

Das Denitrifikationspotential verhielt sich ähnlich wie das Nitrifikationspotential (Abb. 4.14), in dem es mit der Belastungserhöhung angestiegen ist. Mit dieser Steigerung erhöhte sich auch das BSB_5 / N-ges.-Verhältnis von 2,5 auf 4,6 und setzte damit eine immer bessere Versorgung der Denitrifkanten mit Kohlenstoff voraus (Tab. 4.1), wobei PERSSON et al. (2006) ein C / N-Verhältnis von mindesten 3,4 für notwendig erachten.

Die Elimination von N-ges. in der Anlage hat sich von 29 % im ersten und zweiten auf 47 % im dritten Versuch verbessert (Tab. 4.1). Somit hat sich zwar die Elimination von Stickstoffverbindungen mit dem größeren BSB_5 / N-ges.-Verhältnis verbessert, es fand jedoch keine vollständige Denitrifikation statt.

4 Ergebnisse und Diskussion

WSB®-Kleinkläranlagen:

In der Abbildung 4.16 sind die Mittelwerte der drei Versuchsphasen in den WSB®-Kleinkläranlagen aufgezeigt, da sich die Ergebnisse der einzelnen Probenahmephasen nicht nennenswert unterschieden. In allen Biofilmen der KKA wurde ein im Vergleich zu anderen Biofilmen recht geringes Denitrifikationspotential von ca. 20 µmol N_2O-N / g TS * h gemessen.

Das BSB_5 / N-ges.-Verhältnis in diesen Anlagen entsprach mit im Durchschnitt weit unter 3 nicht dem für die Denitrifikation notwendigen Verhältnis (Tab. 4.2, AMEND et al (2000), PERSSON et al. (2006)). Die geringe organische Belastung und ihr kleines Verhältnis mit dem gesamten Stickstoff führten dazu, dass Denitrifikanten eine geringe Nitratreduktionsleistung zeigten.

Im Vergleich zu der VA Lunzenau war in den WSB®-Kleinkläranlagen bei ähnlicher Belastung das Denitrifikationspotential geringer. Im Gegensatz dazu konnten direkt in den Anlagen ähnliche oder teilweise bessere Abbauraten für Stickstoff bestimmt werden. Diese lagen im Schnitt in den A1, A2 und A4 bei 38 %, 35 % und 33 % (Tab. 4.2). Jedoch waren die Zulaufwerte sehr viel höher, was dementsprechend hohe Ablaufwerte verursachte.

Wahrscheinlich wurde in diesen Anlagen auch auf andere Weise als durch die schwache Denitrifikation Stickstoff eliminiert. So wurde nur denitrifiziert, wenn genug organischer Kohlenstoff zur Verfügung stand.

Eine andere Möglichkeit Stickstoff zu eliminieren ist die anaerobe Ammoniumoxidation (Anammox). In den WSB®-Kleinkläranlagen wurde der Anammox-Prozess über die Hydrazinbestimmung nachgewiesen (Kapitel 4.3.1), der den Stickstoffabbau zusammen mit der schwachen Denitrifikation bewirkt haben könnte. Allerdings konkurrieren diese Bakterien direkt mit den Denitrifikanten vor allem um Nitrit, wobei die Anammox-Bakterien aufgrund des langsamen Wachstums im Nachteil sind. Andererseits sprechen das hohe Biofilmalter und die schwache Belastung dafür, dass eine Koexistenz der Anammox-Bakterien und Denitrifikanten möglich ist (PAREDES et al. (2007)).

4 Ergebnisse und Diskussion

Jedoch wird bei der Stickstoffelimination im Anammox-Prozess bevorzugt Nitrit als Elektronenakzeptor eingesetzt, um Ammonium bis zum molekularen Stickstoff zu oxidieren (HELMER-MADHOK et al. (2002)). Wenn der Prozess der Nitrifikation mit der anaeroben Ammoniumoxidation einher gehen würde, dann dürfte es nicht zu solch einer Nitratakkumulation (siehe Tab. 4.2) kommen, da das gebildete Nitrit dann gleich für den Anammox-Prozess gebraucht wird und nicht weiter zu Nitrat durch NOB oxidiert werden kann. Aufgrund der räumlichen Trennung dieser Prozesse im Biofilm und vermutlich niedrigen Anammox-Leistung passierte wohl beides.

Der Sauerstoffgehalt in den Anlagen war mit im Mittel 3,2 bis 7,1 mg / l zu hoch für Anammox-Bakterien (Tab. 4.2). HELMER-MADHOK et al. (2002) stellten in Biofilmen auf K1 in einem MBR-Prozess fest, dass bei einem Sauerstoffgehalt von 0,7 mg / l die AOB und Anammox-Bakterien im Gleichgewicht Ammonium oxidierten. Deswegen wurde hier wahrscheinlich vergleichsweise wenig Ammonium anaerob mittels Nitrit oxidiert und auf der anderen Seite noch viel Nitrit durch NOB weiter zum Nitrat umgesetzt.

VA Kaditz:

Repräsentativ für jungen Biofilm werden hier die Denitrifikationspotentiale der K1-Biofilme am Anfang und am Ende der 2. Versuchsphase in der VA Kaditz vorgestellt. Die Messung der Potentiale war nur im 2. Versuch bei der 4 g BSB_5 / m^2 * d Flächenbelastung möglich. Bereits nach einer Woche konnte ein deutliches Denitrifikationspotential von fast 60 µmol N_2O-N / g TS * h gemessen werden, das zum Ende des Versuches auf ca. 40 µmol N_2O-N / g TS * h abgesunken ist. Es ist schwer vorstellbar, dass schon nach einer Woche Wachstum ein recht dünner Biofilm ein dermaßen großes Denitrifkationspotential besitzen kann. Das BSB_5 / N-ges.-Verhältnis lag bei 4,3, was eine gute Vorraussetzung für die Denitrifikation darstellt. Jedoch müssen in dem dünnen Biofilm bereits Sauerstoff freie Bereiche oder zumindest Mikrogradienten existiert haben, um diesen Prozess zu ermöglichen. Die Schlammbelastung war jedenfalls mit 2,6 kg BSB_5 / kg TS * d extrem hoch, was eine starke Sauerstoffzehrung bewirkt haben könnte.

4 Ergebnisse und Diskussion

In der Tat konnte auch im Reaktor selbst nach einer Woche eine Stickstoffelimination von 12 % gemessen werden, wobei die oxidierten Stickstoffverbindungen gleich denitrifiziert wurden (Tab. 4.1). Diese Eliminationsleistung wurde von einem dünnen Biofilm durchgeführt, weswegen das recht hohe gemessene Denitrifikationspotential als möglich erscheint.
Am Ende der Versuchsphase wurden von einer größeren Biomasse (Abb. 4.2) auch nur 12 % des N-ges. eliminiert, dabei wurde viel mehr Ammonium oxidiert als anschließend Nitrat denitrifiziert, wobei sich eine Nitratkonzentration von 29 mg / l im Ablauf anreicherte (Tab. 4.1). Dies war auch im kleineren Denitrifikationspotential zu sehen.
Zum hohen Denitrifikationspotential in diesem jungen Biofilm könnte auch die fakultativ aerobe Lebensweise der meisten denitrifizierenden Bakterien beigetragen haben. Diese haben vielleicht im Reaktor eher organische Substanzen mittels Sauerstoff umgesetzt und konnten sich bei der Potentialmessung schnell an die anoxischen Bedingungen anpassen und Nitrat als Elektronendonor nutzen.

Kommunale Kläranlagen:
Das BSB_5 / N-ges.-Verhältniss in der Kläranlage Kaditz lag bei 2,9 (Tab. 4.3), weswegen eigentlich zu wenig C für eine gute Denitrifikation zur Verfügung stand. Die Anlage verfügt jedoch über eine vorgeschaltete Denitrifikationsstufe. Da allerdings die ersten Potentialmessungen, die entsprechend der Vorgehensweise bei Biofilmen durchgeführt wurden, relativ niedrige Potentiale zeigten, wurden beide Biomasse-Systeme in Hinblick auf denitrifizierende Bakterien theoretisch genauer betrachtet.
Eine Belebtschlammflocke besitzt andere Sauerstoffgradienten als der auf einem Untergrund festsitzende Biofilm. Der Sauerstoff hat die Möglichkeit, die Flocke von allen Seiten zu passieren, was eine bessere Versorgung der Biozönose mit O_2 bewirkt (RÖSKE und UHLMANN (2005)) und somit die Denitrifikation verhindert. SCHRAMM et al. (1999) haben auch festgestellt, dass bei einer Sauerstoffkonzentration von 2 mg / l keine anoxischen Zonen und keine Nitratreduktion in Belebtschlammflocken verschiedener Klär-

anlagen zu finden waren. Auf der anderen Seite konnte in dieser Arbeit im WSB®-Biofilm eindeutig ein Sauerstoffgradient nachgewiesen werden, der trotz Sauerstoffsättigung im Abwasser mit der Tiefe gegen Null ging (nächstes Kapitel 4.3.4).

In der KA Kaditz zirkuliert der Belebtschlamm zwischen dem Belebungsbecken und dem vorgeschalteten Denitrifikationsbecken. Diese Zeit ist notwendig, um anoxische Bedingungen in den Flocken zu schaffen und möglicherweise die Bakterien auf die Denitrifikation vorzubereiten. Da der Belebtschlamm allerdings aus der sauerstoffreichen Belebung entnommen wurde, hatten potentielle Denitrifikanten zu wenig Zeit, um sich auf den denitrifizierenden Prozess der Nitratreduktion vorzubereiten.

Um diese Überlegung zu testen, wurde das Denitrifikationspotential des Belebtschlammes Kaditz (KA1) einmal direkt nach der Probenahme (Abb. 4.16, 16-1) und dann nach einer Nacht im Kühlschrank (16-2) gemessen. Im Diagramm 4.16 sieht man einen deutlichen Anstieg der potentiellen Denitrifikation von ca. 7 auf 40 µmol N_2O-N / g TS * h. Dies spricht dafür, dass Bakterien im Belebtschlamm eine gewisse Zeit in Anoxie brauchen, um ihr volles Denitrifikationspotential auszuschöpfen.

Auch in der KA Augustusburg (KA3) war auf diese Weise eine Steigerung des Denitrifikationspotentials messbar. In der Abbildung 4.16 ist der höhere Wert, der am Tag nach der Probenahme gemessen wurde, abgebildet.

Jedoch konnte diese Theorie am Belebtschlamm der Kläranlage Hainichen nicht bestätigt werden. Das geringe Potential von 4 µmol N_2O-N / g TS * h wurde auch am nächsten Tag bestimmt. Dieser Belebtschlamm war allerdings sehr schwach belastet.

In den hier untersuchten Proben wurden Denitrifikationspotentiale zwischen 4 und 126 µmol N_2O-N / g TS * h gemessen (Abb. 4.13). Als Vergleich zu anderen Systemen und Biozönosen wurden zum Beispiel im Boden einer Pflanzenkläranlage bis 0,1 µmol N_2O-N / g TS * h (LENZ (2007)) und die gleiche Menge auch im Sediment der Elbe (KLOEP (2002)) gemessen. Beide Systeme stellen schwach belastete Lebensräume dar, was sich im niedrigen Denitrifikations-

4 Ergebnisse und Diskussion

potential äußert. Auf der anderen Seite wird in anaeroben Faulschlämmen mindestens das Zehnfache der hier gemessenen potentiellen Denitrifikation geleistet (AKUNNA et al. (1993)).

4.3.4 Sauerstoffprofile im WSB®-Biofilm

Das nächste Diagramm (Abb. 4.17) zeigt Sauerstoffprofile im Biofilm der WSB®-Kleinkläranlage A1 auf einem K1 Träger an drei verschiedenen Stellen. Der TS-Gehalt betrug zu diesem Zeitpunkt 2,8 g / l, während der Biofilm in der Anlage einer geringen Flächenbelastung von 0,3 g BSB_5 / m^2 * d ausgesetzt war.
Bei der Messung der Sauerstoffsättigung im Profil des Biofilms wurde der Biofilmträger mit 1 Liter belüftetem Abwasser (Zulaufwasser der Biologie) im Durchfluss umspült. Das Abwasser wurde mit Sauerstoff gesättigt, da herausgefunden werden sollte, ob auch unter diesen Bedingungen mit dem höchsten Sauerstoffgehalt anaerobe Zonen im Biofilm auftreten.

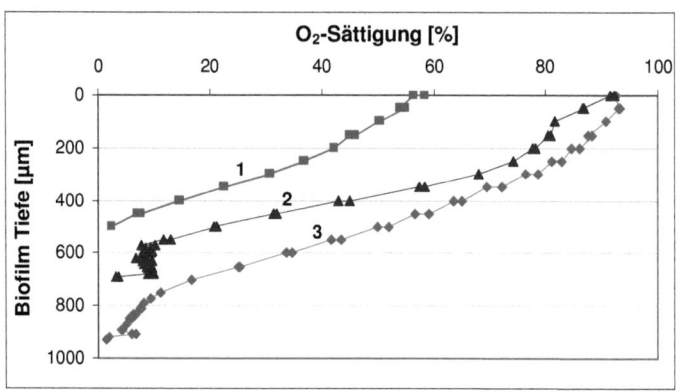

Abb. 4.17: Sauerstoffprofile im Biofilm der WSB®-Kleinkläranlage A1 auf einem K1 Träger an drei verschiedenen Stellen (1, 2 und 3).

Die drei Profile in Abbildung 4.17 wurden nacheinander in einem Zeitraum von ca. 1 Stunde aufgenommen. Die Messung wurde nicht genau bis zu einer Sättigung von 0% durchgeführt, da mit zunehmender Tiefe die Gefahr bestand, die Sonde an der Trägeroberfläche irreparabel zu beschädigen.

4 Ergebnisse und Diskussion

Sobald der Biofilm mit der Mikrosensorspitze berührt wurde, fiel die Sättigung sprunghaft ab. Bei der ersten Messung an der Stelle 1 hat sich die Sauerstoffsättigung auf ca. 60 % verringert und ging bei einer Biofilmtiefe von ca. 500 µm gegen Null.

In den Profilen 2 und 3 konnte kein so großer Sprung in der Sättigung zwischen der Wasserschicht und der Biofilmoberfläche gemessen werden. Hier ist die Sauerstoffsättigung auf ca. 90 % abgefallen. Eine Erklärung dafür wäre, dass die Konzentration an organischen Substanzen im zirkulierenden Abwasser, das im Kreis durch die Durchflusskammer gepumpt wurde, abgenommen hat und dadurch die Sauerstoffzehrung an der Biofilmoberfläche nicht so stark war.

Mit der abfallenden Konzentration an organischen Verbindungen wurde der Sauer-stoff langsamer verbraucht und ging in immer größerer Tiefe des Biofilms gegen Null. Diese Tiefe wurde einmal bei 700 µm (Profil 2) und einmal bei fast 1000 µm (Profil 3) erreicht.

An der Abbildung 4.17 ist deutlich zu erkennen, dass der Sauerstoffgehalt in einem WSB®-Biofilm gegen Null geht, obwohl eine Sauerstoffsättigung von nahezu 100 % im Abwasser vorlag. Da das Abwasser in der Anlage nicht mit Sauerstoff gesättigt ist, wäre der Sauerstoffgradient dort noch steiler und würde somit Chancen für die Denitrifikation oder den Anammox-Prozess bieten. Wenn man bedenkt, dass diese Anlage mit 2,8 g / l im Vergleich zu anderen Biofilmen (Abb. 4.1) wenig Biomasse besaß, dann müsste es in dickeren Biofilmen einen noch größeren Sauerstoff freien Bereich geben. Hinzu kommt, dass der hier analysierte Biofilm einer geringen Flächenbelastung von 0,3 g BSB_5 / m^2 * d ausgesetzt war und somit die Sauerstoffzehrung in den oberen Schichten nicht so stark wie in höher belasteten Biofilmen war.

Andererseits wurden im festen, nach dem Abschütteln in 0,14 M NaCl auf dem Träger verbleibenden Biofilm noch Nitrifikationspotentiale gemessen. Die Biofilme, die hier der Sauerstoffmessung dienten, besaßen in den unteren Schichten noch 10 % der potentiellen Nitrifikation (Kapitel 4.3.2.3). Allerdings konnten OKABE et al. (1999) und andere mittels Mikroelektroden in Verbindung mit FISH beweisen, dass AOB und NOB auch in Biofilmzonen detektierbar waren, die keinen Sauerstoff enthielten. Man kann sich gut vorstellen, dass diese Bakterien in diesen Schichten überdauern und davon leben, nur von Zeit zu Zeit Energie aus der Oxidation von Stickstoffverbindungen zu gewinnen. Die Penetrationstiefe von Abwasserinhaltsstoffen und Sauerstoff in Biofilmen ist auch ständigen Veränderung unterlegen (RUSTEN et al. (2005). Vor allem in kleinen Anlagen mit diskontinuierlichem Zulauf und einer intermittierenden Belüftung ändert sich ihre Konzentration und somit Penetration laufend.

Aus diesen Gründen ist die Messung eines Nitrifikationspotentials in den unteren Biofilmschichten kein Beweis dafür, dass es dort keine anaeroben Zustände gibt.

4.4 Molekularbiologische Untersuchungen der Biozönosen

4.4.1 Quantitative Charakterisierung der Biozönosen mittels FISH

Mit der FISH wurden Bakteriengruppen und -gattungen verschiedener Biofilm- und Belebtschlammproben untersucht. Dabei wurde besonders die Gruppe der Ammoniumoxidierer, die zum größten Teil zu den Betaproteobakterien gehören, genauer identifiziert und quantifiziert. Außerdem wurde neben der Gesamtzellzahl an Eubakterien auch die Abundanz der Gruppen der Alpha-, Beta-, Gammaproteobakterien und Actinobakterien erfasst. Diese Quantifizierung verschiedener Gruppen und Gattungen sollte dem Vergleich einzelner Proben untereinander dienen. Dabei sollten mögliche Unterschiede in Abhängigkeit von Anlagenparametern untersucht werden.

Als Biofilmprobe wurde der in 0,14 M NaCl abgeschüttelte Biofilmanteil eingesetzt. In den WSB®-Kleinkläranlagen wurde in den 16°C-Beprobungsphasen auch die suspendierte Biomasse in den Biologiereaktoren untersucht (Abb. 4.18, 4.21, Bio). Mit Proben der 3. Beprobungsphase in den WSB®-Kleinkläranlagen (Tab. 3.2) wurde keine FISH durchgeführt.

4 Ergebnisse und Diskussion

4.4.1.1 Anteile der *Actinobacteria* und *Proteobacteria* in Biofilmen und Belebtschlämmen

In kommunalen Abwasserbehandlungsanlagen wurde das Phylum der Proteobakterien bereits oft für dominant befunden (DAIMS et al. (1999), WAGNER et al. (1993), STEINBRENNER (2006)). Die Abteilungen der Alpha-, Beta- und Gammaproteobakterien sind für den Abbau verschiedenster organischer Substanzen verantwortlich (WAGNER et al. (1993)). Weiterhin gehören die meisten AOB in den monophyletischen Zweig der Betaproteobakterien (NICOLAISEN und RAMSING (2002)), weswegen die Untersuchung dieser Gruppe hier in Bezug auf die Nitrifikation interessant war. Die Detektion dieser Gruppen erfolgte mit den Sonden ALF968, BET42a und GAM42a (Anhang 1).

Die Abteilung der *Actinobacteria* aus dem Phylum der *Firmicutes* macht ebenfalls einen großen Teil in Abwassersystemen aus (STEINBRENNER (2006)). Es handelt sich hierbei um Grampositive Bakterien mit hohem GC-Gehalt, die mit der Oligonukleotidsonde HGC69a untersucht wurden (Anhang 1).

Zusätzlich wurde der Anteil der meisten Eubakterien mit den Sonden EUB338, EUB338-II und EUB338-III bestimmt (Anhang 1), der gleichzeitig als Maß für den physiologischen Zustand einer Biozönose angesehen werden kann. Normalerweise können nämlich nur Bakterien mittels FISH erfasst werden, die eine genügend hohe Anzahl an Ribosomen besitzen. Der mit den Eubakterien-Sonden hybridisierte Teil lag in den meisten untersuchten Proben zwischen 60 und 80 % (Ergebnisse nicht dargestellt). Ähnliche Anteile wurden auch von STEINBRENNER (2006) in verschiedenen kommunalen Belebtschlämmen ermittelt. Obwohl die Fluoreszenzstärke nicht bei allen Bakterien mit der Stoffwechselaktivität korreliert (DELONG et al. (1989), AMANN et al. 1995), kann man aufgrund des hohen Anteils an hybridisierten Zellen mit den EUB-Sonden davon ausgehen, dass die hier untersuchten Biofilme und Belebtschlämme sehr aktive Biozönosen darstellten.

4 Ergebnisse und Diskussion

Anteile in adaptierten Biofilmen und Belebtschlämmen:
Die nächste Abbildung 4.18 zeigt die prozentualen Anteile der untersuchten Bakteriengruppen und gleichzeitig ihre Summe an der GZZ in adaptierten Biofilmen und Belebtschlämmen.

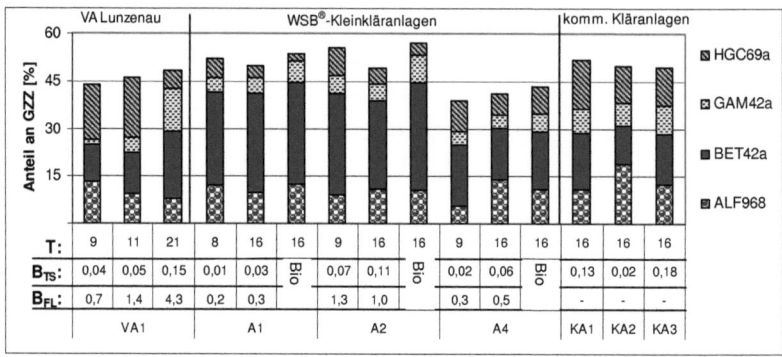

Abb. 4.18: Anteile der Actinobakterien (HGC69a), Alpha- (ALF968), Beta- (BET42a) und Gammaproteobakterien (GAM69a) an der Gesamtzellzahl in adaptierten Biofilmen und Belebtschlämmen. (T: Temperatur im Biologiereaktor [°C]; B_{TS}: Schlammbelastung [kg BSB_5 / kg TS * d]; B_{FL}: Flächenbelastung [g BSB_5 / m^2 * d]; Bio: Anteil in suspendierter Biomasse im Biologiereaktor).

VA Lunzenau:
Die Anteile der Actino- und Proteobakterien in den Biofilmen der VA Lunzenau haben sich vom ersten zum dritten Versuch mit steigender Belastung und Temperatur verändert. Während die Actinobakterien und die Alphaproteobakterien weniger wurden (17 % → 6 % und 13 % → 8 %), haben Beta- und Gammaproteobakterien zugenommen (12 % → 21 % und 2 % → 14 %). Die gestiegene Belastung und Temperatur hat damit Beta- und Gammaproteobakterien gefördert, während Actinobakterien und Alphaproteobakterien verdrängt wurden. Man kann an diesen Ergebnissen erkennen, dass sich Anteile dieser Bakterien im gleichen Biofilm ändern können, wenn sich Bedingungen wie Belastung und Temperatur verändern. Der Anteil aller untersuchten Gruppen in der Summe hat von 43 auf 49 % an der GZZ etwas zugenommen. Da gleichzeitig auch die GZZ an der TS vom ersten zum dritten Versuch größer geworden ist

(Abb. 4.4), hat sich der Anteil dieser Bakterien pro g TS noch etwas stärker erhöht.

Ähnliche Ergebnisse zeigten auch SCBR-Biofilme, die mit verschiedenen C / N-Verhältnissen (3, 5, 10) von XIA et al. (2010) getestet wurden. Dabei veränderte sich der Gesamtanteil von über 50 % an Alpha-, Beta- und Gammaproteobakterien an der GZZ nicht signifikant, aber die Anteile einzelner Gruppen schwankten bei den verschiedenen Versuchen, die für einige Wochen gelaufen sind.

WSB®-Kleinkläranlagen:

In den WSB®-Kleinkläranlagen lagen die Anteile der Actino- und Proteobakterien als Summe zwischen 41 - 53 %, wobei sich diese zwischen den Probenahmen in den einzelnen Anlagen nicht stark unterschieden.

Die Abundanz einzelner Gruppen blieb in den Biofilmen bei allen Beprobungsphasen der jeweiligen Anlagen ziemlich konstant, wobei in der suspendierten Biomasse sehr ähnliche Prozentanteile im Vergleich zu der Biofilmprobe gefunden wurden. Alle Biofilme verfügten über eine Dominanz der Betaproteobakterien, die in den Anlagen A1 und A2 im Schnitt 30 % und in der A4 18 % an der GZZ ausmachten. Alphaproteobakterien waren in allen Anlagen mit ca. 11 % vertreten, wobei es in der A4 einen Anstieg der Abundanz von 6 % in der ersten auf 13 % in der zweiten Beprobungsphase gab. Sehr ähnliche prozentuale Anteile wurden mit den Sonden für Actinobakterien und Gammaproteobakterien gezählt. Diese lagen in den meisten untersuchten Proben zwischen 5 und 7 % an der GZZ.

Die recht ähnliche Abundanz der einzelnen Gruppen und ihrer Summe in den Biofilmen und der suspendierten Biomasse der Biologiereaktoren (Abb. 4.18, Bio) führt zum Schluss, dass sich Biofilmteile ablösen und als suspendierte Biomasse detektiert werden können. Allerdings war der suspendierte Anteil an der gesamten Biomasse relativ gering und wurde mit 1-2 % bewertet.

An den Ergebnissen in den Kleinkläranlagen wurde eine relativ konstante Zusammensetzung der untersuchten Bakteriengruppen in den beiden Beprobungsphasen der jeweiligen Anlagen gefunden. Abgesehen von der Temperaturschwankung zwischen den Jahreszeiten verfügen diese Anlagen über gleich bleibende Bedingungen, was eine stabile Biozönose hervorruft. Im Gegensatz dazu haben sich die einzelnen Anteile in der VA Lunzenau von Versuch zu Versuch stark verändert. Dabei haben sich allerdings die Belastung und Temperatur verändert, während die Biofilme eine Adaptationszeit von einigen Wochen nutzen konnten. MIURA et al. (2007) haben ebenfalls herausgefunden, dass nicht nur die Stabilität, sondern auch die Flexibilität einer bakteriellen Gemeinschaft wichtig für die zuverlässige Verfahrensführung in einem MBR-Prozess ist, der kommunales Abwasser behandelt.

Kommunale Kläranlagen:
Alle Belebtschlämme der untersuchten Kläranlagen besaßen mit ca. 50 % einen vergleichbar hohen gemeinsamen Anteil aller untersuchten Gruppen an der GZZ.
Die Zusammensetzung in den drei Belebtschlämmen der kommunalen Kläranlagen sah relativ ähnlich aus. Alphaproteobakterien und Betaproteobakterien waren mit 11-18 % und 12 - 18 % vertreten, während Gammaproteobakterien und Actinobakterien Anteile von 7-9 % und 12-16 % ausmachten. In den Belebtschlämmen KA1 und KA3, die über eine ähnliche Belastung verfügten, waren von den untersuchten Gruppen die Betaproteobakterien dominant. Im schwach belasteten Belebtschlamm KA2 waren Alphaproteobakterien am häufigsten vorhanden.
STEINBRENNER (2006) hat in diesen Anlagen bereits sehr ähnliche Prozentanteile festgestellt, wobei in allen drei Belebtschlämmen die vier Gruppen mit im Schnitt 58% an der GZZ vertreten waren.
Im Vergleich zu den Biofilmen konnten keine signifikanten Unterschiede festgestellt werden.

Anteile in jungen Biofilmen der VA Kaditz und VA SEII:
Die Abbildung 4.19 zeigt die Anteile der einzelnen Gruppen und ihren gemeinsamen Anteil an der Gesamtzellzahl in jungen Biofilmen.

4 Ergebnisse und Diskussion

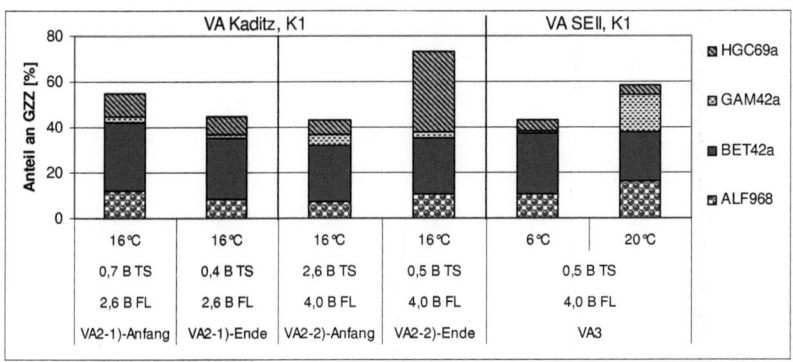

Abb. 4.19: Anteile der Actinobakterien (HGC69a), Alpha- (ALF968), Beta- (BET42a) und Gammaproteobakterien (GAM69a) an der Gesamtzellzahl in jungen Biofilmen der VA Kaditz und VA SEII. (B_{TS}: Schlammbelastung [kg BSB_5 / kg TS * d]; B_{FL}: Flächenbelastung [g BSB_5 / m^2 * d]).

VA Kaditz:

Da in Biofilmen auf den unterschiedlichen Trägern, die in dieser Versuchsanlage eingesetzt wurden, vergleichbare Ergebnisse festgestellt wurden, werden hier nur die Daten der K1-Träger vorgestellt.

Die Proteobakterien haben sich während der Laufzeit der beiden Versuche anteilig kaum verändert. Mit dem Wachstum des Biofilms und der sich ständig verändernden Schlammbelastung haben sich die einzelnen Gruppen der Proteobakterien im gleichen Maße vermehrt, wobei sie ihre Anteile an der GZZ behalten haben. In der VA Lunzenau wurde das Gegenteil festgestellt. Dort haben sich die Anteile mit der Belastung verändert. Allerdings waren die Biofilme der VA Kaditz anderen Verhältnissen ausgesetzt, da die Biofilmdicke noch gering (Abb. 4.2) und die Schlammbelastung recht hoch war.

Die mit den Sonden für Alpha-, Beta- und Gammaproteobakterien hybridisierten Mikroorganismen machten jeweils Anteile von 8-12 %, 25-30 % und 2-5 % an der GZZ in allen untersuchten Biofilmen aus. Dabei waren Betaproteobakterien am häufigsten und Gammaproteobakterien am geringsten vorhanden.

Die Häufigkeit der Actinobakterien veränderte sich im ersten Versuch kaum und wurde mit 8-10 % bewertet. In der zweiten Versuchsphase mit der höheren Flächenbelastung von 4 g BSB_5 / m^2 * d erhöhte sich allerdings der Anteil dieser Bakteriengruppe von 6 % am Anfang auf 35 % am Ende des Versuchs. Zum Ende des zweiten Versuchs hat der junge Biofilm die größte TS von 1,5 g TS / l erreicht, wobei die Schlammbelastung, der Proteingehalt (Abb. 4.7) und die Esterasenaktivität abgenommen haben (Abb. 4.11). In dieser Situation konnten sich Actinobakterien verstärkt vermehren. Diese Actinobakterien-Dominanz wurde nur noch im Biofilm während der ersten beiden Versuche in der VA Lunzenau gefunden, denn normalerweise hatten Betaproteobakterien die größte Abundanz.

Alle untersuchten Bakteriengruppen machten als Summe Anteile zwischen 44-55 % an der GZZ aus. Zum Ende des 2. Versuchs stieg dieser Anteil mit der Zunahme der Actinobakterien auf 73 %. Somit bestand die Biozönose zum größten Teil aus diesen Bakterien.

VA SEII:

Nachdem K1-Träger aus der VA Kaditz in der VA SEII bei 6 °C eingesetzt wurden, verringerte sich der Anteil der Actinobakterien wieder und betrug nur noch 5 %. Dies hatte sicher mit dem extremen Temperaturwechsel zu tun. Gleichzeitig ist auch der hybridisierbare Anteil der Eubakterien von 74 auf 54 % gesunken (Ergebnisse nicht dargestellt). Nachdem die Betriebstemperatur auf 20 °C erhöht wurde, ließen sich die Eubakterien wieder mit 70 % detektieren.

Die Anzahl der Proteobakterien hat sich bei 6 °C mit Ausnahme der Gammaproteobakterien kaum verändert. Diese ließen sich mit etwas mehr als 1 % kaum noch detektieren, haben jedoch nach dem Wechsel zum 20 °C-Versuch neben Alphaproteobakterien am stärksten zugenommen und betrugen 16 % an der GZZ. Dabei wurden Betaproteobakterien von 27 % bei 6 °C auf 22 % bei 20 °C etwas zurückgedrängt.

Hier konnte festgestellt werden, dass die Temperatur einen starken Einfluss auf die untersuchten Bakteriengruppen hatte.

Die Dominanz der Betaproteobakterien wurde in den hier untersuchten Proben oft beobachtet. Im Biofilm der VA Lunzenau, der Veränderungen in der Belastung und Temperatur ausgesetzt war, hat sich die Dominanz dieser Bakterien mit der gestiegenen Belastung eingestellt. Auch in den stärker belasteten Belebtschlämmen KA1 und KA3 wurde der größte Anteil an der GZZ dieser Bakteriengruppe zugeschrieben. In den WSB®-Kleinkläranlagen mit stabiler Biozönose waren Betaproteobakterien in allen Proben am häufigsten vorhanden. Die stark belasteten jungen Biofilme besaßen einen relativ konstanten Anteil dieser Bakterien, der in den meisten Proben der häufigste war. Ingesamt bewegte sich ihr Anteil an der GZZ zwischen 12 und 34 %. HASEBORG et al. (2010) fanden ebenfalls eine ständige Dominanz dieser Proteobakterien in Biofilmen eines Festbett-Biofilm-Reaktors, der mit künstlichem und echtem Abwasser betrieben wurde. Die Anzahl dieser Bakterien war bei unterschiedlichen Ammonium- und Nitritkonzentrationen konstant bei ca. 25 %, während andere Proteobakterien in ihrer Anzahl schwankten.

4.4.1.2 Ammonium oxidierende Bakterien in Biofilmen und Belebtschlämmen

4.4.1.2.1 Quantitative Mikroskopie von Ammonium Oxidierenden Bakterien

Das Auszählen der Nitrifikanten unter dem Mikroskop ist eine schwierige Angelegenheit, da sie normalerweise in kugelförmigen Clustern auftreten, die wiederum aus vielen einzelnen Bakterien in diesen Zellaggregaten bestehen (Abb. 4.20) (RÖSKE und UHLMANN (2005)). Diese Tatsache half auf der anderen Seite dabei, die ohnehin geringe Anzahl der AOB zu ermitteln.

Zunächst wurde in dieser Arbeit versucht, die wenigen Nitrifikanten im Vergleich zu anderen Bakterien auszuzählen. Man stellte dabei oft fest, dass der ermittelte Anteil ca. 1 % an der GZZ betrug, was normalerweise bei der FISH als unter der Bestimmungsgrenze gewertet wird. Der Anteil der Cluster war jedoch immer gut zu erkennen und zu bewerten, da sie ein zuverlässiges Signal zeigten und gut von anderen, nicht in Clustern eingebetteten Bakterien zu unterscheiden waren. Mit zunehmender Erfahrung hat sich eine Methode

4 Ergebnisse und Diskussion

entwickelt, den Anteil der hybridisierten AOB einzuschätzen, wobei die Häufigkeit des Vorkommens von Clustern festgelegt wurde. Dabei gab es folgende Abstufungen: keine (0%), wenige (0,5%), häufige (0,75%) und viele (1%). Diese Bewertung der Clusterhäufikeit ließ sich relativ einfach vornehmen. Möglicherweise entsprechen die dabei gewonnenen Ergebnisse nicht hundertprozentig der Realität, aber es stellt zumindest eine bessere Methode dar als die Zählung, bei der sicher viele Bakterien nicht erfasst werden oder beim Fokussieren durch Cluster mehrfach gezählt werden. Wenn allerdings sehr viele Cluster auf den ersten Blick vorhanden waren, wurde versucht die jeweilige Bakterienzahl durch Zählen zu bestimmen.

Es sollte hier ein Vergleich der verschiedenen Biofilm- und Belebtschlammproben in Abhängigkeit von den Anlagenparametern möglich sein, wobei es nicht so sehr auf die genaue Quantifizierung ankam.

Es wurden jedoch auch *Nitrosomonas*-Arten beobachtet, die als Einzelzellen auftraten, wobei sie mit der Sonde NEU detektiert wurden. Dies kam selten in der einen oder anderen Probe vor, so dass ein Ausbrechen aus dem Clusterverband durch die Biofilmvorbehandlung eher auszuschließen ist. SILYN-ROBERTS und LEWIS (2001) haben in Biofilmen einer Pflanzenkläranlage beobachtet, dass die mittels NEU detektierte *Nitrosomonas*-Arten ausschließlich als Einzelzellen vorkamen.

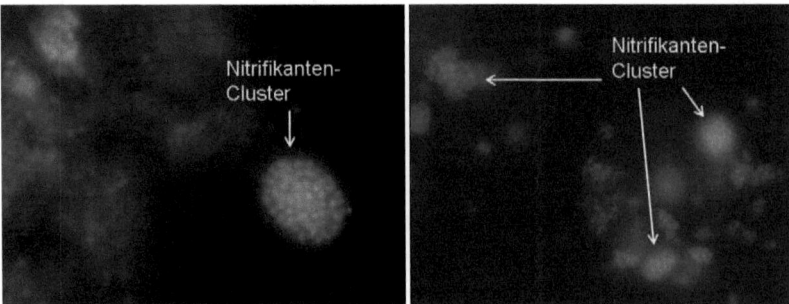

Abb. 4.20: Nitrifikanten-Cluster im WSB®-Biofilm auf K1, die mit der Sonde NEU hybridisierten (Aufnahmen: C. Steinbrenner)

4 Ergebnisse und Diskussion

4.4.1.2.2 Anteile der AOB in Biofilmen und Belebtschlämmen

Die meisten AOB gehören zu der Ordnung *Nitrosomonadales* der Betaproteobakterien und verteilen sich hier hauptsächlich auf die Gattungen *Nitrosomonas* und *Nitrosospira*. Aus diesem Grund wurden acht Sonden mit unterschiedlichen Erfassungsspektren für diese Gattungen ausgesucht, um die AOB-Gemeinschaft in den Biofilmen und Belebtschlämmen zu untersuchen. Die Spezifikationen dieser Sonden sind im Anhang 1 aufgelistet. Die Abundanz dieser Bakterien sollte in Abhängigkeit vom gemessenen Nitrifikationspotential und den Anlagenbedingungen genauer betrachtet werden.

Es muss erwähnt werden, dass die zur Quantifizierung gebräuchlichen FISH-Sonden nicht alle AOB abdecken können.

Die Diagramme der Abbildungen 4.21, 4.22 zeigen einmal die separat detektierten Gattungen *Nitrosomonas* und *Nitrosospira* und ihren gemeinsamen Anteil an der GZZ als Summe (zusammengesetzte Balken aus *Nitrosomonas* (hell) und *Nitrosospira* (dunkel) in Abb. 4.21, 4.22). Zusätzlich wurden Sonden verwendet, die mit Vertretern beider Gattungen gleichzeitig hybridisieren können (in Abb. 4.21, 4.22, Bezeichnung AOB als dicker Punkt).

Verwendung der spezifischen Sonden für die Gattung *Nitrosomonas*:
Die Abundanz der Gattung *Nitrosomonas* wurde mit den Oligonukleotidsonden NEU, NmV(Ncmob), Nse1472 und Nmo218 ermittelt.
Die Sonde NEU ist spezifisch für die meisten halophilen und halotoleranten *Nitrosomas spp.* und erfasst ungefähr ein Drittel aller bisher in die Gattung *Nitrosomonas* eingeordneten Bakterien. Zu den NEU-Bakterien wurde der Anteil der Sonde NmV(Ncmob) dazu gezählt, was in den folgenden Abbildungen 4.21 und 4.22 als der gesamte erfassbare Teil von *Nitrosomonas*-Arten (heller Balken) dargestellt wurde. Die NmV(Ncmob)-Sonde ist sehr spezifisch und kann nur eine kleine Gruppe von Bakterien in dieser Gattung detektieren und zwar die *Nitrosococcus mobilis („Nitrosomonas")* lineage, die nicht durch NEU erfasst wird (nicht gesondert abgebildet).

4 Ergebnisse und Diskussion

Weiterhin wurde eine spezifische Sonde Nse1472 für *Nitrosomonas europaea, N. halophila, N. eutropha* und Kraftisried-Isolat Nm103 eingesetzt, die fast alle auch mit der Sonde NEU hybridisieren. Dabei wurde untersucht, welchen Anteil diese kleine Gruppe an NEU-Bakterien hatte (nicht gesondert abgebildet).

Für die Detektion einer ebenfalls großen Zahl von *Nitrosomonas* wird bei probeBase (http://www.microbial-ecology.de/probebase) die Sonde Nmo218 vorgeschlagen. Diese hat zwar kaum Überschneidungen mit NEU, kann jedoch auch mit vielen Bakterien der Ordnung *Burkholderiales* hybridisieren. Aus diesem Grund kann Nmo218 nicht für eine sichere Erfassung von AOB in Abwasserbiozönosen verwendet werden, da dort eine große Vielfalt an Bakterien vorhanden ist und man auch viele nicht AOB detektieren würde. Man kann jedoch nicht ausschließen, dass in der Ordnung *Burkholderiales* keine AOB vorkommen. Mit der vorhandenen FISH-Sondenauswahl ist es nicht möglich, die Gattung *Nitrosomonas* komplett zu erfassen.

Verwendung der spezifischen Sonden für die Gattung *Nitrosospira*:
Die Gattung *Nitrosospira* wurde mit Hilfe der Sonden Nsv443 und NSMR34 untersucht.

Nsv443 ist spezifisch für *Nitrosospira spp.* und kann die meisten Bakterien in dieser Gattung detektieren. Die mittels dieser Sonde ermittelten Anteile wurden in den folgenden Abbildungen für die Gattung *Nitrosospira* dargestellt (dunkler Balken).

Ein kleiner Teil davon kann zusätzlich durch NSMR34 erfasst werden, die spezifisch mit *Nitrosospira tenius*-like AOB hybridisiert (nicht gesondert abgebildet). Dabei wurde untersucht, welchen Anteil diese kleine Gruppe an Nsv443-Bakterien hatte.

Verwendung der Sonden für AOB:
Die Sonden Nso1225 und Nso190 sind beide spezifisch für die Ammonium oxidierenden Betaproteobakterien und erfassen fast alle Mitglieder der Ordnung *Nitrosomonadales* und somit die Gattungen *Nitrosomonas* und *Nitrosospira*. Jedoch gibt es viele Überschnei-

4 Ergebnisse und Diskussion

dungen in ihrem Erfassungsspektrum, so dass man nicht sicher sein kann, ob mit den beiden Sonden in einer Probe gleiche oder unterschiedliche Mikroorganismen detektiert werden. Für die Ermittlung der Gesamtzahl der AOB wurde der größte Anteil dieser beiden Sonden ausgewählt und in den folgenden Abbildungen 4.21 und 4.22 vorgestellt (AOB, dicker Punkt).

AOB in adaptierten Biofilmen und Belebtschlämmen:
Die Abbildung 4.21 zeigt die ermittelten Anteile der AOB in der VA Lunzenau, den WSB®-Kleinkläranlagen und den untersuchten Belebtschlämmen.

VA Lunzenau:
In der VA Lunzenau hat sich der Anteil der einzeln detektierten Gattung *Nitrosomonas* mit der Belastungs- und Temperaturerhöhung von 1,5 % auf 1,3 % etwas verkleinert und ist dann im 3. Versuch ganz verschwunden, während die Gattung *Nitrosospira* mit 0,5 % gleich geblieben ist.

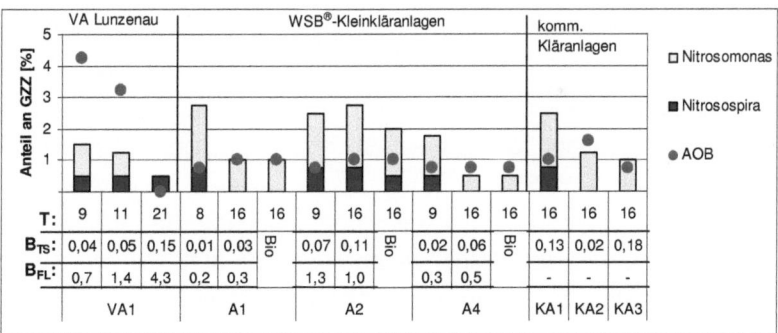

Abb. 4.21: Anteile der Gattungen *Nitrosomonas* und *Nitrosospira* an der GZZ in adaptierten Biofilmen und Belebtschlämmen. AOB steht für durch Nso1225 oder Nso190 ermittelte Anteile beider Gattungen. (T: Temperatur im Biologiereaktor [°C]; B_{TS}: Schlammbelastung [kg BSB_5 / kg TS * d]; B_{FL}: Flächenbelastung [g BSB_5 / m² * d]; Bio: Anteil in suspendierter Biomasse im Biologiereaktor).

Der AOB-Anteil, der beide Gattungen beinhaltet, ist ebenfalls von knapp 4,3 % auf 3,3 % im 2. Versuch gesunken und konnte in der letzten Versuchsphase nicht mehr detektiert werden (AOB, dicker

4 Ergebnisse und Diskussion

Punkt). Weiterhin fällt auf, dass die Abundanz der AOB, die mit den Sonden für beide Gattungen ermittelt wurde, in den ersten beiden Versuchen größer war als die, die mit den Sonden für einzelne Gattungen detektiert wurde. Demzufolge haben die gattungsspezifischen Sonden zusammen weniger Bakterien erfasst als die allgemeinen Sonden für AOB.

In der Gattung *Nitrosospira* wurden keine positiven Signale mit der Sonde NSMR34 erfasst, was bedeutet, dass keine *Nitrosospira tenius*-like AOB in den Biofilmen vorhanden waren.

Weiterhin konnten in allen Versuchen der VA Lunzenau keine Hybridisierungen mit den Sonden NmV(Ncmob) und Nse1472 nachgewiesen werden. Demzufolge befanden sich keine *Nitrosococcus mobilis („Nitrosomonas")* lineage und keine *Nitrosomonas europaea, N. halophila, N. eutropha* und Krafisried-Isolat Nm103 in der Gattung *Nitrosomonas* in den untersuchten Biofilmen.

Die gleichzeitig mit der Erhöhung der Belastung und Temperatur gesunkene Abundanz der meisten hier untersuchten AOB passt nicht zu den gestiegenen Nitrifikationspotentialen (Abb. 4.14) und der Oxidation von Ammonium in der Anlage (Tab. 4.1). Vermutlich wurden hier nicht alle beteiligten AOB mittels FISH erfasst. Einerseits können die verfügbaren Sonden nicht mit allen AOB hybridisieren und andererseits konnte die FISH nur im oberen Biofilm durchgeführt werden. Dabei ist die potentielle Nitrifikation im unteren festen Biofilm zusammen mit der Belastung gestiegen (Kapitel 4.3.2.3). Aus diesem Grund fand eine Verlagerung der AOB in untere Biofilmbereiche statt, da diese im oberen Bereich von heterotrophen Bakterien bei der gestiegenen Belastung und Biofilmdicke überwuchert wurden (Abb. 4.1).

WSB®-Kleinkläranlagen:
Zusätzlich zu Biofilmproben der WSB®-Kleinkläranlagen wurde bei der zweiten Probenahmephase (16°C) die suspendierte Biomasse (Abb. 4.21, Bio) im Abwasser des Biologiereaktors untersucht. Die Anteile waren im Vergleich zu denen im Biofilm gleich (A1, A4) oder sehr ähnlich (A2), was darauf hindeutet, dass die suspendierte Biomasse aus dem Biofilm stammte. Ihr Gehalt an der gesamten Bio-

masse war sehr gering, so dass kein Nitrifikationspotential messbar war (Kapitel 4.3.2.2).

In den WSB®-Kleinkläranlagen wurde die größere Abundanz mit den einzelnen Sonden für die beiden Gattungen *Nitrosomonas* und *Nitrosospira* ermittelt (Abb. 4.21, Balken). Zusammengenommen betrug ihr Anteil an der GZZ in der ersten Beprobungsphase in der A1 2,8 %, in der A2 2,5 % und in der A4 1,8 %, während *Nitrosomonas*-Arten häufiger vorhanden waren als die der Gattung *Nitrosospira*. In den Anlagen A1 und A4 ist dieser Anteil im zweiten Beprobungszeitraum auf 1 % bzw. 0,5 % gesunken, wobei in beiden Anlagen die Gattung *Nitrosospira* mit den gattungsspezifischen Sonden nicht mehr nachweisbar war. In den Biofilmen der A2 haben sich die Anteile an detektierten AOB nicht signifikant verändert.

Die Gattung *Nitrosomonas* bestand in den meisten dieser Proben zum größten Teil aus *Nitrosococcus mobilis („Nitrosomonas")* lineage, die mit der Sonde NmV(Ncmob) gezählt wurden, und *Nitrosomonas europaea, N. halophila, N. eutropha* und Krafisried-Isolat Nm103 (Nse1472).

Sofern hier die Gattung *Nitrosospira* vorhanden war, bestand diese zum größten Teil aus *Nitrosospira tenius*-like AOB, die mit Hilfe der Sonde NSMR34 erfasst wurden.

Die ermittelten AOB-Zahlen in den beiden Beprobungsphasen der Kleinkläranlagen stimmen mit dem gleichzeitig gemessenen Nitrifikationspotential (Abb. 4.14) überein. Das Potential war genau wie die AOB-Abundanz in der A1 und A2 in der 8/9 °C-Probenahmephase größer als bei 16 °C und in der A4 in beiden Beprobungsphasen relativ gleich bleibend. Die FISH-Ergebnisse korrelieren hier womöglich deshalb so gut mit dem Nitrifikationspotential, weil aufgrund der dünneren Biofilme in den unteren festen Zonen nur ein kleiner Teil von 3-10 % der potenziellen Nitrifikation gemessen wurde (Kapitel 4.3.2.3). Die Nitrifikation fand überwiegend im oberen Biofilmbereich statt, der mittels FISH untersucht werden konnte.

Die FISH-Ergebnisse und die potentielle Nitrifikation gehen allerdings nicht mit den Oxidationsraten von Ammonium in den Anlage

A1 und A4 einher, da diese dort gleich bleibend gut funktionierten (Tab. 4.2). In Kapitel 4.3.2.1 wurde bereits über die Möglichkeit gesprochen, dass auch andere Ammoniumoxidierer beteiligt waren. So wurde die Anwesenheit von Anammox-Bakterien in diesen Anlagen nachgewiesen (Kapitel 4.3.1).

Kommunale Kläranlagen:
In den untersuchten Belebtschlämmen gab es deutliche Unterschiede in der Zusammensetzung der AOB. Mit 1-2,5 % waren die Anteile ähnlich wie in den Biofilmen, während es mehr Vertreter der Gattung *Nitrosomonas* gab als der Gattung *Nitrosospira*.
Die größte Abundanz im Belebtschlamm Kaditz (KA1) wurde mit den einzelnen Sonden für die beiden Gattungen *Nitrosomonas* und *Nitrosospira* ermittelt (Abb. 4.21, Balken), die als Summe 2,5 % an der GZZ ergaben. In den anderen Belebtschlämmen betrug der AOB-Anteil ca. 1 %, während die gattungsspezifischen Sonden für *Nitrosomonas*-Arten die gleichen Zahlen lieferten wie die Sonden, die gleichzeitig beide Gattungen detektieren können. In diesen Biozönosen wurden keine *Nitrosospira*-Arten mit den gattungsspezifischen Sonden detektiert.
Die Gattung *Nitrosomonas* bestand in den Belebtschlämmen KA2 und KA3 zu einem großen Teil aus *Nitrosococcus mobilis („Nitrosomonas")* lineage (NmV(Ncmob)) und aus *Nitrosomonas europaea, N. halophila, N. eutropha* und Kraftsried-Isolat Nm103 (Nse1472).
Die größte Abundanz an AOB besaß hier die KA1, die auch über das größte Nitrifikationspotential verfügte (Abb. 4.14). Im Belebtschlamm der KA Augustusburg (KA3) wurde allerdings ein nur wenig kleineres Potential gemessen, während die Anzahl der AOB deutlich kleiner war als in der KA1. An dieser Stelle wurden vermutlich nicht alle AOB erfasst. Der geringere Anteil Ammonium oxidierender Bakterien in der KA2 entspricht jedoch dem niedrigen Nitrifikationspotential.

AOB in jungen Biofilmen der VA Kaditz und VA SEII:
Die Abbildung 4.22 zeigt die ermittelten Anteile der AOB in den Versuchsanlagen VA Kaditz und VA SEII.

4 Ergebnisse und Diskussion

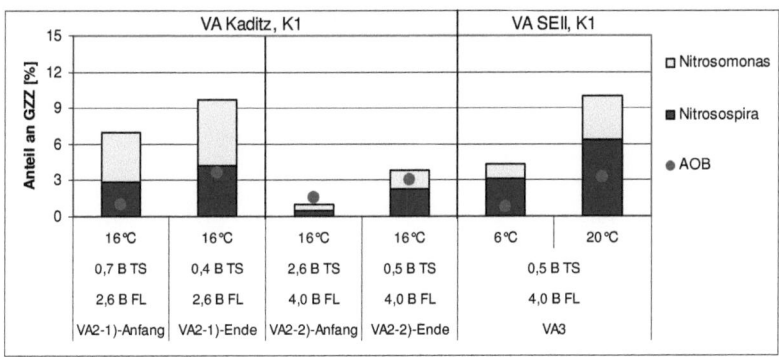

Abb. 4.22: Anteile der Gattungen *Nitrosomonas* und *Nitrosospira* an der Gesamtzellzahl in jungen Biofilmen der VA Kaditz und VA SEII. AOB steht für durch Nso1225 oder Nso190 ermittelte Anteile beider Gattungen. (B_{TS}: Schlammbelastung [kg BSB_5 / kg TS * d]; B_{FL}: Flächenbelastung [g BSB_5 / m^2 * d]).

VA Kaditz:

Da in Biofilmen auf den unterschiedlichen Trägern, die in dieser Versuchsanlage eingesetzt wurden, vergleichbare Ergebnisse festgestellt wurden, werden hier nur die Daten der K1-Träger vorgestellt.

An den Ergebnissen der Abbildung 4.22 kann man gut erkennen, dass in den meisten Fällen die allgemeinen Sonden Nso1225 und Nso190 für AOB (im Diagramm: AOB) zu wenig Nitrifikanten abdeckten und dass man mit den einzelnen Gattungssonden eine größere Zahl erfassen konnte (im Diagramm: Summe aus *Nitrosomonas* und *Nitrosospira*).

Die Anteile der einzelnen Gattungssonden in der Summe stiegen im 1. Versuch mit dem Alter des Biofilms von 7 auf 10 % an der GZZ. Im 2. Versuch vermehrten sich beide Gattungen von 1 auf 4 % an der GZZ, wobei hier die unspezifischen Sonden für AOB Nso1225 und Nso190 annähernd die gleiche Anzahl detektierten. In beiden Versuchen änderten sich die zwei Gattungen stets gleichermaßen, weswegen keine richtige Dominanz festgestellt werden konnte.

Mit wachsendem Biofilm bestand die Gattung *Nitrosomonas* in beiden Versuchen immer mehr aus *Nitrosococcus mobilis („Nitrosomonas")* lineage (NmV(Ncmob)) und *Nitrosomonas europaea, N. halo-*

phila, *N. eutropha* und Kraftisried-Isolat Nm103. Vermutlich können sich diese AOB besser gegen heterotrophe Bakterien durchsetzen, denn die Konkurrenz nahm mit zunehmender Biofilmdicke zu.
Die *Nitrosospira tenius*-like AOB (NSMR34) kamen in der VA Kaditz nicht vor.
Der prozentuelle Anteil der Nitrifikanten in der VA Kaditz verhielt sich entsprechend dem Ammoniumoxidationspotential in den beiden Versuchen (Abb. 4.15). Der An-stieg der nitrifizierenden Bakterien war mit der Zunahme des Nitrifikationspotentials verbunden. Bei der höheren Belastung im zweiten Versuch entwickelten sich nicht so viele AOB wie im ersten Versuch, während auch das Nitrifikationspotential kleiner war.

VA SEII:
Nach dem Überführen der K1-Träger von der VA Kaditz in die VA SEII bei 6°C wurde der Anteil der *Nitrosospira*-Arten etwas größer, wobei dieser auf 3 % gestiegen ist während die Gesamtzahl aller AOB bei 4 % gleich geblieben ist. Das Nitrifikationspotential hat bei diesen extremen Temperatur- und Belastungsbedingungen zwar im Vergleich zur VA Kaditz stark abgenommen (Abb. 4.15), allerdings wurde vermutet, dass es in diesen Biofilmen AOB gab, die bei niedrigen Temperaturen eine bessere Ammoniumoxidationsleistung zeigten als bei den üblichen 28°C. Da sich hier *Nitrosospira*-Arten vermehrt haben, könnten diese Bakterien in dieser Gattung zu finden sein. *Nitrosospira tenius*-like AOB (NSMR34) kommen dafür nach den FISH-Ergebnissen nicht in Frage, da diese AOB in den jungen Biofilmen nicht vorkamen.
Beide Gattungen nahmen an der GZZ im 20°C-Versuch zu, wobei sich der gemeinsame Anteil von 4 auf 10 % vergrößerte. Dabei behielten *Nitrosospira*-Arten mit 6 % ihre Dominanz unter den detektierten AOB im Biofilm. Hierbei wird deutlich, dass die Vorgeschichte einer Biozönose sich auf die bakterielle Zusammensetzung auswirken kann. Im 20°C-Versuch wurden die gleichen Bedingungen wieder hergestellt, wie sie in der VA Kaditz am Ende des 2. Versuchs vorhanden waren. Obwohl sich auch die TS nicht signifikant verän-

4 Ergebnisse und Diskussion

derte, konnten mehr Nitrifikanten im Biofilm detektiert werden während auch das Nitrifikationspotential größer wurde (Abb. 4.15).

Im Vergleich zu den alten, adaptierten Biofilmen und Belebtschlämmen war der prozentuale Anteil der AOB in jungen Biofilmen deutlich höher. In den Biozönosen der Anlage VA Lunzenau, den WSB®-Kleinkläranlagen und in kommunalen Kläranlagen konnten Prozentzahlen von 0,5 - 4,3 % ermittelt werden, wobei die VA Lunzenau die größten Anteile der AOB an der GZZ unter den alten Biozönosen aufweisen konnte. In den jungen Biofilmen wurden Anteile von 1 - 10 % gezählt, wobei nur der schwer belastete Biofilm am Anfang des zweiten Versuchs in der VA Kaditz insgesamt 1% AOB besaß. In der VA Kaditz ist die AOB-Abundanz zwar mit dem Biofilmwachstum und somit Biofilmalter gestiegen, jedoch nur, weil der Biofilm noch recht dünn war. Die älteren, adaptierten Biozönosen zeigten insgesamt geringere Zahlen der AOB. SILYN-ROBERTS und LEWIS (2001) stellten auch in Biofilmen von Pflanzenkläranlagen fest, dass sich die Abundanz von *Nitrosomonas spp.* mit dem steigenden Biofilmalter von 46 auf 0,1 % an der GZZ verringerte.

In SCBR-Biofilmen, die einige Wochen alt waren und bei verschiedenen C / N-Verhältnissen (3, 5, 10) von XIA et al. (2010) getestet wurden, lagen die Anteile von AOB bei 5 - 12 % an der GZZ. Dabei hat der Anteil von *Nitrosomomas*- und *Nitrosospira*-Arten beim kleinen C / N-Verhältnissen von 3 deutlich zugenommen. Auch in den hier untersuchten Anlagen konnte ein negativer Einfluss der Belastung beobachtet werden. Bei extrem hoher Belastung im 2. Versuch der VA Kaditz haben sich nicht so viele AOB im Biofilm etabliert wie im 1. Versuch. In dickeren Biofilmen der VA Lunzenau wurden zwar auch weniger AOB mit größer werdender Belastung gezählt, allerdings konnte die Abundanz dieser Bakterien nur in den oberen Biofilmteilen ermittelt werden, weswegen es zu einer Unterschätzung der Anzahl dieser Bakterien kam.

Des Weiteren kann die Anzahl der AOB auf die Betaproteobakterien bezogen werden, da die hier untersuchten Nitrifikanten zu dieser Gruppe gehören. Dabei ergaben sich im alten Biofilm und Belebtschlamm Anteile von bis zu 36 % und im jungen Biofilm bis 45 %.

4 Ergebnisse und Diskussion

Bis auf die Versuchsanlage VA Lunzenau konnte eine gute Korrelation zwischen der AOB-Abundanz und dem Nitrifikationspotential in den alten und jungen Biofilmen gefunden werden. Die VA Lunzenau besaß allerdings die dicksten Biofilme, in denen Nitrifikanten stärker von heterotrophen Bakterien überwachsen wurden und dementsprechend nicht mehr vollständig im oberen Biofilmbereich detektierbar waren.

Abschließend lässt sich zusammenfassen, dass in den verschiedenen Biofilmen und Belebtschlämmen die Zusammensetzung und Abundanz der Nitrifikanten ganz unterschiedlich war. Damit wird die Tatsache gestützt, dass die sensiblen AOB stark auf äußere Faktoren reagieren und die Abundanz und Zusammensetzung einer AOB-Gemeinschaft von den gegebenen Lebensbedingungen abhängt. Auch wenn man mit den eingesetzten Sonden keine einzelnen Mikroorganismen nachweisen kann, so konnte man doch kleine Gruppen detektieren oder ausschließen. Diese Tatsache führt zum Schluss, dass beim Verwenden einzelner, unspezifischer Sonden für AOB wie den Nso1225 und Nso190 man nur unzureichende Informationen bekommt und viele Nitrifikanten bei der Zählung nicht berücksichtigt werden.

In den alten Biofilmen und Belebtschlämmen dominierte die Gattung *Nitrosomonas*, während in jungen Biofilmen es mehr *Nitrosospira spp.* gab oder die Anteile ausge-glichen waren. WANG et al. (2010) detektierten in acht Belebtschlammanlagen ebenfalls *Nitrosomonas* als dominante AOB-Spezies. DYTCZAK et al. (2008) berichteten ebenfalls über die Dominanz der Gattung *Nitrosomonas* in einem SBR (Sequencing Batch Reactor) bei alternierenden anoxischen und aeroben Bedingungen, wobei in einem nur aeroben SBR *Nitrosospira*-Arten als dominant auftraten. Möglicherweise können sich *Nitrosospira*-AOB nur bei höheren Sauerstoffkonzentrationen durchsetzen. In den hier untersuchten jungen Biofilmen war die Dicke noch sehr gering (Abb. 4.2), was eine bessere Penetration von O_2 zur Folge hatte und möglicherweise dadurch *Nitrosospira*-Arten begünstigte. Andererseits stellten LIMPIYAKORN et al. (2005) fest,

4 Ergebnisse und Diskussion

dass *Nitrosomonas communis* einen Vorteil in einer Umgebung mit fluktuierendem Sauerstoffgehalt hatte.

4.4.2 Charakterisierung der AOB-Gemeinschaft anhand des *amoA*-Gens

AOB wurden mittels molekularbiologischer Methoden wie spezifischer PCR verbunden mit Klonierung, Sequenzierung, Abgleichen in Genbibliotheken und der Fingerprintmethode DGGE in den verschiedenen Anlagen detektiert und mit den jeweiligen Anlagenparametern verglichen. Dazu wurde das Strukturgen *amoA* genutzt, das für das aktive Zentrum der Ammoniummonooxigenase codiert und in allen AOB der Betaproteobakterien vorhanden ist.

4.4.2.1 Dendrogramm und Anteile der amoA-Sequenzen

Die Abbildung 4.23 zeigt ein Dendrogramm der phylogenetischen Beziehungen der analysierten amoA-Klone, die aus den untersuchten Biofilm- und Belebtschlammproben gewonnen wurden. Dieser Stammbaum wurde auf Basis der amoA-Sequenz er-stellt, wobei die Sequenzen als gleich angesehen wurden, die für dieselbe Aminosäuresequenz codieren.

Weiterhin sollte gesagt werden, dass die analysierten Sequenzen nur aus den in 0,14 M NaCl abgeschüttelten Biofilmen gewonnen werden konnten.

4 Ergebnisse und Diskussion

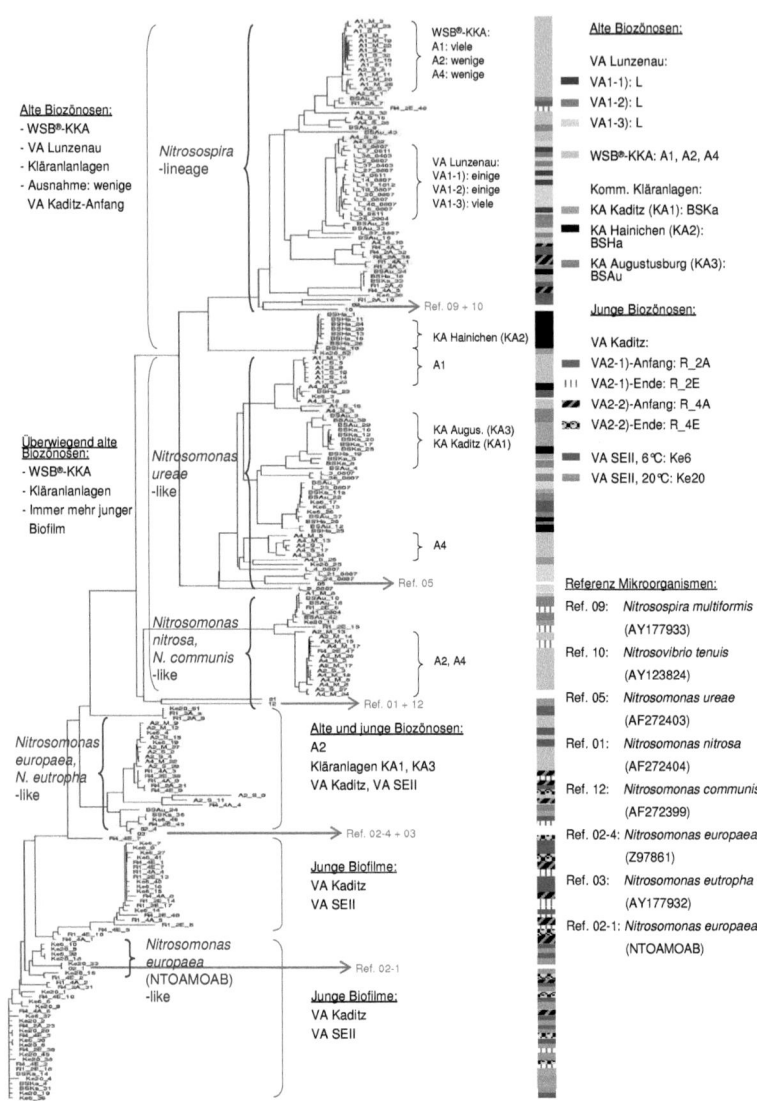

Abb. 4.23: Dendrogramm der analysierten Klone aus den untersuchten Biofilm- und Belebtschlammproben auf Basis der amoA-Sequenz. Der farbige Balken markiert die Höhe eines Klons aus einer bestimmten Probe im Stammbaum. Daneben sind die Farben den jeweiligen Anlagen zugeordnet. Der Strich unter dem Dendrogramm gibt einen 10%igen Unterschied in der Sequenz an.

4 Ergebnisse und Diskussion

Zusätzlich zum phylogenetischen Vergleich der amoA-Sequenzen in einem Stammbaum, wurde auch die Häufigkeit jeder Sequenz an der Gesamtzahl aller klonierten Sequenzen in einer Probe analysiert. Die dadurch errechneten prozentualen Anteile der einzelnen amoA-Sequenzen geben einen Hinweis auf die Abundanz bestimmter AOB in einer Biozönose. Diese wurden im Diagramm der Abbildung 4.24 dargestellt.

Problematisch an der Darstellung der Häufigkeiten der amoA-Sequenzen ist die nicht vorhandene Information des Verwandtschaftsgrades zwischen den einzelnen Sequenzen. Weiterhin könnte eine bestimmte Sequenz bei der Klonierung bevorzugt in die kompetenten Zellen eingebaut worden sein und erscheint aus diesem Grund häufiger in einer Biozönose als die anderen. Aus diesen Gründen ist eine Quantifizierung der untersuchten amoA-Sequenzen nicht hundertprozentig sicher, kann jedoch wichtige Aussagen ermöglichen oder die im klassischen Dendrogramm abgeleiteten Thesen unterstützen.

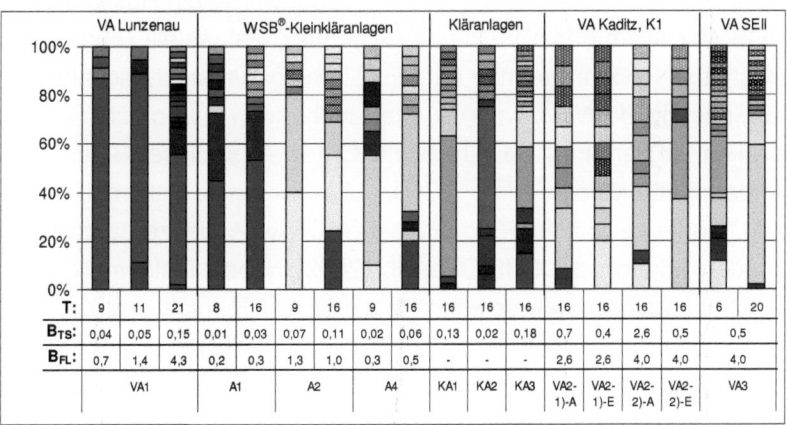

Abb. 4.24: Prozentualer Anteil einzelner amoA-Sequenzen an der Gesamtzahl der sequenzierten Klone in den Biofilm- und Belebtschlammproben (jeder amoA-Sequenz wurde eine eigene Farbe zugeordnet). (T: Temperatur im Biologiereaktor [°C]; B_{TS}: Schlammbelastung [kg BSB_5 / kg TS * d]; B_{FL}: Flächenbelastung [g BSB_5/m^2*d]).

4 Ergebnisse und Diskussion

VA Lunzenau:

Die AOB in den älteren Biofilmen der VA Lunzenau befinden sich im Stammbaum in einem Cluster aus eng miteinander verwandten Nitrifikanten (Abb. 4.23, schwarze Klammer: VA Lunzenau). Einige Sequenzen aus der dritten Probenahmephase, die mit der höchsten Belastung betrieben wurde, sind auch an anderen Stellen außerhalb dieses Clusters zu finden, jedoch nur in den Verzweigungen, in die vermehrt Klone aus älteren Biofilmen eingeordnet wurden. Aufgrund der neuen Sequenzen wurde die Diversität größer, was wohl nötig war, um bei der hohen Belastung weiterhin eine stabile und sogar verbesserte Nitrifikation leisten zu können (Tab. 4.1, Abb. 4.14). So gesehen wirkt sich die hohe Belastung am Ende positiv auf die Bandbreite der AOB aus. Hier wird wieder die Theorie bestätigt, dass nicht nur eine stabile Bakteriengemeinschaft, sondern auch eine flexible wichtig ist für den Erfolg vieler Prozesse ist (MIURA et al. (2007)).

Diese größte Variabilität in den Proben des letzten Versuchs konnte mit der FISH nicht bestätigt werden. Dabei wurde ein Rückgang der AOB, vor allem der *Nitrosomonas*-Gattung, festgestellt (Abb. 4.21). Das muss jedoch, wie man an dem Stammbaum sieht, nicht bedeuten, dass keine *Nitrosomonas*-Arten vorhanden waren. Die Sonden decken auf der einen Seite nicht alle Organismen dieser Gattung ab. Andererseits werden durch FISH viel besser aktive Bakterien detektiert, wobei bei der PCR auch inaktive DNA-Sequenzen amplifiziert werden können. HOSHINO et al. (2003) haben festgestellt, dass AOB nach einer zweiwöchigen Phase ohne NH_4 nicht mehr im Biofilm mittels FISH detektierbar, aber durch PCR immer noch nachweisbar waren. Das funktionale Gen der Ammoniummonooxigenase ist unabhängig von seiner Aktivität detektierbar. Das könnte wiederum bedeuten, dass die durch PCR erfassten Sequenzen zu Mikroorganismen gehörten, die keinerlei Nitrifikation mehr betrieben haben. Dagegen spricht die Tatsache, dass viele amoA-Sequenzen in der 3. Versuchsphase erst dazugekommen sind, was bedeuten könnte, dass sie an der Nitrifikation beteiligt waren. Dafür spricht auch das gestiegene Nitrifikationspotential (Abb. 4.14). Bei der Dis-

4 Ergebnisse und Diskussion

kussion der FISH-Ergebnisse wurde vermutet, dass die AOB unter anderem nicht vollständig detektiert werden konnten, weil sie sich verstärkt im unteren Biofilm befanden. Die amoA-Sequenzen wurden aber auch nur im oberen Bereich analysiert. Hier fand sicherlich eine Unterschätzung der AOB durch die FISH statt.

Das Vorhandensein der Gattung *Nitrosospira* konnte allerdings mittels Klonierung und FISH (Abb. 4.21) bestätigt werden. Im Stammbaum wurden die meisten amoA-Klone in die *Nitrosospira*-lineage eingeordnet, wobei Vertreter von *Nitrosomonas* in den ersten beiden Versuchsphasen gar nicht kloniert werden konnten, jedoch mittels FISH eindeutig detektiert wurden. Hier sei darauf hingewiesen, dass beim Klonieren nicht gewährleistet ist, dass alle vorhandenen DNA-Fragmente gleich gut kloniert und anschließend sequenziert werden. In der Abbildung 4.24 der Prozentanteile einzelner amoA-Sequenzen fällt auf, dass in der VA Lunzenau in allen drei Versuchsphasen eine bestimmte amoA-Sequenz (dunkelblau) mit einem hohen Anteil bis 90 % vorhanden war. Diese Art von AOB hat jedoch mit steigender Belastung etwas abgenommen. Anhand der BLAST®-Ergebnisse und der Einordnung dieser amoA-Sequenz im Dendrogramm konnte festgestellt werden, dass sie mit *Nitrosospira sp.* nah verwandt ist. In der dritten Belastungsphase kamen viele Sequenzen dazu, die jeweils nur einen kleinen Anteil an allen AOB ausmachten. Es handelt sich wohl um die AOB, die außerhalb des Clusters, der die meisten Sequenzen der VA Lunzenau enthielt, im Dendrogramm eingeordnet wurden.

WSB®-Kleinkläranlagen:

Ganz oben in der Abbildung 4.23 befindet sich ein Cluster mit amoA-Sequenzen aus den WSB®-Kleinkläranlagen, wobei Klone aus der A1 hier am häufigsten eingeordnet wurden. Die Klone der einzelnen Kleinkläranlagen bilden innerhalb des Dendrogramms einige Cluster, die somit eine größere Vielfalt an AOB aufweisen als die der VA Lunzenau. Einzelne Klone aus diesen Biofilmen verteilten sich fast über das ganze Dendrogramm. In dem Bereich des Stammbaumes, in dem verstärkt Sequenzen aus jungen Biofilmen vorkommen, waren ebenfalls Klone der A2 anzutreffen. WANG et al.

(2010) haben auch in vielen Abwasserbehandlungsanlagen festgestellt, dass die AOB-Diversität bei häuslichem Abwasser höher war als bei einem Gemisch aus häuslichem und industriellem Abwasser, was in der VA Lunzenau der Fall war.
Die größten Unterschiede in den amoA-Sequenzen der WSB®-KKA wurden in der A2 festgestellt, die kleinsten in der A1.
Für den phylogenetischen Vergleich wurden bei den WSB®-KKA die Probenahmephasen 1)-8/9°C und 2)-16°C herangezogen (im Stammbaum Abb. 4.23 nicht gesondert aufgeführt). In der A1 fand eine Verlagerung der Sequenzen von der ersten zur zweiten Beprobungsphase von dem Zweig, der mehr mit *Nitrosospira*-lineage verwandt ist (siehe Referenz Mikroorganismen), zu dem, der *Nitrosomonas ureae* als Referenz beinhaltet. Ähnliches wurde auch mittels FISH festgestellt (Abb. 4.21). Dabei konnten in der zweiten Beprobungsphase mit den verwendeten Sonden allerdings gar keine *Nitrosospira* mehr detektiert werden.
Die Klone der A2 haben, ähnlich wie die FISH-Ergebnisse (Abb. 4.21) und die Nitrifikationspotentiale (Abb. 4.14), keine nennenswerten Unterschiede zwischen den zwei Phasen gezeigt.
Es konnten auch keine Unterschiede im Stammbaum bei den A4-Proben festgestellt werden. Die Sequenzen waren in Clustern der *Nitrosospira*-lineage und *Nitrosomonas ureae*-like zu finden. Mit der FISH konnten jedoch keine *Nitrosospira*-Arten mit den gattungsspezifischen Sonden im 16°C-Biofilm nachgewiesen werden.

Die Biofilme der Kleinkläranlagen besaßen ebenfalls wie die VA Lunzenau amoA-Sequenzen mit einem deutlich höheren Anteil als andere (Abb. 4.24). Hier gab es in jeder Anlage 1-2 dominante Arten, die ca. 40-50 % der AOB ausmachten und bei 8°C genauso detektiert werden konnten wie bei 16°C (Ausnahme A4). Diese waren von Anlage zu Anlage meist unterschiedlich, es wurden jedoch auch gleiche dominante AOB detektiert.
Es wurden auch einige AOB gefunden, die nur vereinzelt vorkamen. Diese bestanden in jeder Beprobungsphase aus teilweise anderen Nitrfikanten. Dies könnte bedeuten, dass sich immer wieder unterschiedliche Ammoniumoxidierer versuchen im Biofilm zu etablieren.

4 Ergebnisse und Diskussion

Anhand der BLAST®-Ergebnisse und der Einordnung der amoA-Sequenz im Dendrogramm konnten die dominanten AOB näher bestimmt werden. In der A1 bestanden die AOB zur Hälfte aus einer *Nitrosospira*-Spezies (braun) und ca. zu 20 % aus einer dominanten Art der *Nitrosomonas*-Gattung (dunkelbraun). Die A2 besaß zwei dominante *Nitrosomonas*-Arten (hellgelb und mint), die beide zu gleichen Teilen 80 % aller amoA-Sequenzen ausmachten. Im 16°C-Versuch wurden diese von der gleichen *Nitrosospira*-Spezies etwas verdrängt, die in der A1 eine dominante Art darstellte (braun). Der Biofilm in der A4 wurde zu 55 % von den gleichen dominanten *Nitrosomonas*-Arten wie in der A2 beherrscht (hellgelb und mint). Bei 16°C war auch hier die gleiche *Nitrosospira*-Spezies wie in A1 und A2 anzutreffen (braun).

In allen Anlagen war eine Zunahme oder ein Auftauchen einer dominanten *Nitrosospira*-Art in der 16°C-Probenahme zu verzeichnen (braun). Dies spricht dagegen, dass diese Bakterien, wie bei der FISH festgestellt wurde, im Biofilm nicht mehr vorhanden waren. Es könnte sein, dass die hier in allen Anlagen vorkommende dominante *Nitrosospira*-Sequenz mit den eingesetzten FISH-Sonden nicht erfasst wurde. Hier sieht es so aus, als würden die dünneren Biofilme und die höhere Temperatur (Abb. 4.1) diese Gattung begünstigen. Die geringere Dicke der Biofilme hatte eine bessere Sauerstoffversorgung der tieferen Schichten zur Folge. DYTCZAK et al. (2008) fanden nur dominante *Nitrosospira*-Arten in einem ständig belüfteten SBR vor.

Kommunale Kläranlagen:
Die amoA-Klone, die aus den Belebtschlämmen der kommunalen Kläranlagen gewonnen wurden, haben ebenfalls eigene Cluster im Stammbaum gebildet (Abb. 4.23). Eine Ansammlung mehrerer nah miteinender verwandter AOB bildeten die Klone aus der Kläranlage Hainichen (KA2). Ein weiterer Cluster bestand aus Sequenzen der Kläranlagen Kaditz (KA1) und Augustusburg (KA3). Die sonstigen Klone der untersuchten Belebtschlämme sind über den ganzen Stammbaum verteilt anzutreffen.

Auffällig am Stammbaum ist, dass einige Sequenzen der KA2 und KA3 in der *Nitrosospira*-lineage Verzweigung auftauchen. Bei der FISH wurden jedoch mit den spezifischen Sonden für diese Gattung keine Bakterien detektiert (Abb. 4.21). Im Belebtschlamm der KA1 stimmen jedoch die gefundenen amoA-Sequenzen mit der Erfassung durch FISH überein.

Die amoA-Klone aus den KA Kaditz (KA1) und Augustusburg (KA3) hatten größere Unterschiede in den Sequenzen als die der KA Hainichen (KA2). Dies kann mit dem gemessenen Nitrifikationspotential in Verbindung gesetzt werden, das in der KA2 deutlich niedriger war als in den anderen Belebtschlämmen (Abb. 4.14).

Die Häufigkeiten der Nitrifikanten mit den dominanten Sequenzen in den Kläranlagen Kaditz (KA1) und Hainichen (KA2) ähnelten auf den ersten Blick den alten Biofilmen (Abb. 4.24). Die dominanten Arten in Belebtschlämmen der KA1 und KA2 gehörten zu *Nitrosomonas ureae*-like AOB. Hierbei wird die Dominanz der Gattung *Nitrosomonas* auch durch die FISH-Ergebnisse bestätigt (Abb. 4.21). Auch WANG et al. (2010) stellten in acht Belebtschlämmen die Dominanz von *Nitrosomonas spp.* fest.

Im Belebtschlamm der KA3 (KA Augustusburg) waren einige Arten vorhanden, die häufig vorkamen, wobei sich keine als richtig dominant ausbildete. Die häufigsten Sequenzen gehörten zu beiden Gattungen, *Nitrosomonas* und *Nitrosospira*. Die FISH lieferte lediglich mit den gattungsspezifischen *Nitrosomonas*-Sonden positive Signale (Abb. 4.21).

VA Kaditz:

In der VA Kaditz wurden aus allen Biofilmen der vier eingesetzten Träger DNA isoliert, das amoA-Fragment kloniert und sequenziert. Im Stammbaum wurden nur die Klone von den K1- und BWCa-Trägern eingerechnet (nicht gesondert gekennzeichnet). Anhand dessen konnte man erkennen, dass es keine nennenswerten Unterschiede zwischen den klonierten amoA-Sequenzen in den Biofilmen auf den verschiedenen Trägern gab.

4 Ergebnisse und Diskussion

Auffällig an dem Dendrogramm ist, dass die Klone aus den jungen Biofilmen der VA Kaditz und VA SEII einen deutlichen Unterschied in der amoA-Sequenz im Vergleich zu den alten Biofilmen aufweisen und dementsprechend auch im Stammbaum zum größten Teil an anderer Stelle zu finden sind. Die Biofilme beider Versuche in der VA Kaditz besaßen allerdings auch Nitrifikanten, die nah mit denen aus alten Biofilmen verwandt sind. In diesen Proben befanden sich Sequenzen, die in den Zweig mit *Nitrosospira multiformis* und *Nitrosovibrio tenuis* eingeordnet wurden, in dem sich auch der große Cluster der VA Lunzenau und einer der WSB®-Kleinkläranlagen befindet.

Am Ende der beiden Versuche in der VA Kaditz wurden viele gemeinsame Klone gefunden, die zusammen mit denjenigen vom Anfang der Versuche, im Bereich von *Nitrosomonas europaea* und *Nitrosomonas eutropha* eingeordnet wurden.

Im ersten Versuch mit weniger belastetem Biofilm (VA2-1)) wurden weniger unterschiedliche amoA-Sequenzen detektiert als im zweiten Versuch mit extrem stark belastetem Biofilm (VA2-2)). Gegen Ende der Versuche konnte jedoch in der ersten Versuchsphase eine größere Vielfalt an Nitrifikanten entdeckt werden. Hier wurde auch das größte Nitrifikationspotential gemessen (Abb. 4.15).

Die Vielfalt der AOB im Dendrogramm korreliert in den einzelnen Proben der beiden Versuche sehr gut mit der FISH-Nitrifikantenanzahl (Abb. 4.21) und dem Nitrifikationspotential (Abb. 4.15).

Lediglich die Zusammensetzung der beiden Gattungen der AOB, einmal ermittelt anhand des amoA-Gens und einmal anhand der FISH, ist etwas anders. Am Ende des 2. Versuchs wurden im Stammbaum nur Sequenzen zu *Nitrosomonas*-Arten eingeordnet, wobei bei der FISH die Gattung *Nitrosospira* sogar dominierte. Hier wurden wohl nicht alle Sequenzen kloniert.

Anhand der Abbildung 4.24 mit der Darstellung prozentualer Anteile der klonierten amoA-Sequenzen kann ausgesagt werden, dass in der ersten Versuchsphase alle gefundenen Sequenzen ungefähr zu gleichen Teilen an der Gesamtzahl aller Sequenzen vorkamen. Dabei gab es keine Art, die eine deutliche Dominanz zeigte. Die am häufigsten vorkommenden amoA-Sequenzen gehörten allerdings in die Gattung *Nitrosomonas* (hellgelb und mint). Man kann davon ausgehen, dass im jungen Biofilm sich zunächst viele unterschiedliche AOB anlagern und eine Selektion durch Anpassung erst später stattfindet.

Etwas anders sah es in der zweiten, stärker belasteten Versuchsphase aus. Am Anfang haben sich wie im ersten Versuch viele unterschiedliche Nitrifikantenarten angesiedelt. Am Ende des Versuchs jedoch war die Verteilung der Anteile ähnlich wie in alten Biofilmen. Hier haben sich, durch einen höheren Konkurrenzdruck von heterotrophen Mikroorganismen und demzufolge auch untereinander, schneller dominante Arten entwickelt (hellblau und mint, jeweils ca. 40 %). Auch hier gehörten die am häufigsten vorkommenden amoA-Sequenzen in die Gattung *Nitrosomonas*.

VA SEII:
Es konnten zwar einige amoA-Sequenzen aus der VA SEII im Stammbaum neben Sequenzen aus alten Biofilmen eingeordnet werden, die meisten Klone sind jedoch im Bereich anzutreffen, der eine engere Verwandtschaft zu den Biofilmen der VA Kaditz zeigt.

Die Versuchsanlage VA SEII wurde mit K1-Trägern aus der VA Kaditz am Ende des letzten Versuchs bis auf die Temperatur bei gleichen Bedingungen gestartet. Die amoA-Sequenzen, die nahe bei denjenigen aus alten Biofilmen im Stammbaum liegen, sind im 6°C-Versuch möglicherweise neu dazu gekommen, da diese im Biofilm der VA Kaditz vorher nicht gefunden wurden. Dies lässt den Schluss zu, dass es wahrscheinlich nitrifizierende Bakterien gibt, die besser an niedrige Temperaturen angepasst sind und sich dabei schneller vermehren können als andere Nitrifikanten. Diese Feststellung wird auch durch die Ergebnisse des Nitrifikationspotentials gestützt, das bei 6°C größere Werte ergab als bei den für diese Methode üblichen 28°C (Kapitel 4.3.2.1). Diese neuen Klone sind im Dendrogramm im Verwandtschaftszweig mit *Nitrosospira multiformis* anzutreffen. Ähnliche Ergebnisse lieferte auch die FISH (Abb. 4.22). Dabei nahm der Anteil der Gattung *Nitrosospira* im Vergleich zur VA Kaditz etwas zu.

4 Ergebnisse und Diskussion

Die meisten amoA-Klone waren in der VA SEII nach einer angemessenen Anpassungszeit bei 6°C genauso vorhanden wie vorher in der VA Kaditz. Dies würde darauf hinweisen, dass bei einer Änderung der Lebensbedingungen die Nitrifikanten noch recht lange im Biofilm verbleiben, da sie nicht ohne weiteres aus dem System ausgespült werden können. Man würde jedoch annehmen, dass diese dann nicht mehr so aktiv und nicht mehr mittels FISH nachweisbar sind. Hier war jedoch noch mindestens die gleiche Menge AOB detektierbar (Abb. 4.22). Allerdings ist das Ammoniumoxidationspotential deutlich gesunken (Abb. 4.15). In diesen Bakterien war möglicherweise die Stärke der FISH-Signale nicht so stark vom physiologischen Zustand der Zellen abhängig. Diese Abhängigkeit trifft nämlich nicht bei allen Mikroorganismen zu (DELONG et al. (1989), AMANN et al. (1995)).

Weiterhin konnte kein signifikanter Unterschied zwischen den amoA-Sequenzen bei 6°C und bei 20°C Betriebstemperatur in dieser Versuchsanlage gefunden werden. Bei der FISH jedoch wurden bei 20°C wesentlich mehr AOB detektiert als bei 6°C (Abb. 4.22). Auch das Nitrifikationspotential ist deutlich angestiegen (Abb. 4.15). Dies deutet darauf hin, dass die vorhandenen Nitrifikanten aktiver wurden und dadurch deutlicher mittels FISH detektiert werden konnten. Außerdem konnten sich die AOB bei der hohen Temperatur verstärkt vermehren, was man im Stammbaum nicht sehen kann, da es sich um eine qualitative Bestimmung der unterschiedlichen Sequenzen handelt.

In der Abbildung 4.24 kann man erkennen, dass sich die Zusammensetzung im Vergleich zur VA Kaditz verändert hat. Die häufigsten AOB haben etwas abgenommen, während viele einzelne neue amoA-Sequenzen aufgetaucht sind. Dies könnte mit der Temperatur zu tun haben. Die vorhandenen Nitrifikanten waren nicht so gut an die niedrige Temperatur angepasst und es kam zu einer Anlagerung von weiteren AOB. Weiterhin übten bei 6°C Heterotrophe einen geringeren Druck auf die Nitrifikanten aus.

Bei der Betriebstemperatur von 20°C kehrte die eine dominante Art, die bereits am Ende der letzten Versuchsphase in der VA Kaditz vorhanden war, wieder stark zurück und bildete die größte Abundanz in diesem Biofilm (mint, fast 60 %). Das ist der Beweis dafür, dass Nitrifikanten aus Biofilmen bei niedrigen Temperaturen nicht unbedingt ausgespült werden. Viele Arten werden vielleicht bei sich ändernden Bedingungen von besser angepassten zurückgedrängt, verschwinden jedoch nicht aus dem System, sondern können sich bei anderen Bedingungen wieder behaupten. Dies spricht dafür, dass verschiedenste Mikroorganismen im Biofilm ungünstige Zeiten überleben können.

Die dominante Art im 20°C-Versuch ist im Stammbaum (Abb. 4.23) in der Verzweigung mit *Nitrosomonas europaea* und *N. eutropha* zu finden. Da bei der Quantifizierung mittels FISH allerdings eindeutig die Gattung *Nitrosospira* dominierte (Abb. 4.22), kann man an dieser Stelle nicht sagen, ob dies der Wirklichkeit entsprach.

Allgemein kann man anhand der klonierten und sequenzierten amoA-Sequenzen sagen, dass die alten, adaptierten Biofilme über eine geringere Vielfalt an AOB verfügten als die jungen, sich entwickelnden Biofilme. Dies könnte ein Resultat von Anpassung an die gegebenen Bedingungen sein. In jungen Biofilmen gab es größere Unterschiede in der Sequenz, aber auch eine Vielzahl an eng miteinander verwandten AOB, die wiederum in der Sequenz sich stark von den alten Biofilmen unterschieden. Das würde dafür sprechen, dass sich am Anfang der Biofilmbildung die unterschiedlichsten Nitrifikanten ansiedeln und mit der Zeit als Folge von Konkurrenz und mangelnder Anpassungsfähigkeit die meisten wieder aus dem Biofilm verschwinden und besser angepasste dafür verstärkt auftreten.

Es wurden mehr unterschiedliche Sequenzen in der Gattung *Nitrosomonas* gefunden. Die *Nitrosomonas*-Sequenzen an sich hatten wiederum größere Unterschiede untereinander als die *Nitrosospira*-Sequenzen.

Man konnte sehen, dass die alten, angepassten Biofilme und Belebtschlämme meist eine bis zwei dominante AOB-Arten besaßen, die auch bei sich ändernden Verhältnissen relativ konstant in der Biozönose blieben. Die Sequenzen mit kleinen Anteilen an der Gesamtzahl aller Klone waren meist nicht so konstant in den Proben

4 Ergebnisse und Diskussion

vorhanden, sondern sind bei Änderung der Temperatur oder Belastung aus den Biofilmen verschwunden.

In ganz jungen Biofilmen konnte keine dominante Art festgestellt werden. Erst nach einigen Wochen und einer extrem hohen Belastung hat sich in der zweiten Versuchsphase der VA Kaditz eine AOB-Art mit einem deutlich höheren Anteil durchgesetzt. Die Zusammensetzung in der VA SEII bei 20 °C ähnelte aufgrund der Verteilung einzelner Sequenzen mit der stark vertretenen dominanten Spezies den alten Biofilmen. Dies lag wahrscheinlich an dem bereits fortgeschrittenem Alter des Biofilms von mehreren Monaten.

Weiterhin fällt auf, dass es für jedes untersuchte System ganz bestimmte Nitrifikanten gab, die einen höheren Anteil erreichten als die anderen. Proben mit der gleichen dominierenden Art wurden meist mit dem gleichen zufließenden Abwasser versorgt (alle drei Versuche in der VA Lunzenau; VA Kaditz und VA SEII). Die Abwasserzusammensetzung scheint eine entscheidende Rolle für die Adaptation von Nitrifikanten zu spielen. Es könnte möglicherweise auch daran liegen, dass nicht in jedem Abwasser die gleichen Nitrifikanten vorhanden sind. PARK und NOGUERA (2004) berichteten darüber, dass der Abwassertyp und Charakteristiken einer Abwasserbehandlungsanlage wie Belüftungsintensität, Reaktorkonfiguration, Feststoffverweilzeit (SRT) und hydraulische Verweilzeit (HRT) signifikant unterschiedliche Bedingungen hervorrufen und damit ganz unterschiedliche AOB selektieren können.

Im Kapitel 4.4.1.2.2 wurde anhand der FISH-Ergebnisse festgestellt, dass die alten Biozönosen über mehr *Nitrosomonas*-Spezies verfügten, während die jungen Biofilme eine größere Abundanz an Vertretern der Gattung *Nitrosospira* besaßen. An den Häufigkeiten der unterschiedlichen amoA-Sequenzen kann man dies nicht ohne weiteres behaupten. Zumindest konnte in der VA Lunzenau bei hoher Belastung eine *Nitrosospira*-Dominanz mit beiden Methoden bestätigt werden. Des Weiteren wurde eine Unterschätzung dieser Gattung mittels FISH in den WSB®-Kleinkläranlagen festgestellt. Anhand der amoA-Sequenzen kamen in der 16 °C-Beprobung beide Gattungen gleichermaßen vor. Die Belebtschlämme verfügten eher über *Nitro-*

somonas-AOB. Aus diesen Gründen kann man bei den adaptierten Biozönosen nicht davon sprechen, dass das Alter irgendeine Gattung bevorzugt. In der Literatur wurden schon oft in Abwasserbehandlungsanlagen entweder Vertreter der Gattung *Nitrosomonas* (PARK und NOGUERA (2004)) oder *Nitrosospira* (COSKUNER und CURTIS (2002)) als dominante AOB gefunden.

In den jungen Biofilmen kann man sowieso nicht von dominanten Gruppen sprechen, da es eher viele Sequenzen mit kleinen Anteilen gab. Allerdings wurde in einigen Proben festgestellt, dass bei der FISH möglicherweise nicht genug *Nitrosomonas*-Spezies detektiert wurden, während bei der Klonierung *Nitrosospira*-Sequenzen schlechter in die kompetenten Zellen eingebaut wurden. Allerdings korrelierte in vielen Proben die Vielfalt der AOB im Dendrogramm sehr gut mit der FISH-Nitrifikantenanzahl (Abb. 4.21) und dem Nitrifikationspotential (Abb. 4.15).

Des Weiteren konnte in den untersuchten Systemen eine große Fülle an verschiedenen amoA-Sequenzen gefunden werden. Insgesamt betrug die Anzahl der unterschiedlichen Sequenzen 157. Die meisten kamen nur einmal in einer bestimmten Probe vor.

4.4.2.2 Vergleich der amoA-Sequenzen in einer DGGE

Die Vorteile einer DGGE liegen darin, dass man die Diversität eines komplexen mikrobiellen Systems beurteilen kann, ohne die möglichen Fehler einer Klonierung in Kauf nehmen zu müssen.

Wie so ziemlich alle molekularbiologischen Methoden ist allerdings auch die DGGE mit Schwierigkeiten verbunden. Eine Tatsache ist die, dass Primer, die ein funktionales Gen amplifizieren, degeneriert sind und deswegen ein multiples Bandenmuster produzieren. Aus diesem Grund können unterschiedliche Banden aus derselben Zielsequenz entstehen. Dagegen wurden bereits *amoA*-Primer (amoA-1F, amoA-2R) mit einem Inosinrest hergestellt, die allerdings nicht den erwarteten Erfolg brachten (HORNEK et al. (2006)). Es wurde sogar festgestellt, dass nicht alle AOB aus Belebtschlämmen mittels DGGE erfasst werden konnten.

4 Ergebnisse und Diskussion

Des Weiteren wurde die *amoA*-DGGE mit einer 16S rDNA-DGGE mit ebenfalls spezifischen Primern für AOB verglichen (NICOLAISEN und RAMSING (2002)), um potentielle Probleme in Bezug auf degenerierte Primer und multiple Genkopien des *amoA*-Gens zu betrachten. Dabei stellte sich das funktionale *amoA*-Gen als bessere Variante heraus. Zumindest ist die *amoA*-DGGE gut dafür geeignet, um Veränderungen der Struktur und Intensität in einem Bandenmuster über die Zeit zu untersuchen.

Die Abbildung 4.25 zeigt Banden der amoA-Sequenzen fast aller untersuchten Proben in einem DGGE-Gel. In einer Spur befinden sich Banden der verschiedenen amoA-Sequenzen einer Biozönose. Damit kann neben den bereits untersuchten Häufigkeiten der einzelnen Sequenzen (Abb. 4.24) ein Vergleich anhand eines Bandenmusters gemacht werden. Mit dieser Methode sind zwar Aussagen über phylogenetische Beziehungen und Verwandtschaftsgrade nicht definitiv möglich, man kann jedoch einen Überblick über die Vielfalt der amoA-Sequenzen in einer Probe gewinnen, diese mengenmäßig zueinander in Verbindung setzten und ihre Änderung über die Zeit in Abhängigkeit von Anlagenparametern beobachten.

Zunächst fällt in der Abbildung 4.25 auf, dass sich ein durchaus unterschiedliches Bandenmuster der verschiedenen Proben ergab. Es gibt dicke, hell leuchtende Banden, die entweder für eine große Anzahl derselben Sequenz oder für verschiedene mit der gleichen Schmelztemperatur stehen. Teilweise handelt es sich um Sequenzen, die sich nur wenig voneinander unterscheiden, dadurch nicht weit genug getrennt werden und somit als eine dicke Bande erscheinen. Der Unterschied im Schmelzverhalten war auf der anderen Seite zwischen manchen Sequenzen recht hoch, da viele Banden entweder weit unten oder sehr weit oben, sogar außerhalb des Standards, sich im Gel nach der Auftrennung befanden.

VA Lunzenau:

Aus der VA Lunzenau konnten nur Proben aus den ersten zwei Versuchen in einer DGGE untersucht werden (Abb. 4.25). In beiden Proben wurde ein recht ähnliches Muster festgestellt, was den Ergebnissen aus dem Stammbaum (Abb. 4.23) und der Untersuchung

4 Ergebnisse und Diskussion

der Sequenzhäufigkeit (Abb. 4.24) entspricht. Es wurden dicke Banden sichtbar, die wohl der dominanten *Nitrosospira*-Spezies zugeordnet werden können. In diesem Bereich befinden sich im Gel einige weitere dünnere Banden, die eine relativ ähnliche Sequenz haben müssten. Ansonsten kann man einige dünne Banden nur schwer im Gel erkennen (vor allem in Spur 2), was bedeutet, dass diese in einer nur geringen Zahl vorkamen. Es ist schwierig nicht oft vertretene Sequenzen in einer DGGE sichtbar zu machen. NICOLAISEN und RAMSING (2002) berichteten darüber, dass *amoA*-Sequenzen mit kleiner Abundanz im DGGE-Gel keine Banden ergaben.

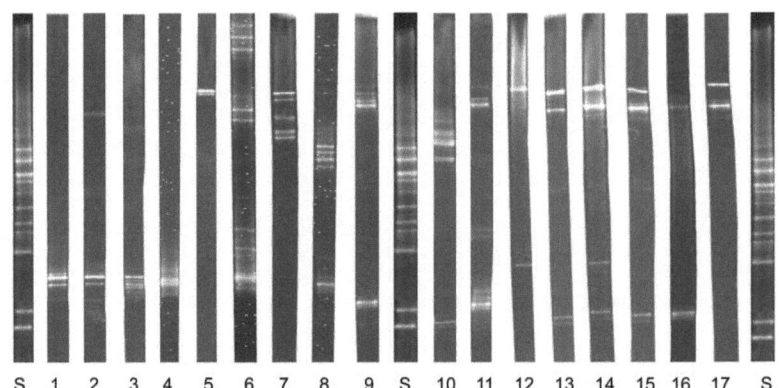

Abb. 4.25: DGGE: amoA-Banden
VA Lunzenau: 1) VA1-1); 2) VA1-2);
WSB®-KKA: 3) A1-1); 4) A1-2);
5) A2-1); 6) A2-2);
7) A4-1); 8) A4-2);
Kläranlagen: 9) KA1; 10) KA2; 11) KA3;
VA Kaditz: 12) VA2-1)-Anfang; 13) VA2-1)-Ende;
14) VA2-2)-Anfang; 15) VA2-2)-Ende;
VA SEII: 16) VA3-1)-6°C; 17) VA3-2)-20°C;
Standard: S.

WSB®-Kleinkläranlagen:
In den Kleinkläranlagen kann man in allen Proben Unterschiede im amoA-Bandenmuster zwischen der ersten Probenahmephase bei 8 - 9°C und der zweiten bei 16°C erkennen. In allen Biofilmen sind

AOB dazugekommen. Dies kann man auch im Diagramm mit den Sequenzhäufigkeiten (Abb. 4.24) erkennen.
Die größte Veränderung wurde in der A2 festgestellt. Die Anlage besaß allgemein die größte Diversität, wie man bereits anhand des Dendrogramms feststellen konnte. In der A2 und A4 sind bei 16°C Banden aufgetaucht, die sich in der gleichen Höhe wie die intensivsten Banden aus der A1 befanden. Diese könnten die neu erschienene *Nitrosospira*-Spezies beinhalten, die man im Häufigkeitendiagramm gut sehen konnte (Abb. 4.24, braun). Das Abstoßen der Biomasse und die höhere Temperatur in der 2. Beprobung bei 16°C hatten sicher einen positiven Einfluss auf die Entwicklung einiger AOB.

In der Abbildung 4.26 sind Banden aus den Biofilmen und der suspendierten Biomasse des Biologiereaktors der drei WSB®-Kleinkläranlagen dargestellt. Dabei wurden Proben aus der zweiten Beprobungsphase bei 16°C verwendet, um die Bandenmuster der Biofilme mit denen der suspendierten Biomasse zu vergleichen.

Zunächst kann gesagt werden, dass die Sequenzen aus den drei Biofilmen unterschiedliche Bandenmuster ergaben. Die Muster der einzelnen Proben der suspendierten Biomasse hatten viele amoA-Sequenzen, die mit den jeweiligen Biofilmen vergleichbar waren, aber auch ganz andere Banden. Mittels FISH wurden in der suspendierten Biomasse ganz ähnliche AOB-Anteile wie in den dazugehörigen Biofilmen gefunden. Das wird hier bestätigt. Viele Banden waren nur im Biofilm vorhanden, nicht in der suspendierten Biomasse. Einige AOB kommen eventuell auch nur selten im Abwasser vor, können sich im Biofilm jedoch gut etablieren.

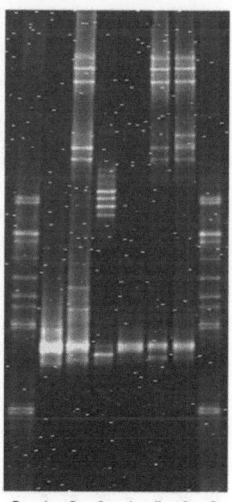

Abb. 4.26: DGGE: amoA-Banden in WSB®-KKA: Biofilm (BF) und suspendierte Biomasse (Bio): 1) A1-2)-BF; 2) A2-2)-BF; 3) A4-2)-BF; 4) A1-2)-Bio; 5) A2-2)-Bio; 6) A4-2)-Bio; Standard: S.

4 Ergebnisse und Diskussion

Wie bereits im Dendrogramm (Abb. 4.23) festgestellt wurde, gab es in der A2 die größte und in der A1 die kleinste Diversität. Auch wenn man anhand der Entfernung der einzelnen Banden nicht sicher sagen kann, in wie weit diese miteinander verwandt sind, so kann man schon davon ausgehen, dass je weiter sie voneinander entfernt liegen, desto unterschiedlicher auch ihre Sequenz. Das gleiche stellten auch NICOLAISEN und RAMSING (2002) fest. Zumindest wird die Feststellung aus dem phylogenetischen Vergleich durch die DGGE unterstützt.

Kommunale Kläranlagen:
Im Stammbaum (Abb. 4.23) wurden bereits die AOB aus den Belebtschlämmen KA1 und KA3 in nah verwandten Clustern zusammengefasst. Auch mittels DGGE ergaben sich mehr Ähnlichkeiten im Bandenmuster als im Vergleich zu der KA2.
Weiterhin wurde im Dendrogramm festgestellt, dass die amoA-Klone aus den KA Kaditz (KA1) und Augustusburg (KA3) größere Unterschiede in den Sequenzen als die der KA Hainichen (KA2) aufwiesen, was bedeutet, dass sie eine größere Diversität der AOB besaßen. Dafür gibt es auch in der DGGE Hinweise.

VA Kaditz und VA SEII:
Die meisten, in geringer Zahl vorkommenden amoA-Sequenzen der jungen Biofilme konnten im DGGE-Gel nicht richtig sichtbar gemacht werden. Die große Vielfalt an AOB, die im Stammbaum (Abb. 4.23) und im Häufigkeitendiagramm der amoA-Sequenzen (Abb. 4.24) festgestellt wurde, konnte aufgrund kleiner Abundanz in den sich entwickelnden Biofilmen nicht bestätigt werden.
Man kann jedoch erkennen, dass sich auch in den jungen Biofilmen einige AOB mit einer stärkeren Abundanz befanden (Abb. 4.25, Banden oben im Bild). Dies wurde bereits im Häufigkeitendiagramm festgestellt, wobei die am häufigsten vorkommenden Sequenzen der Gattung *Nitrosomonas* zugeordnet wurden.
Die Bandendicke und -vielfalt im Gel nahm in der VA SEII bei 6 °C im Vergleich zur VA Kaditz deutlich ab. Im Diagramm 4.24 kann man auch erkennen, dass die Abundanz der häufigsten AOB abgenom-

4 Ergebnisse und Diskussion

men hat. Dies hat bewirkt, dass viele Sequenzen im DGGE-Gel nicht gesehen werden konnten. Die dicken Banden werden in der 20°C-Spur, genau wie im Häufigkeitendiagramm 4.24, wieder deutlicher.

Die Quantifizierung und die Identifizierung der AOB mittels FISH und der amoA-Genanalyse hat ihre Grenzen. Aus diesem Grund ist es wichtig, verschiedene Methoden zu vergleichen, um Schlüsse ziehen zu können, die am ehesten der Realität einer Biozönose entsprechen. Die DGGE bietet die Möglichkeit einer annährend quantitativen und qualitativen Untersuchung der AOB. Hier wurden viele Erkenntnisse, die aus der Klonierung der amoA-Sequenzen gewonnen wurden, bestätigt.

Man konnte hier weiterhin im Vergleich zu den Häufigkeiten der klonierten Sequenzen feststellen, dass dominante Banden, die im DGGE-Gel weiter gelaufen sind (im Bild unten), wahrscheinlich zur Gattung *Nitrosospira* gehörten und die mit geringerer Mobilität zur Gattung *Nitrosomonas* (im Bild oben). Das gleiche wurde auch von NICOLAISEN und RAMSING (2002) berichtet.

4.5 Charakterisierung der EPS

Um die EPS der verschiedenen Proben zu charakterisieren, wurde die mittels DOWEX Ionenaustauscher extrahierte EPS auf die Gehalte von DNA, Proteinen, Huminstoffen, Kohlenhydraten und Rhamnolipiden untersucht. Diese Biopolymere zählen zu den mengenmäßig wichtigsten Bestandteilen der EPS (WNGENDER et al. (1999)).

In der Abbildung 4.27 sind die Gehalte der EPS-Komponenten und ihre Summe der untersuchten Biofilm- und Belebtschlammproben bezogen auf die organische Trockensubstanz dargestellt. Da die EPS genau wie die oTS nur aus dem oberen, sich in 0,14 M NaCl abschüttelbaren Biofilmbereich bestimmt werden konnten, wurden die untersuchten organischen Bestandteile pro Gramm oTS berechnet.

4 Ergebnisse und Diskussion

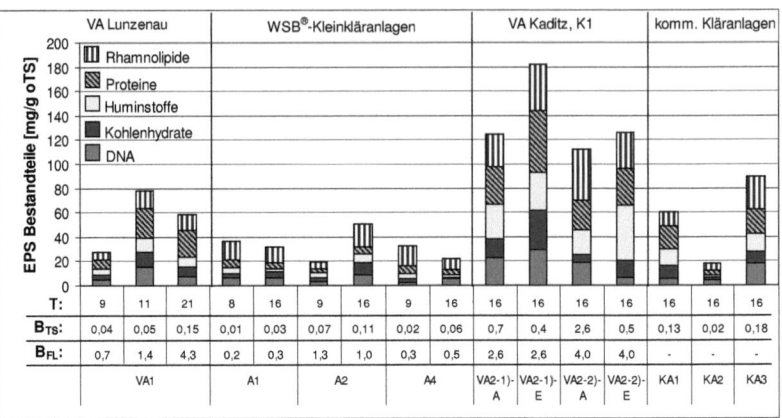

Abb. 4.27: Gehalte der gemessenen EPS-Bestandteile und ihre Summe in 1 g oTS. (T: Temperatur im Biologiereaktor [°C]; B_{TS}: Schlammbelastung [kg BSB_5 / kg TS * d]; B_{FL}: Flächenbelastung [g BSB_5 / m^2 * d]).

Auffällig an den Ergebnissen ist, dass die einzelnen Bestandteile der EPS und ihre Summe in den jungen Biofilmen der VA Kaditz mit insgesamt ca. 110-180 mg / g oTS sehr viel größere Werte besaßen als die der alten Biofilme und Belebtschlämme, die zwischen 20 und 90 mg / g oTS lagen.

In der Tabelle 4.4 sind die Anteile der Trockensubstanz der isolierten EPS an der oTS der Biomasse aufgelistet. Die Anteile lagen in einem ziemlich weiten Bereich zwischen 2,5 und 98,0 %. Dabei hatten die meisten einen Wert von unter 20 %. Diese Anteile wurden in alten und jungen Biofilmen sowie in den Belebtschlämmen gefunden.

Die Tabelle 4.4 zeigt weiterhin den prozentualen Anteil der untersuchten EPS-Bestandteile an der gesamten isolierten EPS-TS. Hierzu wurden die Gehalte an Rhamnolipiden, Proteinen, Huminstoffen, Kohlenhydraten und DNA in einem Gramm EPS-TS zusammengezählt. Anschließend wurde bestimmt, in welchem Maße die EPS aus diesen Substanzen besteht.

4 Ergebnisse und Diskussion

Tab. 4.4: Anteil der EPS-TS an der gesamten oTS und Anteil der gemessenen EPS-Bestandteile (EPS-Best.) an der EPS-TS.

Anlage	Beprobungsphasen	Anteil EPS-TS an gesamten oTS [%]	Anteil EPS-Best. an EPS-TS [%]
VA Lunzenau	VA1-1)	7,0	39,1
	VA1-2)	12,9	60,3
	VA1-3)	17,2	34,2
WSB®-KKA	A1-2)	61,3	5,2
	A2-2)	98,0	5,2
	A4-2)	9,6	22,9
VA Kaditz, K1	VA2-1)-A	13,1	95,6
	VA2-1)-E	19,2	96,0
	VA2-2)-A	12,6	93,4
	VA2-2)-E	13,9	90,2
Kommunale Kläranlagen	KA1	6,0	99,7
	KA2	2,5	71,7
	KA3	9,0	99,6

VA Lunzenau:

In dieser Versuchsanlage hat die Summe der untersuchten EPS-Bestandteile mit gestiegener Biofilmmasse (Abb. 4.1), Belastung und Temperatur im 2. Versuch von 30 auf 80 mg / g oTS um mehr als das Doppelte zugenommen. Gleichzeitig hat auch der Anteil der gesamten isolierten EPS an der oTS von 7 auf fast 13 % zugenommen (Tab. 4.4). In der dritten Versuchsphase war zwar ein leichter Rückgang der einzelnen EPS-Bestandteile und ihrer Summe zu verzeichnen, die Menge der EPS hat jedoch auf 17 % weiter zugenommen, während der Biofilm nicht mehr weiter wuchs (Abb. 4.1). In der dritten Versuchsphase war gleichzeitig ein Anstieg der oTS an der TS des Biofilms beobachtet worden, wobei ihr Anteil von 60 auf 65 % gestiegen ist (Abb. 4.3).

Hier haben wohl mit den verbesserten Nahrungsbedingungen aufgrund der höheren Belastung die EPS und ihre Bestandteile in der Biomasse zugenommen. Es ist bekannt, dass die EPS und ihre Bestandteile je nach hydrodynamischen Bedingungen und dem Nahrungsangebot variieren können (FLEMMING und WINGENDER

4 Ergebnisse und Diskussion

(2001a)). Es ist auch möglich, dass sich in erster Linie Bakterien vermehrt haben, die unter bestimmten Bedingungen viel EPS bilden. Die Proteine bildeten in allen drei Versuchen die größten Anteile, wobei alle untersuchten Substanzen einen deutlich messbaren Gehalt in den EPS besaßen.
Der gesamte Gehalt der untersuchten Biopolymere wurde prozentual auf die gesamte EPS bezogen und in der Tabelle 4.4 aufgeführt. Lediglich in der 2. Versuchsphase machten diese Substanzen mit 60,3 % den Hauptbestandteil der EPS aus.

WSB®-Kleinkläranlagen:
Bis auf die Anlage A2, in der die EPS-Bestandteile bei 16 °C um das 2,5 fache auf 50 mg / g oTS gestiegen sind, waren die untersuchten Substanzen der A1 und A4 mit im Schnitt 30 mg / g oTS relativ konstant.
Diese Kleinkläranlagen unterlagen keinen gravierenden Veränderungen in der Belastung außer denen, die ganz natürlich in diesen Anlagen vorkommen. Die Temperaturschwankungen waren jahreszeitlich bedingt. Aufgrund dieser Bedingungen und der schwachen Belastung lagen die untersuchten EPS-Bestandteile unter denen der VA Lunzenau und waren relativ gleich bleibend im ihrem Gehalt.
In den EPS dieser Biofilme waren Rhamnolipide mengenmäßig am häufigsten vertreten. Proteine bildeten einen mit anderen Bestandteilen vergleichbaren Anteil. Allerdings waren Huminstoffe nur in geringen Mengen in den Biofilmen vorhanden. In der VA Lunzenau war die Zusammensetzung dieser Substanzen anders, wobei in diese Anlage ein Teil industriellen Abwassers zugeflossen ist. Die Abwasserzusammensetzung wirkt sich auf EPS-Bestandteile aus, da Inhaltsstoffe aus dem Abwasser in der EPS-Matrix adsorbiert werden (FLEMMING und WINGENDER (2001a)).
Als Ausnahme unter den hier untersuchten Proben kann die EPS-Menge in den WSB®-Kleinkläranlagen A1 und A2 angesehen werden. In der A1 bestanden 61,3 % der organischen Trockensubstanz des Biofilms aus EPS, während in der A2 fast die gesamte oTS aus EPS bestand (98,0 %, Tab. 4.4). In der Tabelle 4.4 fällt weiterhin

auf, dass gerade in diesen Biofilmen die untersuchten EPS-Bestandteile nur 5,2 % der EPS ausmachten.
Die 98 % EPS-TS an oTS in der A2 lassen allerdings nur noch wenig Zellbiomasse zu. CHRISTENSEN und CHARAKLIS (1990) stellten fest, dass die Zellbiomasse zwischen 10 und 90 % an der organischen Substanz ausmacht. Wahrscheinlich wurden in dieser Probe einige Zellen bei der EPS-Isolierung zerstört, was den Anteil der EPS erhöhte.

Kommunale Kläranlagen:
Auch hier konnte eine Abhängigkeit der Summe der untersuchten EPS-Bestandteile von der Belastung festgestellt werden. Die stärker belasteten Belebtschlämme der KA Kaditz (KA1) und KA Augustusburg (KA3) besaßen 60 und 90 mg der Substanzen pro g oTS, während die schwach belastete KA2 nur 18 mg / g oTS aufweisen konnte (Abb. 4.27).
Den größten Gehalt der EPS-Biopolymere in der oTS machten entweder die Rhamnolipide oder Proteine aus, wobei alle untersuchten Substanzen einen deutlich messbaren Gehalt in den EPS besaßen.
In den Belebtschlämmen war der Anteil der gesamten EPS an der oTS relativ gering und bewegte sich zwischen 2,5 und 9 % (Tab. 4.4). Diese EPS bestanden jedoch fast vollständig aus den hier untersuchten Bestandteilen.

VA Kaditz:
Die jungen Biofilme der VA Kaditz besaßen mit insgesamt ca. 110-180 mg / g oTS sehr viel größere Werte der untersuchten EPS-Bestandteile als die der alten Biofilme und Belebtschlämme (Abb. 4.27). Von WHITCHURCH et al. (2002) wurde festge-stellt, dass zumindest die e-DNA in der Anfangsphase des Biofilmwachstums verstärkt benötigt wird.
Der Anteil an der oTS war bei geringerer Flächenbelastung im ersten Versuch höher als im zweiten, wobei der Anteil zum Ende hin mit steigender TS weiter zunahm. Hier hat sich die extrem hohe Schlammbelastung der dünnen Biofilme positiv auf die Produktion dieser Biopolymere der EPS ausgewirkt. Auf der anderen Seite

4 Ergebnisse und Diskussion

musste sich erst ein „conditioning film" bilden, der teilweise diese Bestandteile beinhaltet und hier möglicherweise bei der EPS-Extraktion mit erfasst wurde. Eine weitere Annahme wäre die, dass zunächst bestimmte Bakterien verstärkt diese EPS bilden, um sich im Biofilm anzulagern und zu behaupten. Jedoch waren die Anteile der gesamten EPS-TS an der oTS in diesen jungen Biofilmen mit 13 bis 19 % mit alten Biozönosen vergleichbar. Allerdings bestand fast die gesamte EPS aus den hier untersuchten Biopolymeren (Tab. 4.4), wobei diese Anteile von 90 bis 96 % in den EPS besaßen. Das bedeutet, dass insgesamt nicht mehr EPS gebildet wurden als in anderen Biozönosen, die EPS jedoch fast vollständig aus den hier untersuchten Substanzen bestanden.

Der junge Biofilm befand sich noch im Wachstum und musste sich neu organisieren. Ein alter, an die gegeben Verhältnisse angepasster Biofilm befindet sich zwar ebenfalls in einer ständigen Veränderung, besitzt aber zumindest eine relativ konstante Biofilmdicke. Weiterhin gibt es in einem adaptierten Biofilm angepasste Mikroorganismen, die eine stabile Population aufgebaut haben. Im jungen Biofilm lagern sich ständig neue Bakterien an und versuchen sich gegen die Konkurrenten durchzusetzen, was zu einem ständigen Wechsel in der Biozönose führt. Außerdem änderte sich der Zustand der Schlammbelastung mit dem Wachstum der Biofilme ständig.

Es waren entweder Proteine oder Rhamnolipide in den hier untersuchten Proben am häufigsten vertreten. Einen ziemlich großen Anteil besaßen auch Huminstoffe, was sicherlich mit dem Abwasser zu tun hatte. Auch der Belebtschlamm der Kläranlage Kaditz (KA1), der mit dem gleichen Abwasser wie die VA Kaditz betrieben wurde, besaß einen hohen Huminstoffgehalt.

Verglichen mit den Ergebnissen aus der Literatur liegen die hier analysierten Gehalte der EPS-Bestandteile im ähnlichen Bereich. Zum Beispiel stellte RODE (2004) in Belebtschlämmen Werte für Kohlenhydrate, DNA, Proteine und Huminstoffe von bis zu 33, 22, 79 und 23 mg / g TS fest, während die hier untersuchten Proben

4 Ergebnisse und Diskussion

Gehalte von bis zu 32, 29, 31 und 45 mg / g oTS ergaben. Für Lipide gaben FLEMMING und WINGENDER (2001) einen typischen Gehalt von <1 - 40 % in den EPS an. In dieser Arbeit lag der Rhamnolipidanteil an der EPS-TS zwischen 2 und 35 %.
In Tabelle 4.5 sieht man die einzelnen EPS-Komponenten und ihren Konzentrationsbereich, der in der Literatur vorgestellt wird, im Vergleich mit den Ergebnissen dieser Arbeit.

Tab: 4.5: Anteile der EPS-Bestandteile in dieser Arbeit verglichen mit der Literatur.

EPS-Bestandteile	Gehalt in EPS (diese Arbeit)	Gehalt in EPS (Literatur)	Literatur
Polysaccharide	1 - 19 %	40 - 95 %	FLEMMING und WINGENDER (2002)
Proteine	1 - 30 %	<1 - 60 %	
Nukleinsäuren	1 - 20 %	<1 - 10 %	
Lipide	2 - 35 %	<1 - 40 %	
Huminstoffe	1 - 32 %	15 - 20 %	NIELSEN et al. (1997)

Proteine wurden bereits oft als mengenmäßige Hauptkomponente in den EPS aus Abwasserbiozönosen bewertet (RODE (2004)), was auch in den hier untersuchten Proben zumeist der Fall war. In den WSB®-Kleinkläranlagen und der VA Kaditz wurden Rhamnolipide als die häufigste EPS-Komponente entdeckt, was auch bereits in der Literatur über Biofilme berichtet wurde (FLEMMING und WINGENDER (2001), GEHRKE et al. (1998)).

RODE (2004) berichtete ebenfalls über einen beträchtlichen Gehalt an Huminstoffen in aquatischen Biofilmen. Die hier untersuchten EPS setzten sich zu 1 - 32 % aus Huminstoffen zusammen. NIELSEN et al. (1997) fanden in Abwasserbiofilmen Anteile von 15 - 20 % an den EPS. Man vermutet, dass Huminstoffe als strukturbildende Bestandteile ihre Aufgabe in Umweltbiofilmen erfüllen (RODE (2004)). Huminstoffe können aber auch durch Komplexbildung Exoenzyme inaktivieren (FRØLUND at al. (1995)).

4 Ergebnisse und Diskussion

Die extrazelluläre DNA (e-DNA) war in allen EPS mit 1 - 20 % an den EPS deutlich vertreten. Die Anteile schwankten in diesem Rahmen, wobei es keine Probenarten nur im unteren oder oberen Bereich gab. Es wurde oft darüber berichtet, dass ein horizontaler Gentransfer in bakteriellen Habitaten in der Umwelt ständig stattfindet (LORENZ und WACKERNAGEL (1994)). Das wird durch einen extrazellulären Genpool möglich, wobei die e-DNA trotz überall präsenter DNasen in den EPS vorhanden ist. Hier wurde die e-DNA in allen Biofilmen und Belebtschlämmen mit einem deutlich vorhandenem Gehalt nachgewiesen, der sich im Bereich der anderen untersuchten Bestandteile befand.

In der Literatur gibt es viele Angaben, dass die hohen EPS-Anteile von 61 und 98 % an der organischen Trockensubstanz, die hier als Ausnahme in der A1 und A2 ermittelt wurden, für Biofilme normal sind. NIELSEN et al. (1997) fanden heraus, dass der Anteil der EPS in Biofilmen aus technischen Anlagen zwischen 50 und 80 % an der organischen Substanz variieren kann. ZHANG und FANG (2001) stellten allerdings fest, dass die EPS-Produktion mit dem Zellwachstum steigt, so dass erst ein reifer Biofilm hauptsächlich aus EPS besteht. Die Biofilme der A1 und A2 gehörten mit einer Laufzeit von einigen Jahren zu den ältesten hier untersuchten Biozönosen, die ständig relativ konstanten Bedingungen ausgesetzt waren.

Des Weiteren ist die EPS-Matrix ein sehr heterogenes und variables Gebilde, das je nach Art der Mikroorganismen, dem vorliegenden Nahrungsangebot und den hydrodynamischen Bedingungen stark variieren kann (FLEMMING und WINGENDER (2001a)). Nicht alle Bakterien sind gleichermaßen zur EPS-Bildung fähig (FLEMMING et al. (2007)). CHARACKLIS und MARSHALL (1990) stellten zudem fest, dass das Verhältnis zwischen der EPS-Menge und der Biofilmdicke nicht konstant ist und in Abhängigkeit von der Bakteriengemeinschaft, ihrer Physiologie und den Umweltbedingungen schwanken kann.

Es kann jedoch nicht ausgeschlossen werden, dass eine Unterschätzung der EPS-Menge in den hier untersuchten Biozönosen stattfand. Die EPS konnte nur aus dem oberen, sich durch Schütteln in 0,14 M NaCl ablösbaren Bereich isoliert werden. Möglicherweise wurde dadurch in einigen Proben zu wenig EPS gemessen, wenn im unteren Bereich der Anteil sehr viel größer war. Immerhin betrug das Gewicht des auf den Trägern verbleibenden Biofilms meist die Hälfte der gesamten Biofilm-TS (Kapitel 4.2.1.2). Weiterhin könnte eine schlechte Ausbeute der EPS in einigen Proben bei der Isolierung mittels DOWEX Ionenaustauscher stattgefunden haben, obwohl diese Methode von mehreren Autoren als geeignet erklärt wurde (FRØLUND et al. (1996), NIELSEN und JAHN (1999), MOREIRA MACIEL (2004)).

Zusammenfassend kann gesagt werden, dass der Anteil der untersuchten EPS-Bestandteile an der gesamten EPS-TS mit dem Alter der Biofilme abgenommen hat. In den alten Biofilme der VA Lunzenau und der WSB®-KKA hatten die untersuchten Substanzen mit höchstens 60,3 % einen geringeren Anteil an der EPS-TS als in den Belebtschlämmen und jungen Biofilmen der VA Kaditz (Tab. 4.4). Weiterhin konnte ein Zusammenhang der Gehalte dieser EPS-Biopolymere mit der Belastung festge-stellt werden. Diese hatten einen größeren Anteil an der oTS bei höherer Belastung der Biozönosen (Abb. 4.27).

4.6 Ergebnisse der Rasterelektronenmikroskopie

4.6.1 REM-Aufnahmen des WSB®-Biofilms

Mittels der Rasterelektronenmikroskopie kann die räumliche Struktur der Biofilme auf dem Träger untersucht werden. Dabei ist es möglich, die Heterogenität einer Lebensgemeinschaft im Biofilm mit den unterschiedlichsten Bakterien und Protozoen und ihre räumliche Ordnung in der extrazellulären Matrix zu beobachten (VAN NEERFEN et al. (1990), STEWART et al. (1995)).

Die Schwierigkeit der REM bei wasserhaltigen Biozönosen liegt in erster Linie bei der Artefaktbildung (STEWART et al. (1995)). Für diese Art der Mikroskopie ist es notwendig, hydratisierte Proben vorher zu entwässern. Dafür wird eine chemische Fixierung mittels Glutaraldehyd mit anschließender Entwässerung in einer Alkohol-

4 Ergebnisse und Diskussion

oder Acetonreihe durchgeführt. Dies kann allerdings bewirken, dass die Biofilme nicht nur schrumpfen, sondern auch ihre räumliche Struktur beeinflusst wird (VAN NEERFEN et al. (1990)). Des Weiteren können auch Verluste des Biofilms während der Entwässerung auftreten (CHANG und RITTMANN, (1986)).

In den folgenden REM-Aufnahmen (Abb. 4.28, 4.29, 4.30) von WSB®-Biofilmen aus dieser Arbeit kann man sehen, dass zumindest Bakterien und Protozoen die chemische Fixierung und Entwässerung über Aceton recht gut überstanden haben. Man kann ganze Bakterienzellen und verschiedene Protozoen gut erkennen.

Im Bild 4.28 ist zunächst die Aufnahme eines K1-Trägers bewachsen mit Biofilm dargestellt. Das mittlere Bild zeigt eine Vergrößerung des Trägers, wobei gut zu sehen ist, dass im geschützten Inneren des Trägers sich der eigentliche Biofilm befindet. Die nächste Vergrößerung im unteren Bild zeigt die Bakterienvielfalt in solch einem Biofilm. Dabei sind Kokken, Stäbchen und Fadenbakterien in verschiedensten Größen zu sehen. Auch wenn keine Zuordnung zu bestimmten Taxa möglich ist, wird ersichtlich, dass der Biofilm eine große Diversität der bakteriellen Gemeinschaft aufweist.

Abb. 4.28 (s.199): Digitale Aufnahme eines K1-Trägers mit WSB®-Biofilm (oben) und REM-Aufnahmen des angezeigten Vergrößerungsbereichs (Mitte; unten). Das untere Bild zeigt die bakterielle Vielfalt des Biofilms (Aufnahmen: C. Steinbrenner, E. Bäucker).

Abb. 4.29 (s.200): REM-Aufnahmen des WSB®-Biofilms: Bild oben: sessiler peritricher Ciliat. Bild Mitte: frei schwimmender Ciliat. Bild unten: filtrierender Becherzooflagellat (Aufnahmen: C. Steinbrenner, E. Bäucker).

Abb. 4.30 (s.201): REM-Aufnahmen des WSB®-Biofilms: Bild oben: Cilien eines peritrichen Ciliaten. Bild Mitte: sessiler Ciliat. Bild unten: Biofilmübersicht mit ausge-trockneter filamentöser Struktur der EPS (Aufnahmen: C. Steinbrenner, E. Bäucker).

4 Ergebnisse und Diskussion

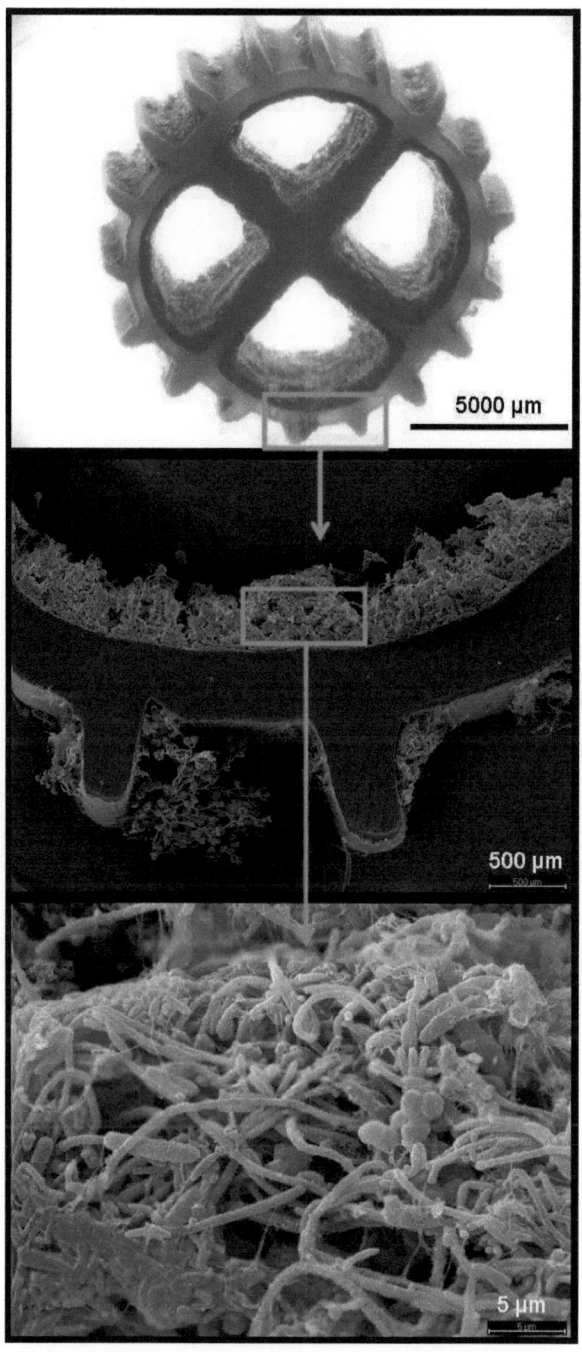

199

4 Ergebnisse und Diskussion

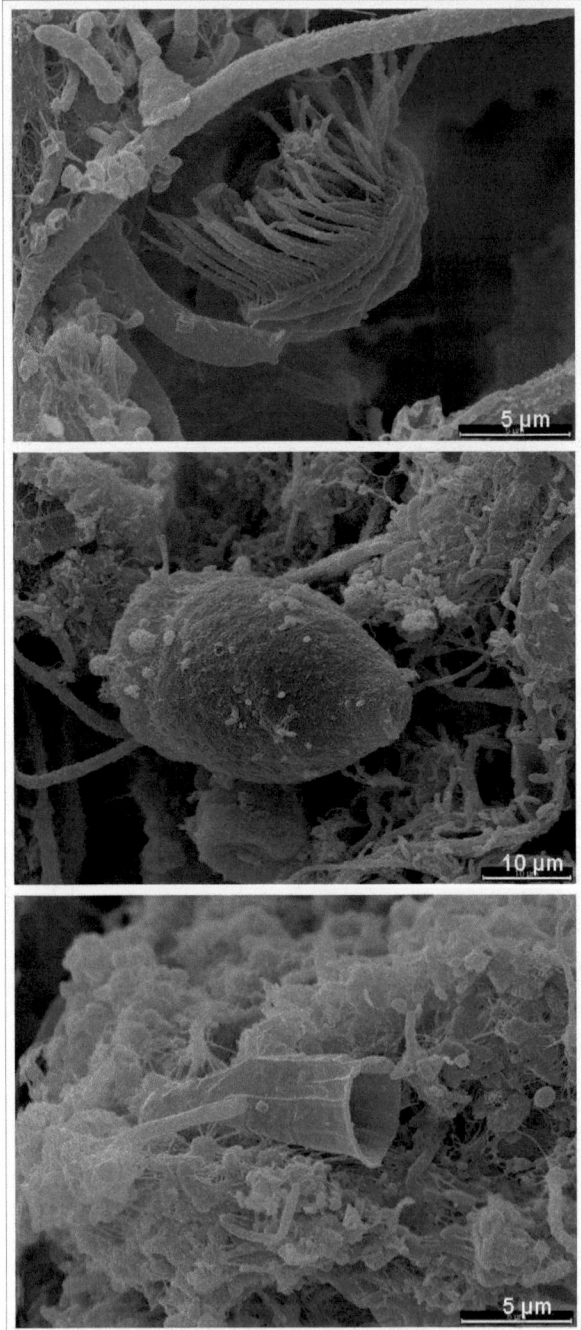

4 Ergebnisse und Diskussion

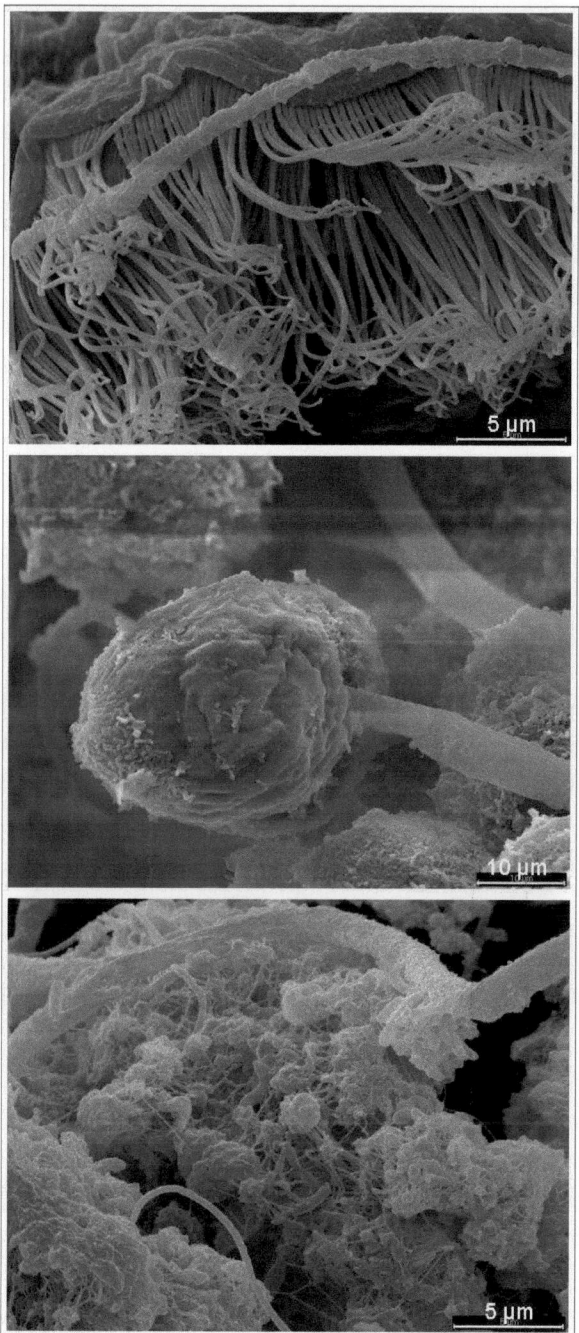

4 Ergebnisse und Diskussion

Die meisten unter der Oberfläche liegenden Mikroorganismen und Strukturen im Biofilm können mit Hilfe der REM nicht sichtbar gemacht werden, da sie sich unter einer dichten Polymerschicht befinden (FLEMMING und WINGENDER (2002)) und die REM nur von der Biofilmoberfläche möglich ist. Im unteren Bild der Abbildung 4.30 kann man Spalten erkennen, die einen Blick ins Innere des Biofilms erlauben. Allerdings sind diese wahrscheinlich Artefakte, die durch Risse des Biofilms beim Trocknen entstanden sind. Des Weiteren sieht man netzartige, filamentöse Strukturen, die vom Austrocknen der EPS stammen (FLEMMING und WINGENDER (2001a)).

Trotz dieser Artefaktbildung kann man im letzten Bild die unterschiedlichen räumlichen Strukturen, Zellcluster, verschiedene Bakterienformen und den Zusammenhalt durch die EPS gut erkennen. Dadurch wird ein guter Einblick in die vielschichtige Organisationsstruktur eines Abwasserbiofilms vermittelt.

4.6.2 REM-Aufnahmen der Oberflächen der Biofilmträger

Die Abbildung 4.31 zeigt die Oberflächenbeschaffenheit im Inneren der vier verschiedenen Träger ohne Biofilm. Dies soll Unterschiede in der Struktur vor allem in Bezug auf die Rauhigkeit veranschaulichen, die eine entscheidende Rolle bei der Anheftung der Mikroorganismen und somit der Biofilmbildung spielen kann.

DONLAN (2002) schrieb, dass der Besiedlungsgrad mit Mikroorganismen mit der Rauhigkeit der Oberflächen gestiegen ist. Die „Täler" einer rauen Oberfläche können Schutz vor Scherkräften und eine vergrößerte Oberfläche bieten, was der Besiedlung mit Bakterien zugute kommt.

Man kann in der Abbildung deutlich erkennen, dass die AnoxKaldnes-Träger K1 und K2 eine viel rauere und vielfältig strukturierte Oberfläche aufweisen als die Bioflow-Träger BW und BWCa. Die BW und BWCa haben allerdings viel mehr kleinere Poren, die von der Größe her jeweils einigen wenigen Bakterien Schutz bieten könnten.

Die K1 und K2 werden aus dem gleichen Material hergestellt und haben eine sehr ähnliche Oberfläche. Die Bioflow-Träger unter-

4 Ergebnisse und Diskussion

scheiden sich allerdings in der Zusammensetzung, da zum Trägerrohmaterial der BWCa zusätzlich Kalzium zugesetzt wurde, was man an der Oberflächenbeschaffenheit allerdings nicht sehen konnte.

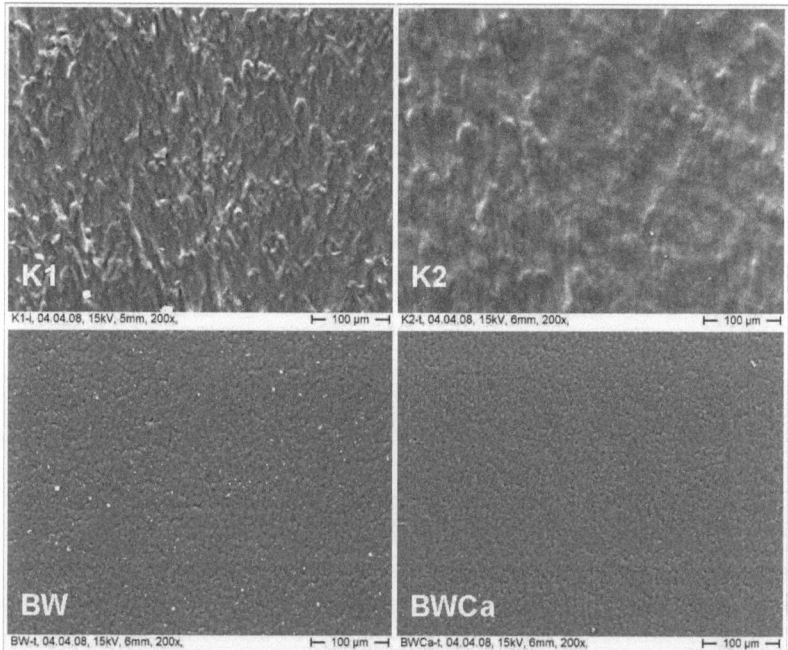

Abb. 4.31: REM-Aufnahmen der inneren Oberflächen der Biofilmträger K1, K2, BW und BWCa ohne Biofilm bei 200facher Vergrößerung (Aufnahmen: C. Steinbrenner, M. Eschenhagen).

4.7 Einfluss der unterschiedlichen Biofilmträger auf die Biomasse

Die VA Kaditz hatte den Zweck, die Biofilmentwicklung in Abhängigkeit vom Trägertyp und von der Belastung zu beobachten. Dabei sollte untersucht werden, ob sich die Form und chemische Zusammensetzung der verschiedenen Träger (Abb. 3.1) auf das Biofilmwachstum und somit auf die Reinigungsleistung auswirkten.
Folgende Biofilmträger wurden untersucht: von AnoxKaldnes K1 und K2, von Bioflow BW und BWCa (Abb. 3.1). Davon wurden die BWCa mit besonderem Augenmerk behandelt, da zum Trägerrohmaterial

4 Ergebnisse und Diskussion

zusätzlich Kalzium zugesetzt wurde, um damit eine positive Wirkung auf die Anheftung und das Wachstum von Bakterien zu bewirken. Ca^{2+}-Kationen wirken nämlich als Querverbindung in der Biofilmmatrix und sind wichtig für ihre mechanischen Eigenschaften (KOERSTGENS et al. 2001).

Die Biofilmentwicklung auf den hier untersuchten Trägern kann man in der Abbildung 4.2 anhand der TS-Ergebnisse sehen. Dabei lässt sich erkennen, dass es nach einer Woche Laufzeit keine signifikanten Unterschiede in der TS-Menge auf den Trägern gab. Gegen Ende der beiden Versuche jedoch konnte eine deutlich größere Biofilmmenge auf den AnoxKaldnes-Trägern gemessen werden als auf den Bioflow-Trägern, wobei im 2. Versuch bei höherer Belastung sogar die doppelte Menge auf den K1 und K2 vorhanden war. Daraus kann man ableiten, dass die Anheftung der ersten Biofilmbakterien auf allen Trägern gleich gut funktioniert hat. Das anschließende Wachstum des Biofilms war auf den K1 und K2 allerdings besser. Dies könnte möglicherweise daran liegen, dass der Biofilm auf den Bioflow-Trägern stärker von Scherkräften betroffen war und sich Biofilmteile dadurch stärker abgelöst haben. Wenn man sich die Träger auf den Bildern in Abb. 3.1 anschaut, dann fällt auf, dass die AnoxKaldnes über mehr kleinere innere Kammern verfügen, die den Biofilm vor Abtrag besser schützen könnten.

Zunächst sieht es so aus, als würde sich nur die Geometrie der Träger auf das Biofilmwachstum auswirken. Da die Biomasse am Anfang der beiden Versuche relativ gleich war, kann man davon ausgehen, dass sich die verschiedenen Oberflächen mit ihrer Rauhigkeit oder chemischen Zusammensetzung nicht signifikant auf die Anheftung und die anfängliche Entwicklung ausgewirkt haben. Dabei hat sich die Oberflächenbeschaffenheit der beiden Trägertypen von AnoxKaldnes und Bioflow deutlich unterschieden, wie man anhand der REM-Aufnahmen sehen konnte (Abb. 4.31). Man muss allerdings feststellen, dass sich weder die unterschiedliche Rauhigkeit noch der Kalziumzusatz auf die Biofilmbildung ausgewirkt haben.

Möglicherweise waren die Unterschiede in der Rauhigkeit der Oberflächen nicht groß genug, als dass sie eine messbare Wirkung auf die Besiedlung durch Mikroorganismen gehabt hätten. Der Kalziumzusatz wiederum hat keine stärkere Biofilmbildung bewirkt, da wahrscheinlich die für die Biofilmmatrix wichtigen Ca^{2+}-Kationen dem Biofilm nicht richtig zugängig waren. Kalzium könnte auch im Abwasser in einem ausreichend großen Angebot für alle Biofilme vorhanden gewesen sein, so dass das zusätzliche Kalzium im BWCa-Reaktor keinen Vorteil brachte.

Diese Thesen werden auch durch die meisten in dieser Arbeit durchgeführten Analysen gestützt. Die GZZ, der Proteingehalt und das Denitrifikationspotential pro Gramm TS waren in allen Biofilmen annähernd gleich. Dies könnte man so auffassen, dass der Biofilm sich auf allen Trägern gleich gut entwickelt hat und sich lediglich von den Bioflow-Trägern durch stärkeres Einwirken von Scherkräften Biofilmteile öfter abgelöst haben. Dies wird auch durch die FISH gestützt, bei der überall die gleiche Abundanz an untersuchten Mikroorganismen detektiert wurde. Auch die Untersuchungen des *amoA*-Gens ergaben keine Unterschiede.

Natürlich kann man nicht davon ausgehen, dass das Einwirken von Scherkräften ohne Folgen bleibt. Möglicherweise hatte es auf die EPS eine Wirkung. Die EPS-Menge und die darin untersuchten Bestandteile wiesen allerdings keine Unterschiede auf. Ansonsten wirkt sich die Biofilmdicke auf die Versorgung des Biofilms vor allem in tieferen Schichten aus. Mit den oben erwähnten Methoden konnten jedoch keine Unterschiede gefunden werden.

Das Nitrifikationspotential war ziemlichen Schwankungen unterlegen (Abb. 4.15). In beiden Versuchen war allerdings das größte Potential auf den K1-Trägern messbar. Die Abbauraten in den Reaktoren waren jedoch überall ähnlich, so dass die hier gemessenen Unterschiede auf die Durchführung zurückzuführen sind.

Die Esterasenaktivität zeigte auch Unterschiede, in dem diese in K1-Biofilmen deutlich höher war (Abb. 4.11). Möglicherweise machen sich bei dieser Aktivitätsbestimmung die Unterschiede bemerkbar. Die dünneren Biofilme auf den Bioflow-Trägern müssten eigentlich eine bessere Versorgung mit Substraten und Sauerstoff erfahren haben als die dickeren Biofilme auf K1 und K2 und somit mehr Este-

rasen produziert haben. Da dies nicht der Fall war, kann daraus geschlossen werden, dass ein negativer Einfluss, zum Beispiel durch Scherkräfte, auf die Biomasse eingewirkt haben muss.
Die geringere Esterasenaktivität auf K2 muss hier anders erklärt werden. Da die Biofilmmenge pro K2-Träger aufgrund der größeren Oberfläche größer war als auf den anderen Trägern, kann hier nicht von der gleichen Schichtdicke ausgegangen werden. Die Geometrie der K2 (Abb. 3.1) bewirkt auch einen Biofilm, der durch die tiefen inneren Kammern stärker von der Substratzufuhr abgeschirmt ist. Die Diffusion von der Seite des Biofilms kann nur in einen kleinen Teil Substanzen und Sauerstoff eintragen. Dies kann dazu beigetragen haben, dass die Aktivität der Esterasen geringer war als auf K1.
Nach den hier vorliegenden Ergebnissen eignen sich die K1 und K2 als Biofilmträger am besten. Allerdings waren die Unterschiede nicht so groß, dass man den Einsatz der Bioflow-Träger ablehnen sollte. In der Anlage zeigten die Biofilme auf BW und BWCa vergleichbare Abbauraten. Nach den 7 - 9 Wochen Versuchslaufzeit wurde auch keine Veränderung der äußeren Form der Biofilow-Träger festgestellt.
Wenn tatsächlich Scherkräfte dazu beigetragen haben, dass sich die Biomasse nicht gleichwertig entwickelt hat, dann könnte diese Tatsache dazu führen, dass diese Träger auf die Dauer sogar besser geeignet sind. Hier würde sich demnach nicht ein zu dicker Biofilm bilden, der der Substrat- und Sauerstoffversorgung entgegen wirken würde. Schließlich wurde bereits oft der Vorteil dünnerer Biofilme bewiesen (RUSTEN et al. (2005)). Um diese Hypothese zu überprüfen, müsste man diese Träger in einem Langzeitversuch im WSB®-Verfahren testen.

5 Zusammenfassung

Das Wirbel-Schwebebett-Biofilmverfahren WSB® zeichnet sich unter anderem durch eine stabile Nitrifikationsleistung auch bei niedrigen Temperaturen von unter 12°C aus. Bisher wurde vermutet, dass aufgrund der Verfahrensführung WSB®-Biofilme eine stabile Schichtdicke besitzen, die den Nitrifikanten eine optimale Retentionszeit verschafft. Da die Nitrifikation in vielen anderen Verfahren oft Schwierigkeiten bereitet, wurde der WSB®-Prozess, insbesondere sein Biofilm, in Abhängigkeit von verschiedenen Anlagenparametern genauer untersucht. Damit stellt diese Arbeit erstmalig eine ausführliche biochemische und molekularbiologische Charakterisierung dieser Biofilme dar. Dabei sollte die Frage geklärt werden, welche Parameter sich auf die Biomasse und ihre Nitrifikationsleistung in diesem Verfahren auswirken und in wieweit die Bakterienzusammensetzung, vor allem die AOB-Gemeinschaft, auf Anlagenparameter wie organische Belastung, Temperatur und Trägertyp reagiert.

In dieser Arbeit wurden Biofilme aus drei verschiedenen WSB®-Kleinkläranlagen und drei technischen Versuchsanlagen untersucht. Bei der Analyse von Belebtschlämmen aus drei verschiedenen Kläranlagen stand der Vergleich zu den Biofilmen im Vordergrund. Die alten, adaptierten Biofilme der WSB®-Kleinkläranlagen wurden bei gleich bleibenden Bedingungen in Abhängigkeit von der Jahreszeit untersucht. Die Charakterisierung der ebenfalls alten Biofilme aus der Versuchsanlage VA Lunzenau erfolgte nach Anpassung an unterschiedliche Belastungsstufen und Temperaturen. In der Versuchsanlage VA Kaditz wurden Biofilmwachstumsversuche durchgeführt, wobei die Entwicklung junger Biofilme auf vier unterschiedlichen Trägern bei zwei verschiedenen Flächenbelastungen untersucht wurde. Die dritte Versuchsanlage VA SEll nutzte man dazu, um den Einfluss von niedrigen und hohen Temperaturen auf die AOB-Zusammensetzung zu beobachten.

Biomasseparameter und enzymatische Aktivität:
Die hier untersuchten Biozönosen wurden anhand der TS-Bestimmung quantifiziert und mittels der GZZ, des Proteingehaltes

5 Zusammenfassung

und der Esterasenaktivität in Abhängigkeit von Anlagenparametern charakterisiert. Zur quantitativen Bestimmung der Biofilmmasse mussten zwei neue Methoden für das Ablösen des Biofilms von den Trägern entwickelt werden. Die eine erlaubte es den kompletten Biofilm abzulösen, während die andere die Möglichkeit bot die oberen Biofilmzonen, die sich leicht in einer physiologischen Lösung abschütteln ließen, getrennt von den unteren Bereichen, die fest auf den Trägern verankert waren, zu untersuchen. Damit konnten auch andere Analysen in den beiden Biofilmzonen getrennt durchgeführt werden.

Die Trockensubstanzanalyse in alten Biofilmen ergab, dass sich im WSB$^®$-Verfahren nach einigen Wochen abhängig von der Belastung und Temperatur eine konstante Biofilmschichtdicke einstellt, wobei diese von Scherkräften begrenzt wird. Weiterhin wurde in Biofilmwachstumsversuchen in der VA Kaditz festgestellt, dass sich bereits nach einer Woche Wachstum eine beachtliche Biofilmmenge auf den Trägern bildete. Damit war auch eine höhere Esterasenaktivität in den jungen, stark belasteten Biofilmen im Vergleich zu adaptierten Biofilmen verbunden, die einen fast vollständigen BSB_5-Abbau bewirkte.

Die hier untersuchten Biomasseparameter wurden auf ihre Tauglichkeit zur quantitativen Beurteilung der Biozönosen überprüft. Dabei stellte sich heraus, dass die GZZ, der Proteingehalt und die Esterasenaktivität meistens nicht in einer konstanten Menge pro Gramm TS vorhanden waren. Diese waren stark von den äußeren Bedingungen wie der Abwasserzusammensetzung und dem Belastungsgrad in einer Anlage abhängig. Wie in dieser Arbeit können diese Biomasseparameter allerdings dazu benutzt werden Biozönosen zu charakterisieren und in Abhängigkeit von verschiedenen Bedingungen zu beobachten.

Untersuchungen der unteren, am Substratum sitzenden Biofilmzonen:
Mit Hilfe der hier entwickelten Methoden zur Biofilmablösung konnten viele Untersuchungen im unteren, am Substratum sitzenden Biofilmbereich separat durchgeführt werden. Dabei stellte sich unter

5 Zusammenfassung

anderem heraus, dass in allen Biofilmen der feste, nicht durch Schütteln ablösbare Anteil 40 - 60 % betrug. Weiterhin wurde ca. die Hälfte aller Proteine im unteren Bereich detektiert. Mit der Zunahme des Proteingehaltes in der gesamten Biomasse wurde auch ein Anstieg in diesem festen Biofilm beobachtet. Auch durchschnittlich 24 % der Esterasenaktivität konnte in dieser Schicht gemessen werden. Zusätzlich wurde das Nitrifikationspotential in diesem Biofilm bestimmt, das zwischen 3 und 39 % in adaptierten Biofilmen ausmachte, wobei je dicker der Biofilm wurde desto mehr wurde die Nitrifikation nach unten verlagert.

Diese Ergebnisse legen nahe, dass im gesamten Biofilm aktive Bakterien vorhanden waren, die sich an Abbauprozessen beteiligen können. Mit dieser Aussage lassen sich Biofilme besser mit Belebtschlämmen vergleichen, die keine feste, teilweise „tote" Zone nahe dem Substratum besitzen.

Molekularbiologische Untersuchungen der Biozönosen:
Neben der Identifizierung und Quantifizierung der AOB wurden auch Proteobakterien und Actinobakterien mittels FISH detektiert, um ihre Abundanz in Abhängigkeit von Anlagenparametern zu untersuchen.
Aus den Ergebnissen wurde ersichtlich, dass eine Erhöhung der Belastung und Temperatur Beta- und Gammaproteobakterien fördern kann, während Actinobakterien und Alphaproteobakterien verdrängt werden können. Auf der anderen Seite bewirkten konstante Bedingungen in Biofilmanlagen eine relativ stabile Zusammensetzung der untersuchten Bakteriengruppen.
Der Anteil der Proteobakterien und Actinobakterien in der Summe betrug 41 - 73 % an der GZZ. Damit bestand ein ziemlich großer Teil der Biomasse aus diesen Bakterien, wobei meistens Betaproteobakterien mit einem Anteil zwischen 12 und 34 % an der GZZ dominierten.
Für die Quantifizierung der AOB wurde eine neue Methode entwickelt, mit der der Anteil hybridisierter AOB anhand der Häufigkeit von Clustern eingeschätzt werden konnte. Im Vergleich zu den alten, adaptierten Biofilmen und Belebtschlämmen war der prozentuale Anteil der AOB in jungen Biofilmen deutlich höher. In den adap-

5 Zusammenfassung

tierten Biozönosen konnten Prozentzahlen von 0,5 - 4,3 % ermittelt werden, wobei in jungen Biofilmen Anteile bis 10 % gezählt wurden. Allerdings besteht in jungen dünnen Biofilmen eine weniger starke Konkurrenz zu heterotrophen Mikroorganismen. Weiterhin wurde festgestellt, dass die AOB mit 36 - 45 % einen beträchtlichen Anteil an den Betaproteobakterien ausmachen können.

Bis auf die Versuchsanlage VA Lunzenau konnte eine gute Korrelation zwischen der AOB-Abundanz und dem Nitrifikationspotential in den alten und jungen Biofilmen und Belebtschlämmen gefunden werden. Die VA Lunzenau besaß allerdings die dicksten Biofilme, in denen Nitrifikanten stärker von heterotrophen Bakterien überwachsen wurden und dementsprechend nicht mehr vollständig im oberen Biofilmbereich detektierbar waren.

Zusammenfassend kann gesagt werden, dass in den verschiedenen Biofilmen und Belebtschlämmen die Zusammensetzung und Abundanz der Nitrifikanten ganz unterschiedlich war. Damit wird die Tatsache gestützt, dass die sensiblen AOB stark auf äußere Faktoren reagieren und die Abundanz und Zusammensetzung einer AOB-Gemeinschaft von den gegebenen Lebensbedingungen abhängt. Eine weitere Feststellung war die, dass sich die Vorgeschichte einer Biozönose auf die bakterielle Zusammensetzung auswirken kann.

Zur Charakterisierung der AOB-Gemeinschaft wurde auch die Vielfalt der amoA-Sequenzen untersucht. Dabei wurde festgestellt, dass sich eine Belastungserhöhung auf 4,3 g BSB_5 / m^2 *d in der VA Lunzenau sogar positiv auf die Bandbreite der AOB im Biofilm ausgewirkt hat, was zur Steigerung des Nitrifikationspotentials und der Ammoniumoxidation in der Anlage führte. Die Diversität der AOB wurde größer, während die Biofilm-TS und der Konkurrenzdruck seitens heterotropher Bakterien gestiegen sind.

In den WSB®-Kleinkläranlagen, die mit ausschließlich häuslichem Abwasser betrieben werden, wurde eine größere Diversität der AOB detektiert als in adaptierten Biofilmen der VA Lunzenau, die ein Gemisch aus kommunalem und industriellem Abwasser reinigte.

Man konnte sehen, dass die alten, angepassten Biofilme und Belebtschlämme meist eine bis zwei dominante AOB-Arten besaßen,

5 Zusammenfassung

die auch bei sich ändernden Verhältnissen relativ konstant in der Biozönose blieben. Hier wurde der Beweis erbracht, dass die häufigsten Nitrifikanten bei niedrigen Temperaturen aus Biofilmen nicht ausgespült werden. Weiterhin kann man anhand der klonierten und sequenzierten amoA-Sequenzen schlussfolgern, dass die alten, adaptierten Biofilme über eine geringere Vielfalt an AOB verfügten als die jungen, sich entwickelnden Biofilme. Dies könnte ein Resultat der Anpassung an die gegebenen Bedingungen sein. Das spricht dafür, dass sich am Anfang der Biofilmbildung die unterschiedlichsten Nitrifikanten ansiedeln und mit der Zeit als Folge von Konkurrenz und mangelnder Anpassungsfähigkeit die meisten wieder aus dem Biofilm verschwinden und besser angepasste dafür verstärkt auftreten.

Weiterhin war an den Ergebnissen auffällig, dass es für jedes untersuchte System ganz bestimmte dominante Nitrifikanten gab. Auch unterschiedliche Anlagen, die allerdings mit dem gleichen Abwasser betrieben wurden, besaßen die gleiche dominierende Art. Die Abwasserzusammensetzung spielt eine entscheidende Rolle für die Adaptation von Nitrifikanten. Unter den dominanten AOB waren *Nitrosospira*-Arten genauso in den verschiedenen Biozönosen vertreten wie *Nitrosomonas*-Spezies.

Man stellte in einigen Proben fest, dass die eingesetzten FISH-Sonden nicht alle vorkommenden AOB detektieren konnten. Auf der anderen Seite wurden vermutlich nicht alle amoA-Sequenzen gleichermaßen kloniert. Die meisten Erkenntnisse aus der Klonierung und Sequenzierung konnten jedoch auch mittels DGGE bestätigt werden, die die Variabilität von Sequenzen ohne die vorherige Klonierung zeigen kann.

Charakterisierung der EPS:
Die chemische Zusammensetzung und Struktur der Biofilmmatrix ist neben den Mikroorganismen entscheidend für biochemische Abläufe und somit für die Reinigungsleistung einer Abwasserbehandlungsanlage. Außerdem hat sie einen großen Einfluss auf die Stabilität eines Biofilms und auf die Retention der darin lebenden Mikroorganismen.

5 Zusammenfassung

Zur Charakterisierung der EPS wurden ihre wichtigsten Bestandteile und ihr Anteil an der organischen Trockensubstanz der Biozönosen untersucht. Die Gehalte an DNA, Proteinen, Huminstoffen, Kohlenhydraten und Rhamnolipiden in der oTS ergaben eine Abhängigkeit von der Abwasserzusammensetzung und vom Belastungsgrad der Biozönosen. So waren entweder Rhamnolipide oder Proteine mengenmäßig am häufigsten vertreten, wobei der Gehalt an Huminstoffen stark variierte. Weiterhin war die Summe der untersuchten EPS-Komponenten pro Gramm oTS in jungen Biofilmen viel höher als in alten Biozönosen. In jungen Biofilmen bestanden die EPS fast vollständig aus diesen Biopolymeren, die wohl bei der Biofilmentwicklung verstärkt gebraucht werden.

Die Anteile der Trockensubstanz der gesamten isolierten EPS an der oTS der Biomasse bewegten sich zwischen 2,5 und 98,0 % in einem ziemlich weiten Bereich. Die in der Literatur angegebenen Anteile der EPS in Biofilmen variieren zwischen 50 und 80 % an der organischen Substanz (NIELSEN et al. (1997)). Werte in diesem Bereich konnten nur in den WSB®-Kleinkläranlagen A1 und A2 festgestellt werden, die zu den ältesten hier untersuchten Biozönosen gehörten. Dies entspricht den Feststellungen von ZHANG und FANG (2001), die herausfanden, dass nur ein reifer Biofilm hauptsächlich aus EPS bestehen kann.

Rasterelektronenmikroskopische Untersuchungen von WSB®-Biofilmen:
Auch wenn keine Zuordnung zu bestimmten Taxa möglich war, wurde ersichtlich, dass WSB®-Biofilme über eine große Diversität der bakteriellen Gemeinschaft verfügten. Dabei waren Kokken, Stäbchen und Fadenbakterien in verschiedensten Größen zu erkennen. Weiterhin konnten verschiedene Protozoen, unterschiedliche räumliche Strukturen, Zellcluster und der Zusammenhalt durch die EPS im Biofilm betrachtet werden.

Einfluss unterschiedlicher Biofilmträger auf die Biomasse:
In der Versuchsanlage VA Kaditz wurden die unterschiedlichen Biofilmträger K1, K2, BW und BWCa im WSB®-Verfahren miteinander

5 Zusammenfassung

verglichen, wobei BW und BWCa auf ihre Tauglichkeit für dieses Verfahren getestet wurden. Dabei wurde beobachtet, in wieweit sich die Geometrie, Oberflächenbeschaffenheit und chemische Zusammensetzung der Träger, insbesondere der Zusatz von Ca^{2+}-Ionen zum Trägerrohmaterial der BWCa, auf die Biofilmbildung auswirken. Es wurde festgestellt, dass die anfängliche Anheftung der ersten Biofilmbakterien auf allen Trägern gleich gut funktionierte. Aus diesem Grund hat sich weder die unterschiedliche Rauhigkeit der Trägeroberflächen, die mittels REM festgestellt wurde, noch der Kalziumzusatz auf die anfängliche Entwicklung der Biofilme ausgewirkt. Das anschließende Wachstum des Biofilms war auf den K1- und K2-Trägern allerdings besser. Dies könnte daran liegen, dass der Biofilm auf den BW- und BWCa-Trägern aufgrund ihrer Geometrie stärker von Scherkräften betroffen war und sich mehr Biofilmteile dadurch ablösten.

Da allerdings die Charakterisierung der Biofilme auf BW und BWCa abgesehen von der Biofilmmasse kaum Unterschiede zu den K1 und K2 ergab und die Abbauraten in der Anlage vergleichbar waren, kann der Einsatz dieser Träger im $WSB^®$-Verfahren nicht abgelehnt werden. Die geringere Biofilmmasse auf diesen Trägern kann sich sogar als positiv erweisen, da dünnere Biofilme effektiver sind. Um diese Hypothese zu überprüfen, müsste man diese Träger in einem Langzeitversuch im $WSB^®$-Verfahren testen. Dabei könnte die Haltbarkeit der BW- und BWCa-Träger auch über einen längeren Zeitraum als nur 7 - 9 Wochen untersucht werden.

Bewertung des $WSB^®$-Verfahrens anhand der gewonnenen Daten unter besonderer Berücksichtigung der Nitrifikation:
Anhand der Charakterisierung von $WSB^®$-Biofilmen in der vorliegenden Arbeit konnten folgende Erkenntnisse erbracht werden, um dieses Verfahren zu bewerten.

Im Vergleich zu den $WSB^®$-Biofilmen verfügten die untersuchten Belebtschlämme teilweise über eine höhere Esteraseaktivität, über mehr Bakterienzellen und ein etwas größeres Nitrifikationspotential bei über 12 °C aufgrund der Flockenstruktur und damit verbundener besserer Versorgung mit Sauerstoff und Abwasserinhaltsstoffen. Al-

5 Zusammenfassung

lerdings wurde auch festgestellt, dass die Nitrifikation bei unter 12 °C stark gesunken ist, da viele Nitrifikanten aus dem System ausgespült wurden. Dies war in den WSB®-Biofilmen nicht der Fall. Die WSB®-Kleinkläranlagen zeichneten sich durch eine stabile Ammoniumoxidationsleistung von 72 bis 81 % im Verlaufe des ganzen Jahres aus. Es stellte sich dabei die Frage, ob die gute Nitrifikation und die lange Verweilzeit der AOB im Biofilm ein Resultat der meist schwachen Belastung und somit des geringeren Konkurrenzdrucks seitens heterotropher Bakterien in diesen Anlagen darstellt. Um dies zu prüfen, wurden Versuche bei niedrigen Temperaturen und hoher Flächenbelastung bis zu 4,3 g BSB_5 / m^2 *d in der VA Lunzenau gestartet. Dabei wurde sogar ein verbessertes Nitrifikationspotential gemessen, da mit der höheren Belastung den Biofilmen auch mehr Ammonium zur Verfügung stand. Selbst bei einer Verkürzung der HRT von 7,4 auf 3,8 h und einer Verdopplung der Flächenbelastung von 0,7 auf 1,4 g BSB_5 / m^2 *d bei Temperaturen von unter 12 °C wurde eine Steigerung des Nitrifikationspotentials gemessen. Weiterhin wurden bei niedrigen Temperaturen und einer extrem hohen Schlammbelastung von 0,5 kg BSB_5 / kg TS*d in der VA SEII ähnliche Nitrifikationspotentiale gemessen wie im 10 °C-kalten Belebtschlamm der Kläranlage Kaditz, der eine deutlich geringere Schlammbelastung von 0,13 kg BSB_5 / kg TS * d besaß. Diese Ergebnisse sprechen dafür, dass AOB in der Biofilmmatrix vor dem Auswaschen geschützt sind und das WSB®-Verfahren eine für die Nitrifikation günstige Betriebsweise besitzt. Der feinblasige Sauerstoffeintrag in diesem Verfahren bewirkt mit einer für die Nitrifikation ausreichenden Sauerstoffkonzentration eine gute Versorgung der tieferen Biofilmzonen. Des Weiteren verursacht die so erzeugte Turbulenz eine begrenzte Schichtdicke. Auf diese Weise haben niedrige Temperaturen, kurze Verweilzeiten und hohe organische Frachten auf AOB in sessilen WSB®-Biofilmen einen geringeren Einfluss als auf AOB in Belebtschlämmen.

Auch anhand molekularbiologischer Methoden wurde nachgewiesen, dass AOB bei ungünstigen Bedingungen nicht aus dem Biofilm ausgespült wurden. Die Ergebnisse der FISH und Untersuchungen

5 Zusammenfassung

des *amoA*-Gens haben gezeigt, dass die am häufigsten vorkommenden AOB bei Veränderungen von Anlagenparametern wie Temperatur, Belastung und HRT im Biofilm verbleiben. Die Bakterienzusammensetzung reagierte jedoch auch flexibel auf Veränderungen in der Anlage, was für eine stabile Reinigungsleistung äußerst wichtig ist.

In der VA SEII, die dauerhaft bei konstanten 6 °C Abwassertemperatur nach dem WSB®-Verfahren betrieben wurde, wurde festgestellt, dass das Nitrifikationspotential bei niedrigen Temperaturen besser funktionierte als bei den üblichen 28 °C. Damit wurde vermutet, dass es spezielle AOB gibt, die in diesem Temperaturbereich den Prozess der Nitrifikation bevorzugt betreiben. Anhand der FISH wurde hier die Vermehrung von *Nitrosospira*-Arten festgestellt, allerdings *Nitrosospira tenius*-like AOB ausgeschlossen. Mittels amoA-Sequenzen wurden in diesem Biofilm neue Klone im Dendrogramm im Verwandtschaftszweig mit *Nitrosospira multiformis* eingeordnet. Damit besteht die Möglichkeit, dass diese speziellen Bakterien in der Gattung *Nitrosospira* zu finden sind. Zur Bestätigung müssen an dieser Stelle weitere Untersuchungen erfolgen.

Mittels Sauerstoffprofilmessungen erfolgte der Nachweis, dass der eingetragene Sauerstoff in den WSB®-Biofilmen trotzdem nur bis in eine bestimmte Tiefe reicht, in der er gegen Null geht. Damit werden anoxische Bedingungen für die Denitrifikation und den Anammox-Prozess geschaffen. In WSB®-Kleinkläranlagen und Versuchsanlagen wurde in Abhängigkeit von der Belastung und Biofilmdicke eine simultane Denitrifikation von 29 bis 47 % gemessen, ohne dass es einer speziellen Verfahrensführung oder Zudosierung von C-Quellen bedurfte. Im Gegensatz dazu ging aus Untersuchungen des Belebtschlammes der KA Kaditz hervor, dass Belebtschlammflocken ohne eine Denitrifikationsstufe nicht genügend anoxische Bereiche für das vollständige Denitrifikationspotential besitzen.

Die WSB®-Verfahrensführung stellte sich nicht nur für die Prozesse der Nitrifikation und Denitrifikation als günstig heraus, sondern auch für den Anammox-Prozess. Die sensiblen Anammox-Bakterien wurden in den WSB®-Kleinkläranlagen nachgewiesen. Die Biofilmstruk-

5 Zusammenfassung

tur und die lange Laufzeit der Kleinkläranlagen verschafften diesen Bakterien eine ausreichend lange Retentionszeit, so dass der Prozess der anoxischen Ammoniumoxidation neben der Nitrifikation und Denitrifikation zum N-Abbau in diesen Biofilmanlagen beitragen konnte.

In Biofilmwachstumsversuchen in der VA Kaditz wurde festgestellt, dass sich nicht nur der Biofilm nach diesem Verfahren recht schnell entwickelte, sondern auch die Abwasserreinigung bereits nach einer Woche Laufzeit gut funktionierte. Die dünnen jungen Biofilme waren deutlich aktiver als alte Biozönosen, wobei sie über größere Esterasenaktivitäten und Nitrifikationspotentiale verfügten. Dies bewirkte einen fast vollständigen BSB_5-Abbau und eine Ammoniumoxidation in der Anlage von bis zu 79%. Außerdem wurde bereits nach einer Woche Wachstum eine Stickstoffelimination von 12 % gemessen. Aufgrund dessen benötigt eine WSB®-Anlage mit den hier untersuchten Trägern keine lange Laufzeit, um biologisch abbaubare Substanzen und Stickstoffverbindungen aus dem Abwasser zu eliminieren.

6 Literaturverzeichnis

AKUNNA, J. C., BIZEAU, C., MOLETTA, R. (1993). "Nitrate and nitrite reductions with anaerobic sludge using various carbon sources: Glucose, glycerol, acetic acid, lactic acid and methanol." Water Research 27(8): 1303-1312.

ALLEMAN, J. E. (1984). "Elevated nitrite occurrence in biological wastewater treatment systems " Water. Sci. Technol. 17: 409-419.

ALLESEN-HOLM, M., BARKEN, K.B., YANG, L., KLAUSEN, M., WEBB, J. S., KJELLEBERG, S., MOLIN, S., GIVSKOV, M., TOLKER-NIELSEN, T. (2006). "A characterization of DNA release in Pseudomonas aeruginosa cultures and biofilms." Molecular Microbiology 59(4): 1114-1128.

AMANN, R. I., BINDER, B. J., OLSON, R. J., CHISHOLM, S. W., DEVEREUX, R., STAHL, D. A. (1990). "Combination of 16S rRNA-targeted oligonucleotide probes with flow cytometry for analyzing mixed microbial populations." Appl Environ Microbiol 56(6): 1919-25.

AMANN, R. I., LUDWIG, W. (1994). "Typing in situ with probes. In: PRIEST, F.G.; RAMOS-CORMENZANA, A; TINDALL, B (eds.)." Bacterial Diversity and Systema-tics, Plenum Press, New York: 115-135.

AMANN, R. I. (1995). "Fluorescently labelled, rRNA-targeted oligonucleotide probes in the study of microbial ecology." Mol. Ecol. 4: 543-554.

AMANN, R. I., LUDWIG, W., SCHLEIFER, K.-H. (1995). "Phylogenetic identification and in situ detection of individual microbial cells without cultivation." Microbiol. Rev. 59: 143-169.

AMANN, R. L., KRUMHOLZ, L., STAHL, D. A. (1990). "Fluorescent-oligonucleotide probing of whole cells for determinative, phylogenetic, and environmental studies in microbiology." J. Bacteriol. 172: 762-770.

AMEND, J., BUMILLER, W., KUSCHE, I., DONNERT, D. (2000). "Effiziente Abwasserreinigung durch einfache Prozessmodifikation und Nutzung von Küchenabfällen." Wissenschaftliche Berichte FZKA 6483, Bereich Technische Infrastruktur, Institut für Technische Chemie, Forschungszentrum Karlsruhe.

ANDERSSON, S. (2009). "Characterization of bacterial biofilms for wastewater treatment." School of Biotechnology, Stockholm.

ANTHONISEN, A. C., LOEHR, R. C., PRAKASAM, T. B., SRINATH, E. G. (1976). "Inhibition of nitrification by ammonia and nitrous acid." J Water Pollut Control Fed 48(5): 835-52.

AOI, Y., SHIRAMASA, Y., KAKIMOTO, E., TSUNEDA, S., HIRATA, A., NAGAMUNE, T. (2005). "Single-stage autotrophic nitrogen-removal process using a composite matrix immobilizing nitrifying and sulfur-denitrifying bacteria." Appl Microbiol Biotechnol 68(1): 124-30.

BEIER, H., HIPPEN, A., SEYFRIED, C. F., ROSENWINKEL, K. H., JOHANSSON, P. (1998). "Comparison of different biological treatment methods for nitrogen-rich waste waters." Europ. Water Management 2(1): 61-66.

BEIMFOHR, C., KRAUSE, A., AMANN, R., LUDWIG, W, SCHLEIFER, K.-H. (1993). "In situ identification of lactococci, enterococci and streptococci." Sys. Appl. Microbiol. 16: 450-456.

BELSER, L. W., MAYS, E. L. (1982). "Use of Nitrifier Activity Measurements To Estimate the Efficiency of Viable Nitrifier Counts in Soils and Sediments." Appl. Environ. Microbiol. 43(4): 945-948.

BENDSCHNEIDER, K., ROBINSON, R. J. (1952). "A new spectrophotometric determination of nitrit in seawater." J. Mar. Res. 2: 87-96.

BENSADOUN, A., WEINSTEIN, D. (1976). "Assay of Proteins in the presence of interfering materials." Anal. Biochem. 70: 241-250.

BOCK, E., WILDERER, P. A., FREITAG, A. (1988). "Growth of nitrobacter in the absence of dissolved oxygen." Water Research 22(2): 245-250.

BOCK, E., SCHMIDT, I., STÜVEN, R., ZART, D. (1995). "Nitrogen loss caused by denitrifying Nitrosomonas cells using ammonium or hydrogen as electron donors and nitrite as electron acceptor." Archives of Microbiology 163(1): 16-20.

BÖCKELMANN, U., JANKE, A., KUHN, R., NEU, T. R., WECKE, J., LAWRENCE, J. R., SZEWZYK, U. (2006). "Bacterial extracellular DNA forming a defined network-like structure." FEMS Microbiology Letters 262(1): 31-38.

BOLLER, M., GUJER, W. (1986). "Nitrification in tertiary trickling filters followed by deep-bed filters." Water Research 20(11): 1363-1373.

6 Literaturverzeichnis

BOLONG, N., ISMAIL, A. F., SALIM, M. R., MATSUURA, T. (2009). "A review of the effects of emerging contaminants in wastewater and options for their removal." Desalination 239(1-3): 229-246.

BOX, J. D. (1983). "Investigation of the folin-ciocalteus phenol reagent for the determination of polyphenolic substances in natural waters." Wat. Res. 17(5): 511-525.

BURNS, R. G. (1990). "Microbial and enzymic activities in soil biofilms." In: Characklis, W. G., Wilderer, P. A.: Structure and Function of Biofilms. John Wiley & Sons.

BURRELL, P. C., PHALEN, C. M., HOVANEC, T. A. (2001). "Identification of bacteria responsible for ammonia oxidation in freshwater aquaria." Appl Environ Microbiol 67(12): 5791-800.

CARON, D. A. (1987). "Grazing of attached bacteria by heterotrophic microflagellates." Microbial Ecology 13(3): 203-218.

CHANDRASEKARAN, E. V., BEMILLER, J. N. (1980). "Constituent analysis of glycosaminoglycans." In: Whistler, R. L., BeMiller, J. N. (Hrsg.): Methods in Carbohydrate Chemistry, Academic Press, New York VIII: S. 89-96.

CHANG, H. T., RITTMANN, B. E. (1986). "Biofilm loss during sample preparation for scanning electron microscopy." Water Research 20(11): 1451-1456.

CHARACKLIS, W. G., WILDERER, P. A. (1989). "Structure and Function of Biofilms." John Wiley & Sons.

CHARACKLIS, W. G. (1990). "Biofilm Processes." In: Characklis, W. G., Marshall, K. C. (1990): Biofilms. John Wiley and Sons (eds.).

CHARACKLIS, W. G., MARSHALL, K. C. (1990). "Biofilms." John Wiley and Sons (eds.).

CHAU, T. L., GUILLÁN, A., ROCA, E., NÚÑEZ, M. J., LEMA, J. M. (2001). "Population Dynamics of a Continuous Fermentation of Recombinant Saccharomycescerevisiae Using Flow Cytometry." Biotechnology Progress 17(5): 951-957.

CHRISTENSEN, B. E., CHARACKLIS, W. G. (1990). "Physical and chemical properties of biofilms." In: Biofilms. Characklis, W. G. and Marshall, K. C. (eds), 93-130. John Wiley & Sons, Inc.

CHRISTENSEN, B. E., ERTESVAG, H., BEYENAL, H., LEWANDOWSKI, Z. (2001). Resistance of biofilms containing alginate-producing bacteria to disintegration by an alginate degrading enzyme (AlgL). Biofouling. 17: 203-210.

CHRZANOWSKI, T. H., CROTTY, R. D. (1984). "Applicability of the fluorescein diacetate method of detecting active bacteria in freshwater." Microbial Ecology 10(2): 179-185.

COSKUNER, G., CURTIS, T. P. (2002). "In situ characterization of nitrifiers in an activated sludge plant: detection of Nitrobacter Spp." J Appl Microbiol 93(3): 431-7.

COSTERTON, J. W., IRVIN, R. T., CHENG, K. J. (1981). "The Bacterial Glycocalyx in Nature and Disease." Annual Review of Microbiology 35(1): 299-324.

COSTERTON, J. W., CHENG, K. J., GEESEY, G. G., LADD, T. I., NICKEL, J. C., DASGUPTA, M., MARRIE, T. J. (1987). "Bacterial biofilms in nature and disease." Annu Rev Microbiol 41: 435-64.

COSTERTON, J. W., STEWART, P. S., GREENBERG, E. P. (1999). "Bacterial biofilms: a common cause of persistent infections." Science 284(5418): 1318-22.

DAHLKE, S., REMDE, A. (1998). "Denitrifikation. In A. Remde und P. Tippmann, editors, Mikrobiologische Charakterisierung aquatischer Sedimente, Kapitel: Denitrifikation." R. Oldenbourg Verlag, München: 123-140.

DAIMS, H., BRUHL, A., AMANN, R., SCHLEIFER, K. H., WAGNER, M. (1999). "The domain-specific probe EUB338 is insufficient for the detection of all Bacteria: development and evaluation of a more comprehensive probe set." Syst Appl Microbiol 22(3): 434-44.

DAIMS, H. (2001). "Population structure and functional analyses by in situ techniques of nitrifying bacteria in wastewater treatment plants". Doktorarbeit, TU München.

DAVEY, M. E., CAIAZZA, N. C., O'TOOLE, G. A. (2003). "Rhamnolipid surfactant production affects biofilm architecture in Pseudomonas aeruginosa PAO1." J Bacteriol 185(3): 1027-36.

DE ROSA, S., SCONZA, F., VOLTERRA, L. (1998). "Biofilm amount estimation by fluorescein diacetate." Water Research 32(9): 2621-2626.

DECHO, A. W. (1990). "Microbial exopolymer secretions in ocean environments : their role(s) in food webs and marine processes". Oceanogr. Mar. Biol. Annu. Rev.

6 Literaturverzeichnis

DELONG, E. F., WICKHAM, G. S., PACE, N. R. (1989). "Phylogenetic stains: ribosomal RNA-based probes for the identification of single cells." Science of The Total Environment 243: 1360-1363.

DONLAN, R. M. (2002). "Biofilms: microbial life on surfaces." Emerg Infect Dis 8(9): 881-90.

DUBOIS, M., GILLES, K. A., HAMILTON, J. K., REBERS, P. A., SMITH, F. (1956). "Colorimetric method for determination of sugars and related substances." Anal. Chem. 28: 350-356.

DYTCZAK, M. A., LONDRY, K. L., OLESZKIEWICZ, J. A. (2008). "Activated sludge operational regime has significant impact on the type of nitrifying community and its nitrification rates." Water Research 42(8-9): 2320-2328.

EGERT, M., FRIEDRICH, M. W. (2003). "Formation of pseudoterminal restriction fragments, a PCR-related bias affecting terminal restriction fragment lenght polymorphism analysis of microbial community structure." Appl. Environ. Microbiol. 69(59): 2555-62.

FIGUEROLA, E. L. M., ERIJMAN, L. (2010). "Diversity of nitrifying bacteria in a full-scale petroleum refinery wastewater treatment plant experiencing unstable nitrification." Journal of Hazardous Materials 181(1-3): 281-288.

FLEMMING, H.-C. (1995). "Sorption sites in biofilms." Water Science and Technology 32(8): 27-33.

FLEMMING, H.-C., NEU, T. R., WOZNIAK, D. J. (2007). "The EPS Matrix: The "House of Biofilm Cells"." J. Bacteriol. 189(22): 7945-7947.

FLEMMING, H. C. (1994). "Biofilme, Biofouling und mikrobielle Materialschädigung." Stuttgarter Siedlungswasserwirtschaftliche Berichte, Oldenbourg Verlag, München Band 129.

FLEMMING, H. C., WINGENDER, J. (2001). "Relevance of microbial extracellular polymeric substances (EPSs)--Part I: Structural and ecological aspects." Water Sci Technol 43(6): 1-8.

FLEMMING, H. C., WINGENDER, J. (2001a). "Biofilme — die bevorzugte Lebensform der Bakterien: Flocken, Filme und Schlämme." Biologie in unserer Zeit 31(3): 169-180.

FLEMMING, H. C., WINGENDER, J. (2002). "Was Biofilme zusammenhält: Proteine, Polysaccharide." Chemie in unserer Zeit 36(1): 30-42.

6 Literaturverzeichnis

FONTVIEILLE, D. A., OUTAGUEROVINE, A., THEVENOT, D. (1992). "Fluorescent diacetate hydrolysis as a measure of microbial activity in aquatic systems: Application to activated sludge." Environ. Technol. 13(531-540).

FRØLUND, B., GRIEBE, T., NIELSEN, P. H. (1995). "Enzymatic activity in the activated-sludge floc matrix." Applied Microbiology and Biotechnology 43(4): 755-761.

FRØLUND, B., PALMGREN, R., KEIDING, K., NIELSEN, P. H. (1996). "Extraction of extracellular polymers from activated sludge using a cation exchange resin." Water Research 30(8): 1749-1758.

GEETS, J., DE COOMAN, M., WITTEBOLLE, L., HEYLEN, K., VANPARYS, B., DE VOS, P., VERSTRAETE, W., BOON, N. (2007). "Real-time PCR assay for the simultaneous quantification of nitrifying and denitrifying bacteria in activated sludge." Applied Microbiology and Biotechnology 75(1): 211-221.

GEHR, R., HENRY, J. G. (1983). "Removal of extracellular material techniques and pitfalls." Water Research 17(12): 1743-1748.

GEHRKE, T., TELEGDI, J., THIERRY, D., SAND, W. (1998). "Importance of Extracellular Polymeric Substances from Thiobacillus ferrooxidans for Bioleaching." Appl Environ Microbiol 64(7): 2743-7.

GIESEKE, A., PURKHOLD, U., WAGNER, M., AMANN, R., SCHRAMM, A. (2001). "Community structure and activity dynamics of nitrifying bacteria in a phosphate-removing biofilm." Appl Environ Microbiol. 67(3): 1351-62.

GIJZEN, H. J. (2001). "Low Cost Wastewater Treatment and Potentials for Re-use." In: International symposium on Low-Cost Wastewater Treatment and Potentials for Re-use. Cairo, Egypt.

GROBE, S., WINGENDER, J., FLEMMING, H.-C. (2001). "Capability of mucoid Pseudomonas aeruginosa to survive in chlorinated water." International Journal of Hygiene and Environmental Health 204(2-3): 139-142.

GUMAELIUS, L., MAGNUSSON, G., PETTERSSON, B., DALHAMMAR, G. (2001). "Comamonas denitrificans sp. nov., an efficient denitrifying bacterium isolated from activated sludge." Int J Syst Evol Microbiol 51(3): 999-1006.

GUVEN, D., DAPENA, A., KARTAL, B., SCHMID, M. C., MAAS, B., VAN DE PAS-SCHOONEN, K., SOZEN, S., MENDEZ, R., OP DEN CAMP, H. J. M., JETTEN, M. S. M., STROUS, M., SCHMIDT, I.

(2005). "Propionate Oxidation by and Methanol Inhibition of Anaerobic Ammonium-Oxidizing Bacteria." Appl. Environ. Microbiol. 71(2): 1066-1071.

HALLIN, S., LYDMARK, P., KOKALJ, S., HERMANSSON, M., SÖRENSSON, F., JARVIS, Å, LINDGREN, P. E. (2005). "Community survey of ammonia-oxidizing bacteria in full-scale activated sludge processes with different solids retention time." Journal of Applied Microbiology 99(3): 629-640.

HASEBORG, E. T., ZAMORA, T. M., FRÖHLICH, J., FRIMMEL, F. H. (2010). "Nitrifying microorganisms in fixed-bed biofilm reactors fed with different nitrite and ammonia concentrations." Bioresource Technology 101(6): 1701-1706.

HEAD, I. M., HIORNS, W. D., EMBLEY, T. M., MCCARTHY, A. J., SAUNDERS, J. R. (1993). "The phylogeny of autotrophic ammonia-oxidizing bacteria as determined by analysis of 16S ribosomal RNA gene sequences." J Gen Microbiol 139(6): 1147-1153.

HELMER, C., KUNST, S., JURETSCHKO, S., SCHMID, M. C., SCHLEIFER, K.-H., WAGNER, M. (1999). "Nitrogen loss in a nitrifying biofilm system." Water Science and Technology 39: 13-21.

HELMER-MADHOK, C., SCHMID, M., FILIPOV, E., GAUL, T., HIPPEN, A., ROSENWINKEL, K. H., SEYFRIED, C. F., WAGNER, M., KUNST, S. (2002). "Deammonification in biofilm systems: population structure and function." Water Sci Technol 46(1-2): 223-31.

HEM, L. J., RUSTEN, B., ØDEGAARD, H. (1994). "Nitrification in a moving bed biofilm reactor." Water Research 28(6): 1425-1433.

HIGGINS, M., J., NOVAK, J, T. (1997). "Characterization of exocellular protein and its role in bioflocculation." J. of Environ. Eng. 123: 479-485.

HOLMES, A. J., COSTELLO, A., LIDSTROM, M. E., MURRELL, J. C. (1995). "Evidence that participate methane monooxygenase and ammonia monooxygenase may be evolutionarily related." FEMS Microbiology Letters 132(3): 203-208.

HONRAET, K., GOETGHEBEUR, E., NELIS, H. J. (2005). "Comparison of three assays for the quantification of Candida biomass in suspension and CDC reactor grown biofilms." J Microbiol Methods 63(3): 287-295.

6 Literaturverzeichnis

HOPPE, H. G. (1983). "Significance of exoenzymatic activities in the ecology of brackish water: measurements by means of methylumbelliferyl-substrates." Marine Ecology Progress Series 11: 299-308.

HORNEK, R., POMMERENING-ROSER, A., KOOPS, H. P., FARNLEITNER, A. H., KREUZINGER, N., KIRSCHNER, A., MACH, R. L. (2006). "Primers containing universal bases reduce multiple amoA gene specific DGGE band patterns when analysing the diversity of beta-ammonia oxidizers in the environment." J Microbiol Methods 66(1): 147-55.

HOSHINO, T., TSUNEDA, S., HIRATA, A., INAMORI, Y. (2003). "In situ PCR for visualizing distribution of a functional gene "amoA" in a biofilm regardless of activity." Journal of Biotechnology 105(1-2): 33-40.

IMHOFF, K. (1999). "Taschenbuch der Stadtentwässerung." Oldenbourg Verlag, München.

JETTEN, M. S. M., WAGNER, M., FUERST, J., VAN LOOSDRECHT, M., KUENEN, G., STROUS, M. (2001). "Microbiology and application of the anaerobic ammonium oxidation (['Janammox') process." Current Opinion in Biotechnology 12(3): 283-288.

JØRGENSEN, P. E., ERIKSEN, T., JENSEN, B. K. (1992). "Estimation of viable biomass in wastewater and activated sludge by determination of ATP, oxygen utilization rate and FDA hydrolysis." Water Research 26(11): 1495-1501.

JURETSCHKO, S., TIMMERMANN, G., SCHMID, M., SCHLEIFER, K. H., POMMERENING-ROSER, A., KOOPS, H. P., WAGNER, M. (1998). "Combined molecular and conventional analyses of nitrifying bacterium diversity in activated sludge: *Nitrosococcus mobilis* and *Nitrospira*-like bacteria as dominant populations." Appl Environ Microbiol 64(8): 3042-51.

KLOEP, F. (2002). "Processes and community structure in microbial biofilms of the River Elbe: relation to nutrient dynamics and particulate organic matter." Doktorarbeit, TU Dresden.

KARTAL, B., RATTRAY, J., VAN NIFTRIK, L. A., VAN DE VOSSENBERG, J., SCHMID, M. C., WEBB, R. I., SCHOUTEN, S., FUERST, J. A., DAMSTÉ, J. S., JETTEN, M. S. M., STROUS, M. (2007). "Candidatus "Anammoxoglobus propionicus" a new propionate oxidizing species of anaerobic ammonium oxidizing bacteria." Systematic and Applied Microbiology 30(1): 39-49.

KOOPS, H.-P., BÖTTCHER, B., DITTBERNER, P., RATH, G., STEHR, G., ZÖRNER, S. (1996). "Die Bedeutung von Biofilmen und Flocken für die Nitrifikation in aquatischen Biotopen." Lemmer, Griebe, Flemming: Ökologie der Abwasserorganismen. Springer, Berlin: 169-181.

KORSTGENS, V., FLEMMING, H-C., WINGENDER, J., BORCHARD, W. (2001). "Influence of calcium ions on the mechanical properties of a model biofilm of mucoid Pseudomonas aeruginosa." Water Sci Technol 43(6): 49-57.

KOWALCHUK, G. A., STIENSTRA, A. W., HEILIG, G.H.J., STEPHEN, J. R., WOLDENDORP, J. W. (2000). "Changes in the community structure of ammonia-oxidizing bacteria during secondary succession of calcareous grasslands." Environmental Microbiology 2(1): 99-110.

LAMPERT, W., SOMMER, U. (1999). "Limnoökologie." Georg Thieme Verlag Stuttgart New York.

LAZAROVA, V., MANEM, J. (2000). "Innovative Biofilm Treatment Technologies for Water and Wastewater Treatment." ChemInform 31(32).

LENZ, S. (2007). "Untersuchungen zur vertikalen Zonierung der mikrobiellen Prozesse der Stickstofftransformation im Bodenkörper einer Pflanzenkläranlage." Diplomarbeit, TU Dresden.

LEVSTEK, M., PLAZL, I. (2009). "Influence of carrier type on nitrification in the moving-bed biofilm process." Water Sci Technol 59(5): 875-82.

LIANG, Z., CHEN, Y., LI, W., YANG, S., DU, P. (2010). "Autotrophic nitrogen-removal in one lab-scale vertical submerged biofilm reactor." Physics and Chemistry of the Earth, Parts A/B/C In Press, Accepted Manuscript.

LIMPIYAKORN, T., SHINOHARA, Y., KURISU, F., YAGI, O. (2005). "Communities of ammonia-oxidizing bacteria in activated sludge of various sewage treatment plants in Tokyo." FEMS Microbiology Ecology 54(2): 205-217.

LO, C. H., STELSON, H. (1972). "Interference by polysucrose in protein determination by the Lowry method." Anal. Biochem. 45: 331-336.

LORENZ, M. G., WACKERNAGEL, W. (1994). "Bacterial gene transfer by natural genetic transformation in the environment." Microbiol. Mol. Biol. Rev. 58(3): 563-602.

LOWRY, O. H., ROSEBROUGH, N. J., FARR, A. L., RANDALL, R. J. (1951). "Protein measurement with the Folin phenol reagent." J. Biol. Chem. 19: 265-275.

LUDWIG, W., STRUNK, O., WESTRAM, R., RICHTER, L., MEIER, H., YADHUKUMAR, BUCHNER, A., LAI, T., STEPPI, S., JOBB, G., FORSTER, W., BRETTSKE, I., GERBER, S., GINHART, A. W., GROSS, O., GRUMANN, S., HERMANN, S., JOST, R., KONIG, A., LISS, T., LUSSMANN, R., MAY, M., NONHOFF, B., REICHEL, B., STREHLOW, R., STAMATAKIS, A., STUCKMANN, N., VILBIG, A., LENKE, M., LUDWIG, T., BODE, A., SCHLEIFER, K.-H. (2004). "ARB: a software environment for sequence data." Nucl. Acids Res. 32(4): 1363-1371.

MADIGAN, M. T., MARTINKO, J. M., PARKER, J. (2001). "Brock Mikrobiologie." Spektrum, Akad. Verl. Heidelberg, Berlin.

MAIER, R. M., SOBERÓN-CHÁVEZ, G. (2000). "Pseudomonas aeruginosa rhamnolipids: biosynthesis and potential applications." Applied Microbiology and Biotechno-logy 54(5): 625-633.

MARCHESI, J. R., SATO, T. A., WEIGHTMAN, J., MARTIN, T.A., HIOM, J.C., DYMOCK, D., WADE, W.G. (1998). "Design and evaluation of useful bacterium-specific PCR Primers that amplifiy genes coding for bacterial 16SrRNA." Appl. Environ. Microbiol. 64: 2333.

MAYER, C., MORITZ, R., KIRSCHNER, C., BORCHARD, W., MAIBAUM, R., WINGENDER, J., FLEMMING, H.-C. (1999). "The role of intermolecular interactions: studies on model systems for bacterial biofilms." International Journal of Biological Macromolecules 26(1): 3-16.

MCTAVISH, H., FUCHS, J. A., HOOPER, A. B. (1993). "Sequence of the gene coding for ammonia monooxygenase in Nitrosomonas europaea." J. Bacteriol. 175(8): 2436-2444.

MIURA, Y., HIRAIWA, M. N., ITO, T., ITONAGA, T., WATANABE, Y., OKABE, S. (2007). "Bacterial community structures in MBRs treating municipal wastewater: Relationship between community stability and reactor performance." Water Research 41(3): 627-637.

MOBARRY, B. K., WAGNER, M., URBAIN, V., RITTMANN, B. E., STAHL, D. A. (1996). "Phylogenetic probes for analyzing abundance and spatial organization of nitrifying bacteria." Appl Environ Microbiol 62(6): 2156-62.

MOREIRA MACIEL, N. (2004). "Extrazelluläre Polymere Substanzen (EPS) in vertikal durchströmten Pflanzenkläranlagen." Doktorarbeit, TU Berlin.

MUDRACK, K., KUNST, S. (2003). "Biologie der Abwasserreinigung." 5.Aufl., Spektrum Akademischer Verlag Heidelberg.

MULDER, A., VAN DE GRAAF, A. A., ROBERTSON, L. A., KUENEN, J. G. (1995). "Anaerobic ammonium oxidation discovered in a denitrifying fluidized bed reactor." FEMS Microbiology Ecology 16(3): 177-184.

MÜLHARDT, C. (2009). "Der Experimentator: Molekularbiologie / Genomics." Spektrum Akademischer Verlag 6. Aufl.

MÜNCH, C. (2003). "Die Bedeutung der wurzelassoziierten Mikroorganismen für die Stickstoffumsetzung in Pflanzenkläranlagen." Doktorarbeit, TU Dresden.

NARKIS, N., REBHUN, M., SHEINDORF, C. H. (1979). "Denitrification at various carbon to nitrogen ratios." Water Research 13(1): 93-98.

NEEF, A. (1997). "Anwendung der in situ Einzelzell-Identifizierung von Bakterien zur Populationsanalyse in komplexen mikrobiellen Biozönosen." Doktorarbeit, TU München.

NEEF, A., AMANN, R., SCHLESNER, H., SCHLEIFER, K. H. (1998). "Monitoring a widestread bacterial group: in situ detection of planctomycetes with 16S rRNA-targeted probes." Microbiology 144(12): 3257-66.

NICOLAISEN, M. H., RAMSING, N. B. (2002). "Denaturing gradient gel electrophoresis (DGGE) approaches to study the diversity of ammonia-oxidizing bacteria." J Microbiol Methods 50(2): 189-203.

NIELSEN, P. H., JAHN, A., PALMGREN, R. (1997). "Conceptual model for production and composition of exopolymers in biofilms." Water Science and Technology 36(1): 11-19.

NIELSEN, P. H., JAHN, A. (1999). "Extraction of EPS." Kap. 3. In: Microbial Extracellular polymeric substances. J. Wingender, T. Neu & H.-C. Flemming (eds.), Springer International, Heidelberg, New York: 46-72.

6 Literaturverzeichnis

NORTON, J. M., LOW, J. M., KLOTZ, M. G. (1996). "The gene encoding ammonia monooxygenase subunit A exists in three nearly identical copies in Nitrosospira sp. NpAV." FEMS Microbiol Lett 139(2-3): 181-8.

OBST, U., HOLZAPFEL-PSCHORN, A. (1995). "Enzymatische Tests für die Wasseranalytik." Oldenbourg Verlag, München.

ØDEGAARD, H. (2006). "Innovations in wastewater treatment : the moving bed biofilm process". London, ROYAUME-UNI, IWA.

ØDEGAARD, H., GISVOLD, G. AND STRICKLAND, J. (2000). "The influence of carrier size and shape in the moving bed biofilm process." Wat. Sci. Tech. 41(4-5): 383-391.

OKABE, S., SATOH, H., WATANABE, Y. (1999). "In Situ Analysis of Nitrifying Biofilms as Determined by In Situ Hybridization and the Use of Microelectrodes." Appl. Environ. Microbiol. 65(7): 3182-3191.

O'TOOLE, G., KAPLAN, H. B., KOLTER, R. (2000). "Biofilm formation as microbial development." Annu Rev Microbiol 54: 49-79.

PALMGREN, R., NIELSEN, P. H. (1996). "Accumulation of DNA in the exopolymeric matrix of activated sludge and bacterial cultures." Water Science and Technology 34(5-6): 233-240.

PAREDES, D., KUSCHK, P., MBWETTE, T. S. A., STANGE, F., MÜLLER, R. A., KÖSER, H. (2007). "New Aspects of Microbial Nitrogen Transformations in the Context of Wastewater Treatment – A Review." Engineering in Life Sciences 7(1): 13-25.

PARK, H.-D., NOGUERA, D. R. (2004). "Evaluating the effect of dissolved oxygen on ammonia-oxidizing bacterial communities in activated sludge." Water Research 38(14-15): 3275-3286.

PASCIK, I., KIISKINEN, S. (2008). "Nitrifikation von kommunalen Abwässern mit an adsorbierenden Trägern fixiertem belebtem Schlamm in Wirbelbettreaktoren." Korrespondenz Abwasser, Abfall 55(11): 1212-1218.

PERSSON, N., JANSEN, J. L.C., J., PERSSON, K. M. (2006). Biological denitrification of drinking water, Vatten.

PETERSON, G. L. (1979). "Review of the folin phenol protein quantification method of Lowry, Rosenbrough, Farr and Randall." Anal. Biochem. 100(201-220).

PÖPEL, H. J. (1995). "Stickstoffelimination - mit oder ohne externe Substrate - Notwendigkeiten und Möglichkeiten." Schriftenreihe

WAR 85, 43. Darmstädter Seminar Abwassertechnik - Stickstoffelimination mit oder ohne externe Substrate?, Verein zur Förderung des Instituts WAR, Darmstadt.

PRIETO, B., SILVA, B., LANTES, O. (2004). "Biofilm quantification on stone surfaces: comparison of various methods." Science of The Total Environment 333(1-3): 1-7.

PROSSER, J. I. (1989). "Autotrophic nitrification in bacteria." Adv Microb Physiol 30: 125-81.

PROSSER, J. I. (2007). "The ecology of nitrifying bacteria." In: Bothe, H., Ferguson, S. J., Newton, W. E., Biology of the nitrogen cycle. Elsevier Science & Technology.

RAO, P., PATTABIRAMAN, T. N. (1989). "Reevaluation of the phenol-sulfuric acid reaction for the estimation of hexoses and pentoses." Anal. Biochem. 181: 18-22.

REMDE, A., TIPPMANN, P. (1998). "Mikrobiologische Charakterisierung aquatischer Sedimente." R. Oldenbourg Verlag, München.

RHEINHEIMER, G., HEGEMANN, W., RAFF, J., SEKOULOV, I. (1988). "Stickstoffkreislauf im Wasser." Oldenbourg Verlag, München.

RITTMANN, B. E., LASPIDOU, C. S., FLAX, J., STAHL, D. A., URBAIN, V., HARDUIN, H., VAN DER WAARDE, J. J., GEURKINK, B., HENSSEN, M. J. C., BROUWER, H., KLAPWIJK, A., WETTERAUW, M. (1999). "Molecular and modeling analyses of the structure and function of nitrifying activated sludge." Water Science and Technology 39(1): 51-59.

RODE, A. (2004). "Isolierung und Charakterisierung von bakteriellen extrazellulären polymeren Substanzen aus Biofilmen." Doktorarbeit, Universität Duisburg-Essen.

RODGERS, M., ZHAN, X. M. (2003). "Moving-Medium Biofilm Reactors." Reviews in Environmental Science and Biotechnology 2(2): 213-224.

RÖSKE, I. (1987). "Die vermehrte biologische Phasphatelimination bei Anwendung des Belebtschlammverfahrens." Habilitationsschrift, TU Dresden.

RÖSKE, I., UHLMANN, D. (2005). "Biologie der Wasser- und Abwasserbehandlung." Verlag Eugen Ulmer Stuttgart.

ROTTHAUWE, J. H., WITZEL, K.P., LIESACK, W. (1997). "The ammonia monooxygenase structural gene amoA as a functional marker: molecular fine-scale analysis of natural ammonia-oxidizing populations." Appl. Environ. Microbiol. 63: 4704-12.

RUSTEN, B., EIKEBROKK, B., ULGENES, Y., LYGREN, E. (2005). "Design and operations of the Kaldnes moving bed biofilm reactors." Aquacultural Engineering 34(3): 322-331.

SAIKI, R. K., GELFAND, D.H., STOFFEL, S., SCHARF, S.J., HIGUCHI, R., HORN, G.T., MULLIS, K.B., ERLICH, H.A. (1988). "Primer-directed enzymatic amplification of DNA with a thermostable DNA polymerase." Science 239: 487-491.

SAITOU, N., NEI, M. (1987). "The neighbor-joining method: a new method for reconstructing phylogenetic trees." Mol. Biol. Evol. 4: 406-25.

SCHALK, J., OUSTAD, H., KUENEN, J. G., JETTEN, M. S. M. (1998). "The anaero-bic oxidation of hydrazine: a novel reaction in microbial nitrogen metabolism." FEMS Microbiology Letters 158(1): 61-67.

SCHEEN, J. (2003). "Einfluss des C:N:P-Verhältnisses auf die Bildung von Biofilmen." Doktorarbeit, Universität Dortmund.

SCHLEGEL, H. G., ZABOROSCH, C. (1992). "Allgemeine Mikrobiologie." Georg Thieme Verlag Stuttgart.

SCHMID, M., WALSH, K., WEBB, R., RIJPSTRA, W. I., VAN DE PAS-SCHOONEN, K., VERBRUGGEN, M. J., HILL, T., MOFFETT, B., FUERST, J., SCHOUTEN, S., DAMSTE, J. S., HARRIS, J., SHAW, P., JETTEN, M., STROUS, M. (2003). "Candidatus "Scalindua brodae", sp. nov., Candidatus "Scalindua wagneri", sp. nov., two new species of anaerobic ammonium oxidizing bacteria." Syst Appl Microbiol 26(4): 529-38.

SCHNURER, J., ROSSWALL, T. (1982). "Fluorescein diacetate hydrolysis as a measure of total microbial activity in soil and litter." Appl Environ Microbiol 43(6): 1256-61.

SCHÖNBORN, C. (1998). "Einfluss von Metallionen auf die Wechselwirkungen zwischen biologischen und chemischen Prozessen bei der Phosphatelimination aus kommunalem Abwasser " Doktorarbeit, TU Dresden.

SCHRAMM, A., LARSEN, L. H., REVSBECH, N. P., AMANN, R. I. (1997). "Structure and function of a nitrifying biofilm as determined by microelectrodes and fluorescent oligonucleotide probes." Wat. Sci. Tech. 36(1): 263-270.

SCHRAMM, A., SANTEGOEDS, C. M., NIELSEN, H. K., PLOUG, H., WAGNER, M., PRIBYL, M., WANNER, J., AMANN, R., DE BEER, D. (1999). "On the Occurrence of Anoxic Microniches, Denitrification, and Sulfate Reduction in Aerated Activated Sludge." Appl. Environ. Microbiol. 65(9): 4189-4196.

SCHRAMM, A., DE BEER, D., GIESEKE, A., AMANN, R. (2000). "Microenvironments and distribution of nitrifying bacteria in a membrane-bound biofilm." Environmental Microbiology 2(6): 680-686.

SEEGER, H. (1999). "The history of German wastewater treatment " European water management 2(5): 51-56.

SILYN-ROBERTS, G., LEWIS, G. (2001). "In situ analysis of Nitrosomonas spp. in wastewater treatment wetland biofilms." Water Res 35(11): 2731-9.

SØRENSEN, J. (1978). "Denitrification rates in a marine sediment as measured by the acetylene inhibition technique." Appl. Environ. Microbiol. 36: 139-143.

SPERANDIO, A., PÜCHNER, P. (1993). "Bestimmung der Gesamtproteine als Biomasseparameter in wäßrigen Kulturen und auf Trägermaterialien aus Bio-Reaktoren. Modifizierte Methode nach Lowry – Eine praktikable Methode in der Umweltanalytik." Wasser Abwasser 134: 482-485.

STACKEBRANDT, E., MURRAY, R. G. E., TRUPER, H. G. (1988). "Proteobacteria classis nov., a Name for the Phylogenetic Taxon That Includes the "Purple Bacteria and Their Relatives"." Int J Syst Bacteriol 38(3): 321-325.

STEHR, G., ZÖRNER, S., BÖTTCHER, B., KOOPS, H. P. (1995). "Exopolymers: An ecological characteristic of a floc-attached, ammonia-oxidizing bacterium." Microbial Ecology 30(2): 115-126.

STEINBRENNER, C. (2008). "Erhöhte biologische Phosphatelimination - Eine biologische und chemische Charakterisierung verschiedener kommunaler Kläranlagen." VDM Verlag Dr. Müller.

STEVENSON, F. J. (1982). "Humus chemistry: genesis, composition, reactions." John Wiley and Sons (eds.), New York.

STEWART, P. S., MURGA, R., SRINIVASAN, R., DE BEER, D. (1995). "Biofilm structural heterogeneity visualized by three microscopic methods." Water Research 29(8): 2006-2009.

STROUS, M., FUERST, J. A., KRAMER, E. H. M., LOGEMANN, S., MUYZER, G., VAN DE PAS-SCHOONEN, K. T., WEBB, R.,

KUENEN, J. G., JETTEN, M. S. M. (1999). "Missing lithotroph identified as new planctomycete." Nature 400(6743): 446-449.

STUBBERFIELD, L. C. F., SHAW, P. J. A. (1990). "A comparison of tetrazolium reduction and FDA hydrolysis with other measures of microbial activity." Journal of Microbiological Methods 12(3-4): 151-162.

SWISHER, R., CARROLL, G. C. (1980). "Fluorescein diacetate hydrolysis as an estimator of microbial biomass on coniferous needle surfaces." Microbial Ecology 6(3): 217-226.

TERNES, T. (2007). "The occurrence of micopollutants in the aquatic environment: a new challenge for water management." Water Science & Technology 55(12): 327-332.

TESKE, A., ALM, E., REGAN, J. M., TOZE, S., RITTMANN, B. E., STAHL, D. A. (1994). "Evolutionary relationships among ammonia- and nitrite-oxidizing bacteria." J. Bacteriol. 176(21): 6623-6630.

UHLMANN, D. (1988). "Hydrobiology." VEB Gustav Fischer Verlag, Jena.

UN-WATER (2006). "Water: a shared responsibility." World Water Development Report 2.

VALLOM, J. K., MCLOUGHLIN, A. J. (1984). "Lysis as a factor in sludge flocculation." Water Research 18(12): 1523-1528.

VAN DONGEN, L. G. J. M., JETTEN, M. S. M., VAN LOOSDRECHT, M. C. M. (2001). "The SHARON-Anammox process for treatment of ammonium rich wastewater." Water science and technology 44(1): 153-160.

VAN LOOSDRECHT, M. C., LYKLEMA, J., NORDE, W., ZEHNDER, A. J. (1990). "Influence of interfaces on microbial activity." Microbiol Rev 54(1): 75-87.

VAN LOOSDRECHT., M. C., M., HAO, X., JETTEN, M. S, M., ABMA, W. (2004). "Use of Anammox in urban wastewater treatment." Water Supply 4(1): 87-94.

VAN NEERVEN, A. R. W., WIJFFELS, R. H., ZEHNDER, A. J. B. (1990). "Scanning electron microscopy of immobilized bacteria in gel beads: a comparative study of fixation methods." Journal of Microbiological Methods 11(3-4): 157-168.

VAN SPANNING, R., DELGADO, M. J., RICHARDSON, D. J. (2003). The nitrogen cycle: Denitrification and its relationship to N2 fixation. In: Nitrogen fixation research: Origins and Progress. Kluwer Academic Publisher, Dorndrecht.

WAGNER, M., AMANN, R., LEMMER, H., SCHLEIFER, K. H. (1993). "Probing activated sludge with oligonucleotides specific for proteobacteria: inadequacy of culture-dependent methods for describing microbial community structure." Appl Environ Microbiol 59(5): 1520-5.

WAGNER, M., RATH, G., AMANN, R., KOOPS, H. P., SCHLEIFER, K. H. (1995). "In situ identification of ammonia-oxidizing bacteria." Systematic and Applied Microbiology 18: 251-264.

WAGNER, M., LOY, A. (2002). "Bacterial community composition and function in sewage treatment systems." Curr Opin Biotechnol 13(3): 218-27.

WANG, X., WEN, X., CRIDDLE, C., WELLS, G., ZHANG, J., ZHAO, Y. (2010). "Community analysis of ammonia-oxidizing bacteria in activated sludge of eight wastewater treatment systems." J Environ Sci (China) 22(4): 627-34.

WARD, N., RAINEY, F. A., STACKEBRANDT, E., SCHLESNER, H. (1995). "Unraveling the extent of diversity within the order Planctomycetales." Appl. Environ. Microbiol. 61(6): 2270-2275.

WETZEL, R. G. (1991). "Extracellular enzymatic interactions: storage, redistribution, and interspecific communication." In: Chrost, R. J. (ed) Microbial Enzymes in Aquatic environments. Springer, New York Berlin Heidelberg.

WHITCHURCH, C. B., TOLKER-NIELSEN, T., RAGAS, P. C.. MATTICK, J. S. (2002). "Extracellular DNA Required for Bacterial Biofilm Formation." Science 295(5559): 1487.

WINGENDER, J., NEU, T. R., FLEMMING, H.-C. (1999). "What are Bacterial Extracellular Polymeric Substances?" In:Wingender, J., Neu, T. R., Flemming, H.-C. (eds): Microbial extracellular polymeric substances. Springer, Heidelberg: 1-19.

WOESE, C. R. (1987). "Bacterial evolution." Microbiol Rev 51(2): 221-71.

XIA, S., LI, J., WANG, R., LI, J., ZHANG, Z. (2010). "Tracking composition and dynamics of nitrification and denitrification microbial community in a biofilm reactor by PCR-DGGE and combining FISH with flow cytometry." Biochemical Engineering Journal 49(3): 370-378.

YANG, L., BARKEN, K. B., SKINDERSOE, M. E., CHRISTENSEN, A. B., GIVSKOV, M., TOLKER-NIELSEN, T. (2007). "Effects of iron on DNA release and biofilm deve-lopment by Pseudomonas aeruginosa." Microbiology 153(5): 1318-1328.

ZENG, R. J., SAUNDERS, A. M., YUAN, Z., BLACKALL, L. L., KELLER, J. (2003). "Identification and comparison of aerobic and denitrifying polyphosphate-accumulating organisms." Biotechnology and Bioengineering 83(2): 140-148.

ZHANG, T., FANG, H. (2001). "Quantification of extracellular polymeric substances in biofilms by confocal laser scanning microscopy." Biotechnology Letters 23(5): 405-409.

ZHANG, Y., MILLER, R. M. (1992). "Enhanced octadecane dispersion and biodegradation by a Pseudomonas rhamnolipid surfactant (biosurfactant)." Appl. Environ. Microbiol. 58(10): 3276-3282.

ZUMFT, W. G. (1997). "Cell biology and molecular basis of denitrification." Microbiol Mol Biol Rev 61(4): 533-616.

Anhang 1: Liste der verwendeten Oligonukleotidsonden

Sonde	Zielorganismen	Sequenz (5'-3')	FA (%)[1]	Referenz
EUB 338[2]	die meisten Eubakterien	GCTGCCTCCCGTAGGAGT	0	Amann et al. (1995)
EUB 338-II[2]	*Planctomycetales* und andere nicht von EUB338 erfasste Bakterien	GCAGCCACCCGTAGGTGT	0	Daims et al. (1999)
EUB 338-III[2]	*Verrucomicrobiales* und andere nicht von EUB338 erfasste Bakterien	GCTGCCACCCGTAGGTGT	0	Daims et al. (1999)
ALF 968	Alphaproteobakterien, außer Rickettsiales	GGTAAGGTTCTGCGCGTT	20	Neef (1997)
BET 42a[3]	Betaproteobakterien	GCCTTCCCACTTCGTTT	35	Amann et al. (1995)
GAM 42a[3]	Gammaproteobakterien	GCCTTCCCACATCGTTT	35	Amann et al. (1995)
HGC 69a	Actinobakterien (Gram-positive, hoher GC-Gehalt)	TATAGTTACCACCGCCGT	20	Amann et al. (1995)
Nsv 443	*Nitrosospira* spp.	CCGTGACCGTTTCGTTCCG	30	Mobarry et al. (1996)
NEU[3]	Most halophilic and halotolerant *Nitrosomas* spp.	CCCCTCTGCTGCACTCTA	40	Wagner et al (1995)
NSMR 34	*Nitrosospira tenius*-like ammonia-oxidizing bacteria	TCCCCCACTCGAAGATACG	20	Burrell et al. (2001)
Nso 1225	Betaproteobacterial ammonia-oxidizing bacteria	CGCCATTGTATTACGTGTGA	35	Mobarry et al. (1996)
Nso 190	Betaproteobacterial ammonia-oxidizing bacteria	CGATCCCCTGCTTTTCTCC	55	Mobarry et al. (1996)
Nmo 218	*Nitrosomonas oligotropha*-lineage	CGGCCGCTCCAAAAGCAT	35	Gieseke et al. (2001)
Nse 1472	*Nitrosomonas europea, N. halophila, N. eutropha,* Krafisried-Isolat Nm103	ACCCCAGTCATGACCCCC	50	Juretschko et al. (1998)
NmV (Ncmob)	*Nitrosococcus mobilis* („*Nitrosomonas*") lineage	TCCTCAGAGACTACGCGG	35	Juretschko et al. (1998)

[1] FA Formamid-Konzentration im Hybridisierungspuffer.
[2] EUB338, EUB338-II, Eub338-III alle zusammen als Mischung benutzt.
[3] BET42a, GAM42a, NEU wurden in Kombination mit den entsprechenden Kompetitor-Sonden benutzt.

Danksagung

Die vorliegende Dissertation ist am Institut für Mikrobiologie der TU Dresden unter der wissenschaftlichen Betreuung von Frau Prof. Dr. Isolde Röske und Dr. Martin Eschenhagen angefertigt worden. Die Arbeit wurde im Rahmen des Inno-Watt-Projektes „Weiterentwicklung des WSB®-Verfahrens zur weitergehenden Abwasserreinigung" in Kooperation mit Dipl.-Ing. Nicole Fichtner und Dr. rer. nat. Wolfgang Triller der Firma Bergmann clean Abwassertechnik GmbH gefördert.

Hiermit möchte ich allen Beteiligten für ihre großzügige Hilfe danken. Ihre fachliche Kompetenz, geduldige Unterstützung und persönliches Engagement haben entscheidend zu den Erkenntnissen dieser Arbeit beigetragen.

i want morebooks!

Buy your books fast and straightforward online - at one of world's fastest growing online book stores! Environmentally sound due to Print-on-Demand technologies.

Buy your books online at

www.get-morebooks.com

Kaufen Sie Ihre Bücher schnell und unkompliziert online – auf einer der am schnellsten wachsenden Buchhandelsplattformen weltweit! Dank Print-On-Demand umwelt- und ressourcenschonend produziert.

Bücher schneller online kaufen

www.morebooks.de

VDM Verlagsservicegesellschaft mbH
Heinrich-Böcking-Str. 6-8   Telefon: +49 681 3720 174   info@vdm-vsg.de
D - 66121 Saarbrücken   Telefax: +49 681 3720 1749 www.vdm-vsg.de

Printed by Books on Demand GmbH, Norderstedt / Germany